U0805896

黄河多沙粗沙区典型流域次暴雨产洪产沙预报研究

李世明　马　骏　许珂艳　刘龙庆　陈　鸿　著

黄 河 水 利 出 版 社

·郑　州·

内 容 提 要

“黄河多沙粗沙区典型流域次暴雨产洪产沙预报研究”是水利部公益性研究项目和黄河水利委员会治黄专项资助研究成果。其主要任务是依据典型流域的次暴雨产洪产沙条件，对时段产洪量和产沙量作出定量预报，并在此基础上，开发出实用的作业预报系统。本书内容实用，是黄河中游典型流域产洪产沙预报模型及其预报系统开发的有益尝试，输入条件修改后，可直接在其他相似流域应用。

本书可供从事防汛、水文情报预报以及水土保持工作的专业人员使用，也可供从事相关专业研究的师生参考。

图书在版编目(CIP)数据

黄河多沙粗沙区典型流域次暴雨产洪产沙预报研究/李世明等著.—郑州：黄河水利出版社，2014.5

ISBN 978-7-5509-0804-8

Ⅰ.①黄… Ⅱ.①李… Ⅲ.①黄河-流域-暴雨洪水-水文预报-研究②黄河-流域-河流泥沙-水文预报-研究 Ⅳ.①P331.1②TV152

中国版本图书馆 CIP 数据核字(2014)第 101680 号

出 版 社：黄河水利出版社

地址：河南省郑州市顺河路黄委会综合楼 14 层　　邮政编码：450003

发行单位：黄河水利出版社

发行部电话：0371-66026940、66020550、66028024、66022620(传真)

E-mail：hhslcbs@126.com

承印单位：黄河水利委员会印刷厂

开本：787 mm×1 092 mm　1/16

印张：15.25

字数：352 千字　　　　印数：1—1 000

版次：2014 年 5 月第 1 版　　　　印次：2014 年 5 月第 1 次印刷

定价：48.00 元

前 言

本专著为水利部公益性行业科研专项“黄土高原多沙粗沙区产水产沙数学模型研究与应用(200701035)”的第二专题“黄河多沙粗沙区典型小流域次暴雨产洪产沙经验模型及作业预报系统研究”和黄河水利委员会治黄专项“黄土高原水土流失数学模型(第一期)研发(黄水保[200651])”的第三课题“黄河多沙粗沙区典型小流域次暴雨产沙经验模型研究”的资助研究成果。本课题分为四个专题:专题一为“岔巴沟流域产洪产沙分析及试验”,由黄河水利委员会中游水文水资源局陈鸿负责,主要完成人有马文进、王秀兰、郭银、罗荣华、陈国华、马兴平、马文军、邵玉梅等;专题二为“黄河多沙粗沙区典型小流域次暴雨产洪模型研究”,由黄河水利委员会水文局信息中心许珂艳负责,主要完成人有马骏、狄艳艳、王秀兰、刘龙庆、范国庆、史玉品、郭卫宁、颜亦琪等;专题三为“黄河多沙粗沙区典型小流域次暴雨产沙模型研究”,由黄河水利委员会水文局信息中心马骏负责,主要完成人有狄艳艳、许珂艳、刘龙庆、范国庆、郭卫宁、颜亦琪、史玉品等;专题四为“水情报汛站网集合报汛及预报系统研制”,由黄河水利委员会水文局信息中心刘龙庆和郑州星睿水利设备有限公司刘春耕负责,主要完成人有狄艳艳、范国庆、史玉品、郭卫宁、颜亦琪等。

黄河中游及其所在的黄土高原地区,位于我国内陆干旱半干旱地区,是黄河泥沙的主要来源区。随着国家经济的发展和开发重点向西部地区的转移,黄河中游地区已经成为全国重要的煤炭、有色金属和石油化工基地。该区域地域辽阔,光热与土地资源丰富,发展潜力很大。黄河中游及其所在的黄土高原地区社会经济在飞速的发展,面临前所未的发展机遇的同时,也面临巨大的挑战。黄河中游海拔在 1 000 ~ 2 000 m,为黄土地貌,水土流失严重。降水历时短、强度大,形成的洪水径流峰高量小、陡涨陡落,为暴雨洪水,危害较大。

河口镇至河南郑州桃花峪的黄河中游,汇入的较大支流有 30 条,是黄土高原产生洪水和泥沙的主要区域。河口镇至禹门口是黄河干流上最长的一段连续峡谷,河段内支流绝大部分流经水土流失严重的黄土丘陵沟壑区,是黄河泥沙特别是粗泥沙的主要来源,全河多年年平均输沙量 16 亿 t,其中 9 亿 t 来源于此区间;该河段水力资源也很丰富,是黄河上第二大水电基地,峡谷下段有著名的壶口瀑布。禹门口至三门峡区间,黄河流经汾渭地堑,河谷展宽,其中禹门口至潼关(简称小北干流),河长 132.5 km,河道宽浅散乱,冲淤变化剧烈;河段内有汾河、渭河两大支流相继汇入,也是黄河下游泥沙主要来源区之一,多年年平均来沙量 5.5 亿 t。三门峡至桃花峪区间,小浪底以上是黄河的最后一段峡谷,出峡谷后逐步进入平原地区。

黄河中游流经黄土高原,大量泥沙输入黄河,淤高下游河床,是黄河水利工程和下游河道水患严重而又难以治理的症结所在。

本课题由黄河水利委员会水文局信息中心、黄河水利委员会中游水文水资源局和郑州星睿水利设备有限公司等有关单位共同完成。各个专题于2008年立项,2011年初完成,实际工作时间仅有三年。各专题充分地收集和利用前人的成果、报告、资料等,根据研究的需要,并对黄河中游的重点地区进行了野外考察和试验研究。在收集和分析大量资料的基础上,完成了各个专题研究报告,并于2011年在郑州通过验收。

水文预报是防洪减灾等一切决策的前提和侦察兵。产洪、产沙和含沙量预报的准确与否是调度决策的关键。利用现代技术开展支流或典型流域的产洪、产沙和含沙量预报,根据洪水和含沙量过程情况,为支流治理和工程调度、小北干流放淤试验和调水调沙等提供服务;开展流域产洪、产沙和含沙量预报,并根据不同洪水、泥沙来源及其粗细,为水库工程保持"长久库容"的优化调度服务,为"洪水资源化"及其优化调度应用服务,为有计划地开展"淤滩刷槽"的洪水调度应用服务;开展产洪、产沙和含沙量预报,并根据洪水泥沙总量情况,评价水土保持措施在各种不同降水条件下的作用和效益。因此可以看出,在黄河中游黄土高原地区开展产沙和含沙量预报是黄河治理开发的需要,具有重要的实用意义、应用前景和科学意义。

本专著由课题研究报告改编而成。主要执笔人为李世明、马骏、许珂艳、刘龙庆、陈鸿。全书由李世明统稿。

在本次研究中,先后得到了许多单位和专家的支持和指导,项目组专家薛松贵、汪习军、徐宗学、蔡崇法、寇怀忠、时明立、余欣、汪自力等人对研究内容和技术路线提出了宝贵意见,翟家瑞、姚文艺、杨勤科、雷廷武、王玲、赵卫民、张留柱等专家对部分成果多次提出了宝贵的修改意见,在此一并表示感谢!

暴雨洪水和泥沙问题是黄河中游黄土高原地区未来环境和社会经济发展的重要制约因素,流域产洪、产沙预报是一项紧迫而艰巨的研究课题,需要不断地结合作业预报实践,进行研究和总结,特别是产沙过程、含沙量和产沙量预报等问题,关系到黄河治理与区域社会经济的可持续发展,是作业预报研究的重点,也是当地生态环境保护和水土保持工程建设的关键问题。本专著就黄河中游黄土高原地区的典型支流次暴雨产洪、产沙特性、产洪过程及模型建立、产沙过程及模型建立、实时报汛站水情集合采集和产洪、产沙预报系统开发与作业应用等重点问题进行了较深入研究,取得了一定的进展,但需要研究的问题还很多,部分问题的分析和研究也不够完善,加之编著人员的水平所限,时间仓促,不当之处敬请读者批评指正!

编　者

2013年1月

目　录

前　言
第1章　绪　论 …… (1)
1.1　研究背景及意义 …… (1)
1.2　国内外研究现状 …… (2)
1.3　研究目标和内容 …… (5)
1.4　研究方法及技术路线 …… (6)
第2章　典型流域概况 …… (8)
2.1　流域概况 …… (8)
2.2　地形地貌 …… (9)
2.3　流域站网分布 …… (10)
第3章　流域降水、径流、泥沙特征 …… (12)
3.1　降水特征 …… (12)
3.2　径流量 …… (14)
3.3　输沙量 …… (15)
第4章　流域次降水特性分析 …… (16)
4.1　雨量站点 …… (16)
4.2　次降雨特性 …… (17)
4.3　雨量站代表性分析 …… (30)
第5章　流域产洪分析及预报模型建立 …… (34)
5.1　洪水的选取 …… (34)
5.2　洪水特性 …… (36)
5.3　暴雨产洪分析 …… (45)
5.4　产洪机制成果综述 …… (49)
5.5　次暴雨产洪驱动力因子分析 …… (59)
5.6　产洪预报模型 …… (62)
5.7　预报模型率定与检验 …… (65)
第6章　流域产沙分析及预报模型建立 …… (75)
6.1　次洪水的泥沙特性分析 …… (75)
6.2　产沙过程 …… (77)
6.3　产沙模拟 …… (78)
6.4　黄土高原区产沙模型分析 …… (80)
6.5　产沙预报 …… (84)

第 7 章　实时报汛软件设计及开发 …………………………………………………（100）
7.1　设计依据及设计原则 ……………………………………………………（100）
7.2　软件开发工具和运行环境 ………………………………………………（100）
7.3　软件需求分析及系统结构 ………………………………………………（100）
7.4　水情编码一般标定 ………………………………………………………（103）
7.5　容错处理 …………………………………………………………………（108）
7.6　软件类型 …………………………………………………………………（109）
7.7　系统数据库表结构 ………………………………………………………（113）
7.8　相关通信技术 ……………………………………………………………（116）
第 8 章　用户指南 ……………………………………………………………（121）
8.1　概　述 ……………………………………………………………………（121）
8.2　水情信息接收系统 ………………………………………………………（122）
8.3　水情信息发送系统 ………………………………………………………（128）
第 9 章　实时水情编译软件 …………………………………………………（131）
9.1　软件环境及结构 …………………………………………………………（131）
9.2　软件概述 …………………………………………………………………（132）
9.3　设计与实现 ………………………………………………………………（133）
第 10 章　典型流域次暴雨产洪产沙预报系统 ………………………………（141）
10.1　系统建设 ………………………………………………………………（141）
10.2　系统结构 ………………………………………………………………（141）
10.3　系统功能 ………………………………………………………………（142）
10.4　系统软硬件环境 ………………………………………………………（143）
10.5　数据库设计及数据流程 ………………………………………………（144）
10.6　预报系统介绍 …………………………………………………………（149）
10.7　系统主要功能 …………………………………………………………（149）
第 11 章　预报系统应用 ………………………………………………………（156）
11.1　降水观测及其信息采集 ………………………………………………（156）
11.2　水位观测及其信息采集 ………………………………………………（165）
11.3　流量观测及其信息采集 ………………………………………………（183）
11.4　泥沙观测及其信息采集 ………………………………………………（199）
11.5　实时水情信息采集与预报应用 ………………………………………（212）
参考文献 ………………………………………………………………………（217）

第1章 绪 论

1.1 研究背景及意义

黄河多沙粗沙区位于黄土高原干旱半干旱地区,即河口镇至龙门区间及北洛河、泾河上游等区域。多沙粗沙区是黄河泥沙尤其是粗泥沙的主要来源区,虽然面积仅为7.86万km^2,只占黄河流域中游总面积的23%,而由这里进入黄河的泥沙量却占整个中游地区输沙量的70%,淤积在黄河下游河道内粒径大于0.05 mm的粗沙占淤积量的86%。因此,重点加快多沙粗沙区治理,对于有效减少进入黄河的沙量,减缓黄河下游河道淤积是非常重要的。多年来,我国对多沙粗沙区开展了一定规模的治理,使得由该区进入黄河的沙量自20世纪70年代以来有明显减少。《全国水利发展"十一五"规划》进一步提出到2020年全国新增治理水土流失面积50万km^2,并明确以黄河多沙粗沙区为重点区域,以小流域为单元,以淤地坝建设为重点,进行综合治理。《黄河近期重点治理开发规划》提出的近期治理开发重点之一就是在黄土高原水土保持生态建设中以多沙粗沙区为重点,尽快减少入黄泥沙,并新增黄土高原综合治理水土流失面积121万km^2,其中多沙粗沙区规划治理面积15.5万km^2,平均每年减少入黄泥沙5亿t作为未来十年黄土高原治理的目标。黄土高原水土流失治埋直接关系到黄河治理开发和实现我国生态环境建设总体目标的大局,是黄河治理的根本措施。

黄土高原不仅是世界上水土流失极其严重的地区之一,而且由于黄土高原尤其是多沙粗沙区自然环境与社会环境非常复杂,产沙地层多样、侵蚀类型多且相互耦合,流域系统能耗过程的非线性特征非常突出,侵蚀过程对地貌边界条件和动力条件的变化反映敏感,因而其水土流失规律也是极其复杂的。要实现有效的治理目标,迫切需要在流域水土流失机理和规律的研究上取得重大突破,必须要有一个优化黄土高原水土流失治理方案、预测水土流失发展趋势的技术手段。然而,目前关于黄土高原水土流失的很多规律还未被人们所认识,仍没有建立起可以在黄土高原尤其是多沙粗沙区使用的土壤流失数学模型,在流域规划、设计方案优化,水土保持综合治理的减水减沙效益评价,黄河水沙调控体系运行参数的获取以及水土保持管理方面仍缺乏先进的科技手段,直接制约了黄土高原多沙粗沙区水土流失治理的纵深发展。目前,世界上很多国家都使用美国"通用土壤流失方程(USLE)"的技术手段,然而该技术唯在我国黄土高原不能用,因为黄土高原地形比国外的复杂得多,现有模型反映不了该区的水土流失规律,不能模拟陡坡侵蚀环境和预测沟道侵蚀量,不能优化淤地坝等类型的水土保持工程措施布设方案等,同时,国内也没有现成可用的模型。为满足黄土高原水土保持生态建设和黄河治理的国家迫切需求,必须研发我国具有自主知识产权的黄土高原土壤流失模型。因此,开展黄土高原多沙粗沙区产水产沙模型研究与应用工作，为黄土高原多沙粗沙区流域综合治理规划设计提供技术手段，为水土保持减水减沙效益评价提供科学方法，为黄土高原多沙粗沙区水土保持综合管理提供科学依据，具有显著的应用价值。

2006 年水利部提出的“水利科技发展研究报告”在水环境与水域生态系统修复领域提出的战略研究重点与重大课题中，将建立预报复杂地形条件下的土壤侵蚀预报模型，为水土保持决策提供技术工具作为“水土保持”主题研究的一项主要科学问题；在长江、黄河开发治理与生态保护领域的重大课题中，将黄土高原分布式产洪产沙模型作为主要科学问题之一，是我国水利科技发展的优先方向。

本项目利用实体模型试验、野外试验观测、GIS 技术开发应用和理论推演的综合方法，以地貌、水文、泥沙和水土保持等学科的基本理论为支撑，从解决黄土高原水土流失过程及其模拟技术问题出发，探索沟道侵蚀规律与模拟、次暴雨计算方法、坡面径流输沙能力等基本问题，并以对黄河下游泥沙淤积贡献最大的多沙粗沙区为重点，以黄土高原多沙粗沙区代表流域为研究对象，研发具有自主知识产权的黄土高原多沙粗沙区典型流域产洪产沙经验模型和分布式流域产洪产沙机理模型，并实现典型流域次暴雨产洪产沙过程的作业预报，研究成果不仅可以为开展典型流域为单元的综合治理规划、设计和治理效益评价提供科技支撑，同时，该项目研究对创新我国水文预报研究、促进复杂环境下土壤流失模拟预报技术发展具有一定的科学意义。

1.2 国内外研究现状

1.2.1 国外模型研究

1954 年美国农业部农业研究局在印第安纳州普度大学（Purdue University）建立了国家径流和土壤流失数据中心，进行全国径流和土壤流失资料的汇总、整理，以便更进一步的深入分析。Smith 和 Wischmeier 利用中心收集的 10 000 多个小区的年径流和土壤流失基础资料，研制出了通用土壤流失方程（USLE），出版了美国第一个官方版的 USLE 手册，并且运用 USLE 和风蚀方程每 5 年进行一次全国土壤侵蚀状况定量调查。USLE 用 6 个因子的乘积形式量化了土壤侵蚀，这 6 个因子分别是降雨侵蚀力、土壤可蚀性、坡度、坡长、覆盖和管理、水土保持措施，USLE 中的“通用”意味着该预估模型不同于其雏形的区域预报模型。

USLE 可预报在一定的土地利用和经营条件下，一定坡度的耕地上片蚀和细沟侵蚀的长期平均土壤流失量，对于在一个地区的水土保持规划中做出选用什么方法的决策是很有用的，其应用领域包括城市泥沙控制、公路侵蚀控制、重新使用的矿地和荒地环境保护、小流域河流排水区域非点源污染控制和经济分析等。但是，USLE 的应用也存在着许多缺陷，在使用中有不少限制条件。首先，模型应用的边界条件必须可靠，而且有足够的资料能准确估计模型中包含的各个因子。比如，该模型的资料参数是根据美国东部 2/3

地区的情况得出的，而且只限于可耕种条件下的坡度（一般为3%～18%）和低蒙脱石土壤，坡长不超过120 m；不能计算来自沟壑、河岸和河床侵蚀的泥沙量；对于非均一的大流域，各因子值比较难定，虽然有计算大流域平均因子的方法，可简化计算程序，但这是以降低精度为代价的；在超出USLE率定的资料范围时，外延误差出现的概率将增大；USLE预估的是小流域长期平均产沙量。

随着水土保持、农业生产和环境保护的发展，生产实践急需一个能对次暴雨土壤流失评价的模型，为此，美国农业部又组织专家对USLE模型进行第三次改进，并于1997年以农业手册第703号发布了USLE模型的第三版，称为“修改的通用土壤流失方程（RUSLE）”，可用于对次暴雨的土壤流失进行评估。近年来又对RUSLE进行了较大改进。与此同时，不少国家在引进应用USLE过程中，都根据各自国家的侵蚀环境条件，对USLE作过一些有益的改进。

1.2.2 国内经验模型研究现状

黄土高原是我国土壤侵蚀最为严重的地区之一，因此对该地区土壤侵蚀规律研究开展的最早也最多。我国对经验模型的研究起始于1941年建立天水水土保持科学试验站后的20世纪50年代。1953年刘善建提出了估算农地年土壤侵蚀量的经验方程式，这被认为是我国第一个土壤侵蚀预报模型。其后相继根据径流小区试验观测的资料，经统计分析建立了侵蚀量与坡长、坡度、降雨的关系。

江忠善等（1980）根据黄土高原地区10个小流域（集水面积0.18～187 km^2）资料，建立了流域次暴雨产沙公式。选择的主要参数有流域坡度、土壤可蚀性因子、植被作用系数；但模型没有区分坡面侵蚀与流域侵蚀，以及泥沙输移过程。随后，他考虑到坡面侵蚀与沟间侵蚀的差异，以及黄土高原地区浅沟侵蚀的发育，进一步提出了沟间地的次降雨侵蚀产沙量经验公式。

刘宝元以USLE为蓝本，利用黄土丘陵沟壑区径流小区的实测资料，建立了中国土壤流失预估方程。

近年来，国内所建的土壤侵蚀经验模型广泛应用了GIS与遥感技术。基本方法是用遥感技术和地理信息系统技术提取出所需因子，用回归分析的方法建立侵蚀计算公式，最后利用GIS的图形运算显示计算结果。这些模型的不同之处在于模型中所考虑的影响因素不同。

参照洪水预报方法，可用线性系统理论研制预报流域产沙的模型。早在1943年，约翰森首先导出了悬移质含沙量分布曲线（SCD），在已知流量过程线和涨水时的悬移质含沙量测验资料的情况下，可应用该分布曲线计算流域悬移质产沙量，该方法称作单位线法。后来，随着线性系统理论的发展和完善，人们对预报流域产洪产沙量位线法不断进行了改进，提出了泥沙单位线（USG）的概念，并定义USG为流域上单位泥沙的过程分布。1978年Williams提出了瞬时泥沙单位线（IUSG）的概念，其基本假定是含沙量S随有效降雨呈线性变化，IUSG是洪水预报中瞬间单位线（IUH）和悬移质含沙量分布曲线（SCD）之积。

樊尔兰通过对陕北黄土丘陵沟壑区岔巴沟支流刘家沟流域暴雨、产洪和产沙资料的分析，得到了产沙与地面径流的相关方程，以及瞬时输沙单位线滞时 m_A 与平均产沙强度 I_{KP} 的相关方程。后来，牟金泽、孟庆枚等也利用单位线法建立了产沙量经验预报模型，用于描述黄土丘陵沟壑区小流域输沙过程。

随着计算机技术的快速发展，随机分析的方法也在土壤侵蚀预测中得到了应用。随机模型是从已知基本事件分布中推导出一些过程的典型结果，如可以利用降雨的概率分布来产生综合的径流系列，然后用输沙方程计算流域产沙量。其优点是可以解决产沙量的时间分布，能为物理成因模型的建立提供有关结论，为流域产沙机理研究提供有关依据；缺点是需要长系列的降雨、径流、产沙过程资料。

作为预报的另一种形式——人工神经网络技术目前在侵蚀产沙预报中也得到了应用。人工神经网络是在研究生物神经系统的启示下发展起来的一种信息处理方法。

由于人工神经网络预报的方法仍属于经验预报范畴，需要大量的历史资料对所建立的网络进行训练和检验，否则就难以保证模型的精度，因而历史观测资料的范围和数量仍为此预报方法精度的制约因素。另外，这些预报方程建立得是否合理，也成为人工神经网络预报方法进展的一个重要制约条件。当然，随着人工神经网络技术、计算机技术发展及人们对侵蚀产沙规律认识的不断加深，这类预报方法仍会有很大的发展前景和应用空间。

总的来说，自 20 世纪 70 年代以来，具有物理成因的侵蚀产沙模型发展较快，土壤侵蚀模型的框架结构都已比较成熟。但是，对侵蚀产沙过程的机理和数学表达研究的深度仍远远不够，这可能是当前机理模型存在的最大问题。也正由此，目前还没有一个机理模型的研发可以达到推广应用的程度。应当指出的是，由于国外土壤侵蚀主要发生在缓坡上，而我国在大于 15°的陡坡耕地上仍有严重的土壤侵蚀，加上沟蚀严重，因此我国流域土壤侵蚀模型的研发不能照搬国外的模型。另外，由于目前 GIS 技术本身存在的问题，诸如数据的精度和可得性尚无法满足需要，缺少时间概念，GIS 和产洪产沙模型紧密集成的技术条件要求苛刻等，使模型在作业预报方面仍存在很大的障碍。

近期在揭示流域坡面—沟道系统耦合侵蚀产沙关系的基础上，对分布式土壤流失评价预测机理模型进行了研究。建立了坡面土壤流失模型和小流域分布式土壤流失模型，其中分布式小流域土壤流失评价预测数学模型包括产汇流模型和产输沙模型，并借助于开发空间分析技术，实现了产汇流模型与产输沙模型的紧密耦合。分布式小流域产汇流模型基于超渗产流原理，采用 Horton 下渗方程，以洪水预报理论，根据黄土丘陵沟壑区特殊的侵蚀地貌，将流域划分为梁峁坡、沟坡和沟槽三部分，以此作为分布式小流域产沙模型的侵蚀产沙计算单元，由能量平衡原理分别建立其侵蚀产沙的计算公式，然后以分布式产汇流模型为基础进行耦合求解。输沙过程中采用时段滞后演算法分别对各个时段进行演算，求得流域出口断面总的产洪量及产沙量。

1.2.3 需要进一步研究的问题

随着江河治理、流域管理、生态保护和国土整治等生产实践发展的需要，国内外关于水土流失数学模型的研究不断得到相关科技人员和管理者的重视。

然而,就国内外产洪产沙数学模型的总体发展水平来说,仍存在不少关键技术问题需要进一步研究解决。

(1)实用的“黑箱式”产洪产沙预报方法对沟道重力侵蚀和坡沟系统侵蚀过程的试验观测、机理揭示和规律探讨都还很不够,从而难以建立起相应的数学模拟方法和模拟方程,大大制约了具有物理成因的水动力学模型或机理模型的进展。因此,为研发出实用的、可推广的黄土高原水土流失数学模型,应深入开展黄土高原沟道重力侵蚀研究,揭示沟道侵蚀产沙机理以及与坡面侵蚀的耦合作用关系,探索次洪水泥沙输移规律。

(2)机理模型不能反映黄土高原产流产沙规律。第一,模型多为坡面侵蚀模型,不能模拟沟道重力侵蚀过程,缺乏对坡面—沟道侵蚀耦合关系的模拟;第二,模型产流模式基本上为蓄满产流,而黄土高原绝大部分地区尤其是多沙粗沙区为超渗产流模式,因此模型难以满足产洪产沙计算的精度要求;第三,模型模拟的对象多为坡度10°左右的缓坡地,而黄土高原大部分地区的梁峁坡坡度多为20°~30°,陡坡和缓坡的侵蚀规律有极大差异。正确的技术途径应当是在借鉴模型先进技术的基础上,从解决黄土高原水土流失过程认知等关键性问题出发,开发出适合我国黄土高原侵蚀规律的产洪产沙模型。

(3)已建的经验模型大多为坡面水土流失模型,而流域模型较少且以小流域模型为主,同时多是建模者基于所掌握的研究区域(流域)实测资料情况确定的,推广应用的局限性较大,通用性较差;还没有可以有效实用于生产实践的作业模型,尤其是对机理模型的研究较晚,基本上处于探索阶段。另外,土壤侵蚀模型的核心控制方程大多选用径流、泥沙侵蚀方程,对土壤侵蚀因子统一、系统的观测和研究比较缺乏,使得各模型的可推广性降低,更缺少能有效模拟重力侵蚀的控制方程。这些不仅制约了模型的推广应用,也制约了模型研究的进展。

(4)流域洪水资源化、防洪减灾和水利枢纽的调控,均需求次暴雨产洪产沙的实时预报,需要在较短的预见期内预测出洪水泥沙的参数。而目前的作业预报系统大多仅用于提供干流洪水的演进参数,还缺乏将降水、产汇流、产输沙系统搭建于作业预报平台上,使模型的应用功能受到限制。此外,实测输入信息不足与不准也是成功应用产洪产沙模型的最大障碍。

1.3 研究目标和内容

研究目标为:以水文学、泥沙运动力学的理论为指导,利用3S技术,分析次暴雨产洪产沙规律,建立基于GIS的黄土高原多沙粗沙区以流域为模拟单元的产洪产沙模型和小流域分布式模型,开发出实用的作业预报系统,预测多沙粗沙区典型支流产洪产沙量和产洪产沙分布过程,为黄土高原多沙粗沙区典型流域的水土流失预测、产洪产沙预报提供科学依据。

研究内容如下:

(1)现有代表性产水产沙模型分析。

为充分吸收现有成果的成功经验,借鉴建模思路和方法,首先在广泛收集资料的基础上,对现有代表性产水产沙数学模型进行分析,综合分析各模型的优缺点,提出可借鉴的内容或方法。

(2)基于 GIS 的分布式典型流域产洪产沙数学模型研究。

以黄河多沙粗沙区典型流域为研究对象,根据野外试验观测,结合土壤侵蚀模型试验研究,分析流域产洪产沙规律,构建具有紧密耦合的水文模块、产沙模块的产洪产沙模型。

(3)研发典型流域次暴雨产洪产沙作业预报模型。

以 GIS 为平台,开发典型流域次暴雨产洪产沙作业预报系统。作业预报系统与实时雨水数据库相连,进行作业预报数据处理和实时作业预报。

(4)模型率定、验证与应用。

依据实测资料对模型参数进行率定和调整,使计算结果与实测结果基本接近,同时要注意模型参数本身的物理意义,率定的参数值应满足参数的物理机制。在模型率定基础上,对预报模型进行验证。在建立模型核心组件基础上,进行应用示范,包括构建分布式典型流域产洪产沙信息系统、流域水沙过程实时预报系统等在内的各类示范应用系统。

1.4 研究方法及技术路线

(1)参考国内外有关文献,把握水土流失数学模型研究发展情况,分析现有代表性的水土流失数学模型特点,在广泛咨询和讨论的基础上,确立拟建模型的总体框架,并编制模型概要设计。

(2)收集典型流域降雨、地形地貌、土壤、水土保持措施、产水产沙资料,对现有部分代表性的国内外模型进行验证与分析,评价其优缺点,提出可借鉴的经验。

(3)以地理信息系统为平台,建立流域的数字模型及其他相关数据库。

(4)采用超渗产流模式,分析坡面、沟道、流域侵蚀特性,完善产洪产沙模型。模型计算所需要因子由地理信息系统提供,然后考虑产洪产沙关系,构建分布式产洪产沙模型,以便更有利于实现产洪产沙的紧密耦合模拟,并根据实测资料进行模型参数率定和模型验证。

(5)以具有丰富观测资料且具有水土流失环境代表性的典型流域作为模型验证的对象,对模型的模拟精度进行检验和评价。黄土高原多沙粗沙区典型流域产洪产沙数学模型研究采用的技术路线见图 1-1。

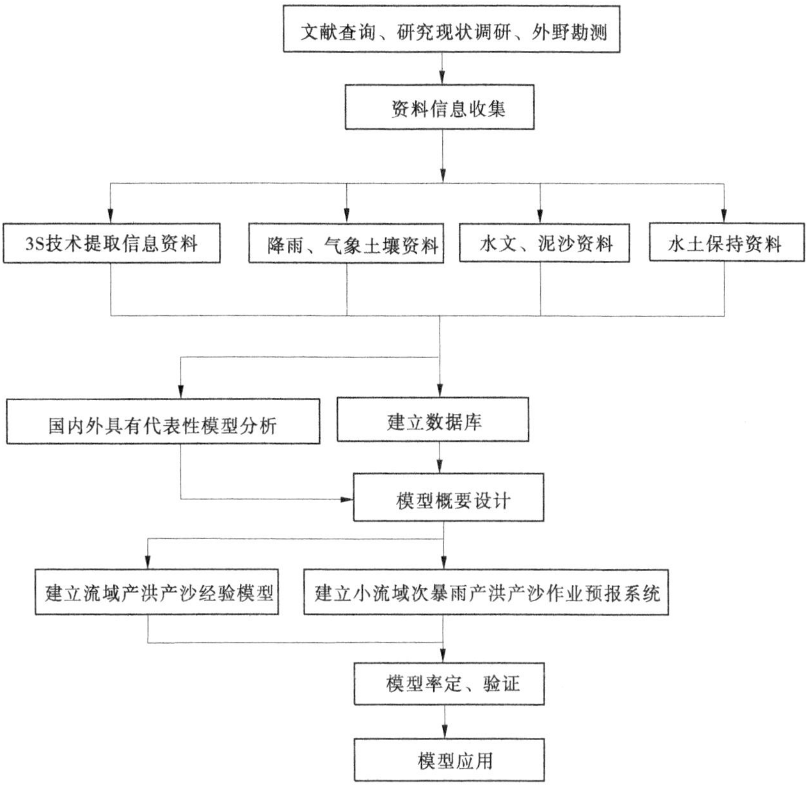

图 1-1　产洪产沙数学模型研发技术路线图

第 2 章　典型流域概况

2.1　流域概况

岔巴沟流域位于陕西省子洲县北部，是黄河中游无定河水系的二级支流，在子洲县城西约 4 km 处汇入无定河支流大理河，岔巴沟流域在黄河流域的位置见图 2-1。岔巴沟流域面积为 205 km^2，出口站曹坪水文站控制面积为 187 km^2。干沟长为 26.5 km，流域形状基本为矩形，干沟与支沟的相会夹角约为 60°，流域平均宽度为 7.22 km，曲折系数为

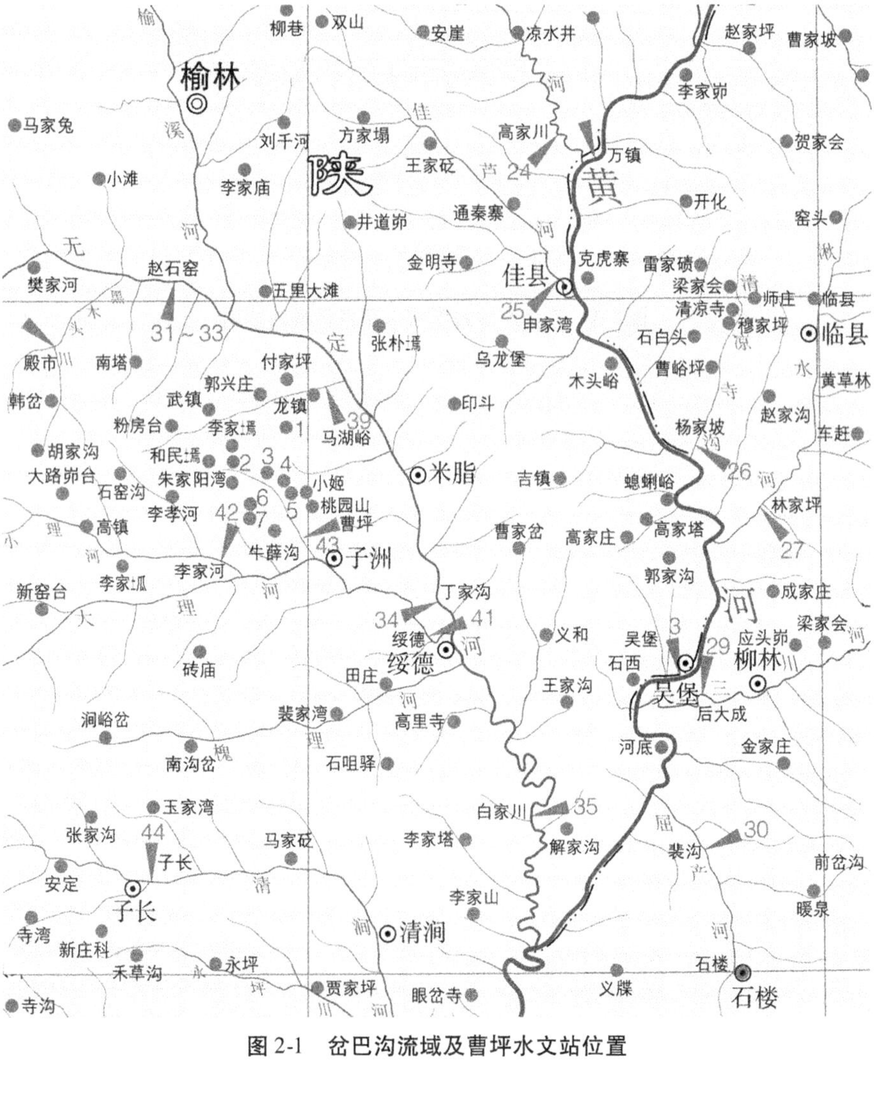

图 2-1　岔巴沟流域及曹坪水文站位置

1.15，沟道密度为 1.05 km/km^2。该流域位于黄河中游主要泥沙来源区，在气候（降雨）和地质地貌等下垫面条件上具有广泛的区域代表性。

岔巴沟流域的沟网由主沟岔巴沟和 11 条较大一级支沟组成，其中在其左岸从下游至上游依次分布着麻地沟等 7 条一级支沟，右岸从下游至上游依次分布着马家沟等 4 条一级支沟。河道及水系分布见图 2-2。

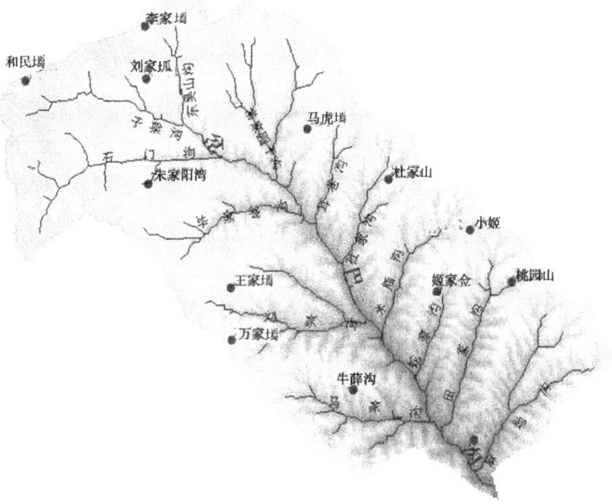

图 2-2　岔巴沟流域河道及水系分布

按照国际上通用的斯揣拉（Strahler）河流分级标准，岔巴沟在黄河流域属 4 级河流。

2.2　地形地貌

本地区属于鄂尔多斯地台，白垩纪以前，地台只有过缓慢的上升、下降运动，白垩纪以后，由于燕山和喜马拉雅山运动的影响，地台发生了轻微的褶皱。第四纪初期开始，在地台上沉积了大量的黄土，形成了现代的黄土高原，地层组成由老至新为基岩、老黄土、新黄土。

按地貌形态可划分两大类：①河谷阶地区；②黄土丘陵沟谷区，其又分两个亚区，即梁地沟谷区和峁地沟谷区。此外，尚有崩塌、滑坡、假喀斯特、黄土柱等特殊的地貌景观。流域上游以梁地沟谷区为主，下游以峁地沟谷区为主，中游是二者皆有。干沟两岸及一级支沟的沟头一般都有较开阔的平地，而二级支沟的沟头切割很深，沿沟道两岸近似垂直，垂直节理发育，崩塌严重。本地区的地貌特点是：侵蚀严重，沟谷发育，整个沟谷被大小沟道切割得支离破碎，构成千沟万壑。地面坡度变化复杂，且不连续，同一峁、梁的各个方向及同一方向的上、中、下游各坡面坡度变化都很急剧，其特点是沟谷坡面在干沟的两岸多陡峭，一般大于 60°，干沟上游及大的支沟则稍缓，为 45°～60°，在沟头及支沟的上部则减至 30°～45°；峁梁坡面在赤梁顶部坡度平缓，为 5°～10°，梁的两侧坡度较陡，赤腰上部较陡，下部则较缓,变化范围为 15° ~30°。

本地区土壤侵蚀的现象主要有片蚀、沟蚀、崩塌、潜蚀、滑坡等 5 种。有单个分布在坡度较大的山坡上的,亦有成群成片密布在陡壁上的,或布满赤梁腰部。新黄土质地疏松,暴雨之中受湿下陷,大量滑落于沟谷之中,滑塌土方有时竟达千余立方米,有时堵住沟谷,形成 2 m 深的堰塞池。在沟道的头部,雨水顺着黄土节理汇集,形成很深的陷穴(假喀斯特)。陷穴附近的地表径流均汇入其中,使之逐渐加大、加深,其上部直径一般均在 5 m 以上,下部较小。陷穴下部有暗道与沟相连,或者陷穴的出口即为沟道头部,土壤侵蚀极其严重。其土壤侵蚀的原因,主要是该地区沟谷发育、黄土疏松、胶结力弱、颗粒细小、黏性很差,坡面和沟谷极易产生泥沙,又易被沟道输出;坡度陡、降雨强度大、黄土吸水能力强,因此形成的地表径流皆产生于强度最大的降雨时段,洪水历时短、强度大,形成的坡面漫流及沟道汇流的挟沙能力与冲刷能力都很大;气候干旱、植被少、地面缺乏保护;坡地耕作及放牧不合理。在开展水土保持工作多年后,水土流失严重的状况已有所改变。

2.3　流域站网分布

流域内现设有水文站 1 个,即曹坪水文站。雨量站有和民墕、刘家坬、朱家阳湾、李家墕、马虎墕、杜家山、万家墕、王家墕、姬家佥、牛薛沟、小姬、桃园山、曹坪 13 站,雨量站网密度为 16 km^2/站。岔巴沟流域站网分布见图 2-3。

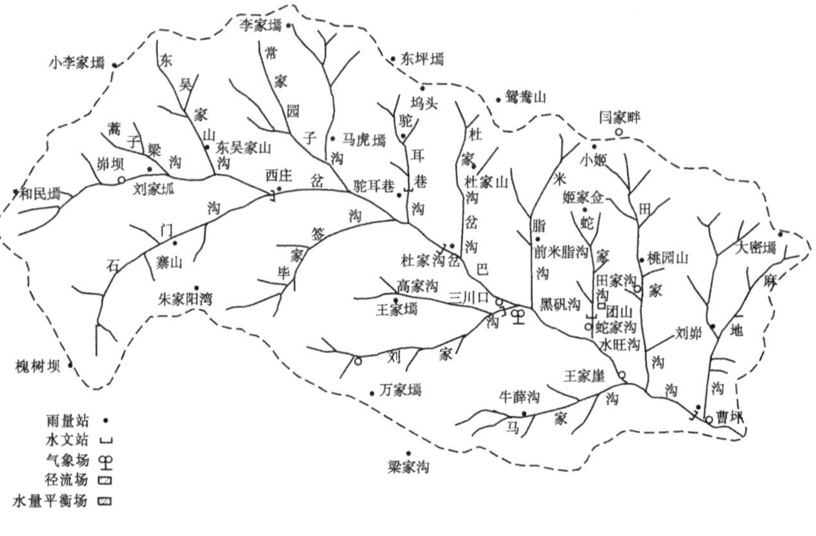

图 2-3　岔巴沟流域站网分布

曹坪水文站设立于 1958 年 8 月,集水面积 187 km^2,位于陕西省子洲县城关镇曹坪村,处于东经 109°59′、北纬 37°39′,距岔巴沟河口 2.2 km。曹坪水文站是国家基本水文站,按区域代表原则布设,控制岔巴沟的水沙量变化,为三类精度流量站、三类精度泥沙站,汛期驻站测验,非汛期简化测验。该站测验河段基本顺直,在其上、下游均有弯道。河床系沙砾石组成,冲淤变化不大,两岸为黄土。基本水尺断面下游 500 m 左岸有麻地沟汇入，2.2 km 处汇入大理河，遇特大洪水时受大理河洪水顶托影响，测验河段可发生回水现象。建站以来，最大洪峰流量为 1 520 m^3/s（1966 年），流量 863 m^3/s、1 170 m^3/s 的相应频率为 5%、2%；实测最大含沙量为 1 220 kg/m^3（1963 年）；最大年降水量为 749.4 mm（1964 年），最小年降水量为 253.4 mm（1965 年），多年平均降水量为 443.0 mm。

岔巴沟流域属于干旱少雨的大陆性气候，降水年际、年内分配极不均匀。年内降水量主要集中于汛期（6～9 月），降雨多以暴雨形式出现，全年降水量主要集中于几场暴雨之中。每逢暴雨，干流、支流均会出现较大的洪水和高含沙水流。

该流域内暴雨洪水的特点是：暴雨历时短、雨强大，洪水含沙量高，输沙量大，全年输沙量主要集中于年内少数几场大洪水中。

第3章　流域降水、径流、泥沙特征

3.1　降水特征

岔巴沟曹坪水文站多年平均降水量为439.5 mm(1960～2006年),见表3-1和图3-1。最大年降水量为749.4 mm,发生在1964年;最小年降水量为253.4 mm,发生在1965年。最大年降水量是最小年降水量的3倍,该站降水量年际变化较大。

表3-1　岔巴沟曹坪水文站年降水量、年径流量、年输沙量统计

项目	1960～1969年	1970～1979年	1980～1989年	1990～1999年	2000～2006年	1960～2006年	最大	最小
年降水量(mm)	451.4	456.3	416.0	430.8	455.1	439.5	749.4	253.4
较平均偏差(%)	2.7	3.8	-5.3	-2.0	3.5			
年径流量(万m^3)	1 012	838.4	694.7	753.5	522.6	762.4	2 195	316.6
较平均偏差(%)	32.7	10.0	-8.9	-1.2	-31.5			
年输沙量(万t)	382	182.2	78.1	180.2	62.9	179.6	1 330	2.79
较平均偏差(%)	112.7	1.4	-56.5	0.3	-65.0			

20世纪60～90年代和2000～2006年,多年平均降水量分别为451.4 mm、456.3 mm、416.0 mm、430.8 mm、455.1 mm,降水量年代变化较小。年降水量最多的70年代,比多年平均值偏多3.8%。年降水量最少的80年代,比多年平均值偏少5.3%。

岔巴沟曹坪水文站降水量年内分配情况见表3-2和图3-2,12月最小,8月最大;1～8月降水量逐月增加,8～12月降水量逐月减少,年内分配呈单峰型。1月和12月降水量占年降水量都不到1%,7月和8月降水量占年降水量都超过20%。

多年平均汛期降水量为323.6 mm(6～9月),占年降水量的74.5%。多年平均7月和8月降水量占年降水量的46.2%。

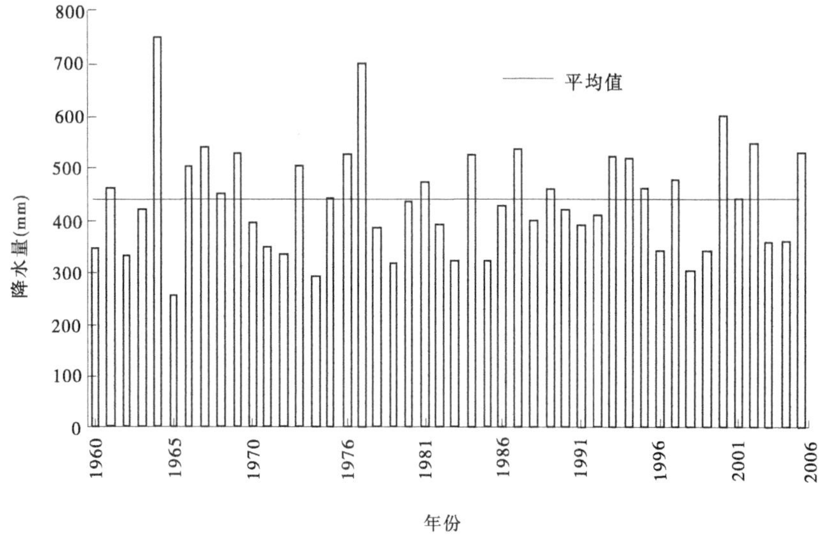

图 3-1　岔巴沟曹坪水文站历年降水量柱状图

表 3-2　岔巴沟曹坪水文站降水量、径流量年内分配

项目	1 月	2 月	3 月	4 月	5 月	6 月	7 月	8 月	9 月	10 月	11 月	12 月	6 ~ 9 月	1 ~ 12 月
降水量（mm）	3. 4	4. 6	12. 7	19. 2	34. 4	59. 8	97. 5	103. 4	62. 9	23. 4	10. 0	2. 9	323. 6	434. 2
占年（%）	0. 8	1. 1	2. 9	4. 4	7. 9	13. 8	22. 4	23. 8	14. 5	5. 4	2. 3	0. 7	74. 5	100
径流量（万 m^3）	22. 39	42. 37	83. 45	42. 48	32. 74	46. 98	132. 5	176. 6	71. 97	41. 57	40. 78	28. 59	428. 05	762. 42
占年（%）	2. 9	5. 6	10. 9	5. 6	4. 3	6. 2	17. 4	23. 2	9. 4	5. 5	5. 3	3. 7	56. 2	100

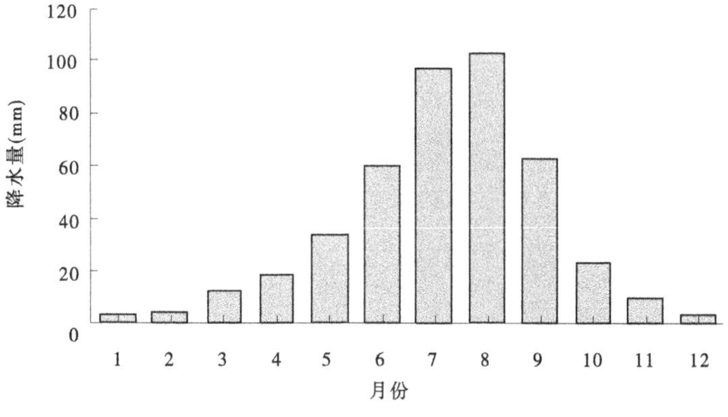

图 3-2　岔巴沟曹坪水文站降水量年内分配柱状图

3.2 径流量

岔巴沟曹坪水文站历年径流量过程线见图 3-3，该站多年平均径流量为 762.4 万 m^3（1960～2006 年），见表 3-1。最大年径流量为 2 195 万 m^3，发生在 1966 年；最小年径流量为 316.6 万 m^3，发生在 1997 年。径流量年际变化大，最大年径流量是最小年径流量的 6.9 倍。

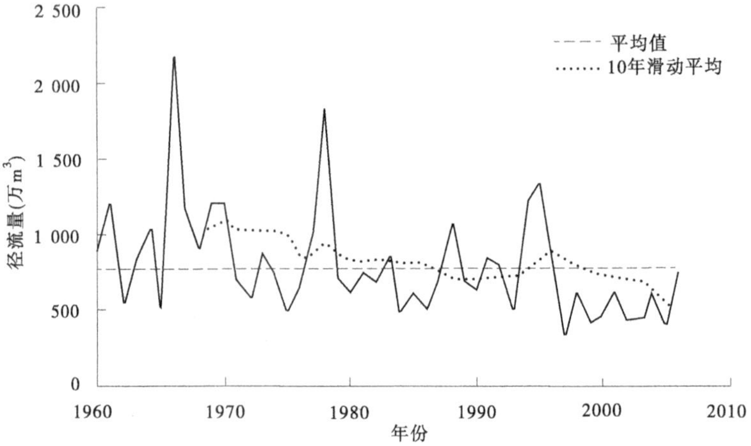

图 3-3　岔巴沟曹坪水文站历年径流量过程线

20 世纪 60～90 年代和 2000～2006 年平均年径流量分别为 1 012 万 m^3、838.4 万 m^3、694.7 万 m^3、753.5 万 m^3、522.6 万 m^3，径流量年代变化较大，但总的趋势是减小的。径流量最多的 60 年代，比多年平均值偏多 32.7%。径流量最少的是 2000～2006 年，比多年平均值偏少 31.5%。

径流量年内分配情况是：1 月最小，8 月最大；而与降水量年内分配不同的是径流量年内分配呈双峰型（见图 3-4）。

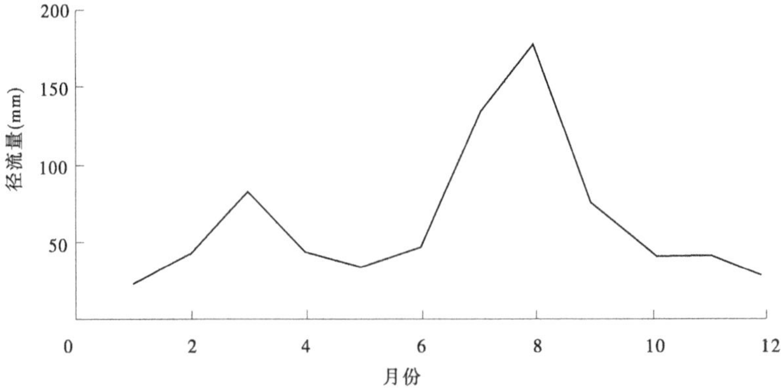

图 3-4　岔巴沟曹坪水文站径流量年内分配

3.3 输沙量

岔巴沟曹坪水文站历年输沙量过程线见图3-5。多年平均输沙量为179.6万t(1960~2006年),见表3-1。最大年输沙量为1 330万t,发生在1966年;最小年输沙量为2.79万t,发生在1975年。最大年输沙量是最小年输沙量的476.7倍,输沙量年际变化很大。

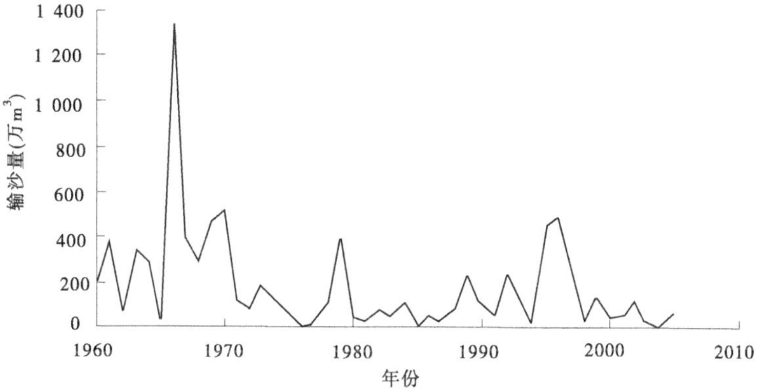

图3-5 岔巴沟曹坪水文站历年输沙量过程线

20世纪60~90年代和2000~2006年平均年输沙量分别为382万t、182.2万t、78.1万t、180.2万t、62.9万t。输沙量年代变化大,输沙量最多的60年代,比多年平均值偏多112.7%。输沙量最少的是2000~2006年,比多年平均值偏少65.0%。

第4章　流域次降水特性分析

4.1　雨量站点

子洲径流试验站从1959年1月1日开始布网观测，至1969年年底停止观测，历时11年。按照试验操作规程，收集、整理并刊布了5册水文试验资料。试验站非常重视雨量站网的布设，布站最密时期，平均单站控制面积4.6 km^2；布站最稀时期，单站控制面积也有12.5 km^2。1959年是子洲试验站开始的第一年，设站较多，共设立41站；1961～1969年设立站数由29站减至15站。1970年至今，保持13站不变。观测项目不统一，有逐日降水量、降水量摘录等，部分年份降水起止时间不详。岔巴沟雨量站点及资料情况见表4-1。

表4-1　岔巴沟雨量站点及资料情况

年份	站数	观测项目		观测仪器	站网密度（站/km^2）
		逐日降水量	降水量摘录		
1959	41	41	11	普通雨量筒	0.2
1960	41	41	28	普通雨量筒	0.2
1961	25	25	25	普通雨量筒	0.12
1962	25	25	25	普通雨量筒	0.12
1963	29		29	普通雨量筒	0.14
1964	27		27	普通雨量筒	0.13
1965	27	27	27	普通雨量筒	0.13
1966	28	28	28	普通雨量筒	0.14
1967	29	29		普通雨量筒	0.14
1968	15		15	普通雨量筒	0.07
1969	15	15	15	普通雨量筒	0.07
1970至今	13	13	13	普通雨量筒	0.06

雨量资料1996年前均用20 cm口径普通雨量筒、自记雨量计观测，1996年至今全部采用20 cm口径雨量筒、固态存储。资料质量普遍良好，经过整编审查，刊印公布。

1970年子洲径流试验站停止观测后，岔巴沟流域保留了13个雨量站，基本分布于各支沟，测站详情见表4-2。

表4-2　岔巴沟雨量站网

河名	站名	站别	观测场地	设站年份	仪器类型
岔巴沟	和民塌	降水	陕西省子洲县李孝河乡和民塌村	1959	20 cm 固态
岔巴沟	刘家坬	降水	陕西省子洲县三川口镇刘家坬村	1964	20 cm 固态
石门沟	朱家阳湾	降水	陕西省子洲县坬园则湾乡朱家阳湾村	1959	20 cm 固态
常家园子沟	李家塌	降水	陕西省米脂县龙镇李家塌村	1959	20 cm 固态
常家园子沟	马虎塌	降水	陕西省子洲县三川口镇马虎塌村	1959	20 cm 固态
杜家沟岔沟	杜家山	降水	陕西省子洲县三川口镇杜家山村	1959	20 cm 固态
刘家沟	万家塌	降水	陕西省子洲县三川口镇万家塌村	1959	20 cm 固态
刘家沟	王家塌	降水	陕西省子洲县三川口镇王家塌村	1963	20 cm 固态
蛇家沟	姬家佥	降水	陕西省子洲县三川口镇姬家佥村	1963	20 cm 固态
马家沟	牛薛沟	降水	陕西省子洲县三川口镇牛薛沟村	1959	20 cm 固态
田家沟	小姬	降水	陕西省米脂县杜家石沟镇小姬村	1960	20 cm 固态
田家沟	桃园山	降水	陕西省子洲县三川口镇桃园山村	1959	20 cm 固态
岔巴沟	曹坪	水文	陕西省子洲县城关镇曹坪村	1959	20 cm 固态

4.2　次降雨特性

岔巴沟流域属于黄河中游黄土丘陵地区，年降水量70%以上集中在6～9月的盛夏季节，其中大部分暴雨由中小尺度天气系统形成。其最突出的特点是：笼罩范围小，移动速度快，降雨历时短，产流机遇少；在一次降雨过程中，雨强往往又有明显的转折变化（即突然增大和骤然减小）。一次降雨过程基本在2～5 h，极少出现8 h以上的降雨过程。

4.2.1　资料选用

根据选定的场次洪峰流量出现时间、起讫时间，对照降水量摘录表，统计计算次洪降水量。降雨资料选用1960～2006年，次洪洪峰流量大于100 m^3/s的51场洪水。

4.2.2　面平均雨量的计算

当流域内雨量站分布较均匀、地形起伏变化不大时，可根据各站同时段观测的降雨量用算术平均法推求流域面平均降雨量，计算公式为

$$\overline{P} = \frac{P_1 + P_2 + \cdots + P_n}{n} = \frac{1}{n}\sum_{i=1}^{n} P_i \tag{4-1}$$

式中：$\overline{P}$ 为某时段平均降雨量，mm；P_i 为第 i 个站同时段降雨量，mm；n 为雨量站个数。

岔巴沟流域内雨量站点分布均匀、地形起伏变化不大，所以面平均降水采用算术平均法。

4.2.3 次洪径流系数

径流系数是指某一流域任意时段内的径流深度（或径流总量）与同时段内的降水深度（或降水总量）的比值。径流系数说明在降水量中有多少水变成了径流，它综合反映了流域内自然地理要素对径流的影响。次洪径流系数反映了某次洪水中，降水量转化为径流的比例。径流系数除反映降水产流状况外，在一定程度上也反映水利水保措施的有效拦蓄能力。

岔巴沟流域共有 13 个雨量站，设立年份最早的是 1959 年，最晚的是 1964 年，选取 1960 年以来洪峰流量在 100 m^3/s 以上的 51 场洪水，计算面平均雨量、雨强、次洪径流系数，计算结果见表 4-3。

表 4-3　曹坪站 1960 ~ 2006 年入选洪水对应岔巴沟流域的次洪降水统计计算结果

序号	洪峰出现时间（年-月-日）	洪峰流量（m^3/s）	次洪洪量（万 m^3）	径流深（mm）	降水起迄时间（月-日 T 时：分）	面平均雨量（mm）	次洪径流系数	雨强（mm/h）
1	1960-07-31	113	45.46	2.4	07-31T17：10 ~ 08-02T07：00	6.0	0.41	2.0
2	1960-09-24	129	158.7	8.5	09-24T00：35 ~ 09-27T17：30	93.7	0.14	6.3
3	1961-07-21	172	66.58	3.6	07-20T20：00 ~ 07-22T13：15	21.2	0.17	0.3
4	1961-07-22	133	49.00	2.6	07-22T12：30 ~ 07-22T22：15	15.5	0.17	15.3
5	1961-07-30	654	244.2	13.1	07-30T14：30 ~ 08-01T22：55	43.2	0.30	2.0
6	1961-09-27	116	140.4	7.5	09-26T17：53 ~ 09-30T06：00	102.7	0.08	4.2
7	1962-08-12	118	56.08	3.0	08-11T19：15 ~ 08-14T06：00	20.0	0.15	6.9
8	1963-06-03	131	52.63	2.8	06-03T12：05 ~ 06-06T20：00	26.8	0.11	0.4
9	1963-08-26	585	199.7	10.7	08-26T12：45 ~ 08-27T08：00	31.3	0.34	8.1
10	1963-08-28	187	85.35	4.6	08-28T05：40 ~ 08-29T20：00	29.7	0.15	1.4
11	1964-04-29	196	55.49	3.0	04-29T16：50 ~ 04-29T19：46	4.4		
12	1964-07-06	183	174.2	9.3	07-05T11：50 ~ 07-07T18：23	90.5	0.11	5.2
13	1964-08-02	155	62.13	3.3	08-02T12：32 ~ 08-03T23：10	15.0	0.22	0.8

续表 4-3

序号	洪峰出现时间（年-月-日）	洪峰流量（m^3/s）	次洪洪量（万 m^3）	径流深（mm）	降水起迄时间（月-日 T 时:分）	面平均雨量（mm）	次洪径流系数	雨强（mm/h）
14	1966-06-27	225	269. 1	14. 4	06-26T14:48 ~ 06-28T09:40	47. 7	0. 30	1. 6
15	1966-07-17	993	684. 0	36. 6	07-17T10:12 ~ 07-18T16:53	77. 9	0. 47	7. 8
16	1966-08-15	1 520	531. 9	28. 4	08-15T11:15 ~ 08-16T16:30	51. 8	0. 65	20. 9
17	1966-08-28	581	156. 1	8. 3	08-28T17:02 ~ 08-29T08:00	13. 3	0. 63	15. 4
18	1967-07-17	167	94. 13	5. 0	07-17T13:07 ~ 07-18T08:00	31. 0	0. 16	3. 4
19	1967-08-26	289	154. 8	8. 3	08-26T12:10 ~ 08-27T08:00	23. 7	0. 36	5. 3
20	1967-09-01	114	67. 32	3. 6	08-31T20:51 ~ 09-02T08:00	20. 3	0. 18	1. 7
21	1969-05-11	818	244. 5	13. 1	05-11T13:30 ~ 05-13T08:00	40. 4	0. 32	1. 0
22	1969-07-26	145	52. 75	2. 8	07-26T14:20 ~ 07-27T06:00	207	0. 14	2. 4
23	1969-08-20	446	140. 5	7. 5	08-20T19:00 ~ 08-22T08:00	28. 8	0. 26	3. 8
24	1970-08-01	640	413. 6	22. 1	07-31T20:00 ~ 08-02T14:10	78. 5	0. 28	2. 3
25	1970-08-08	270	116. 9	6. 3	08-08T01:21 ~ 08-09T03:40	39. 2	0. 16	3. 2
26	1970-08-27	405	139. 1	7. 4	08-27T10:00 ~ 08-29T08:00	30. 5	0. 24	3. 2
27	1971-07-05	136	45. 82	2. 5	07-04T23:35 ~ 07-07T08:00	18. 1	0. 14	0. 5
28	1971-07-25	145	122. 2	6. 5	07-23T18:25 ~ 07-25T19:40	42. 4	0. 15	0. 9
29	1972-07-19	242	82. 74	4. 4	07-19T10:10 ~ 07-19T18:34	24. 7	0. 18	3. 5
30	1973-09-11	101	64. 6	3. 5	09-11T04:00 ~ 09-13T08:00	20. 9	0. 17	1. 1
31	1974-07-31	212	213. 1	11. 4	07-31T01:10 ~ 07-31T10:38	59. 8	0. 19	9. 5
32	1977-08-11	113	151. 8	8. 1	08-11T15:03 ~ 08-13T12:20	20. 6	0. 39	14. 1
33	1978-07-27	103	195. 8	10. 5	07-26T20:40 ~ 07-31T20:00	88. 8	0. 12	1. 1
34	1978-08-07	211	402. 8	21. 5	08-07T16:05 ~ 08-08T06:10	45. 2	0. 48	3. 6
35	1983-07-26	145	158. 7	8. 5	07-26T14:00 ~ 07-30T04:00	34. 3	0. 25	1. 9
36	1991-06-07	573	424. 1	22. 7	06-07T16:00 ~ 06-10T10:00	73. 8	0. 31	1. 1

续表 4-3

序号	洪峰出现时间（年-月-日）	洪峰流量（m^3/s）	次洪洪量（万 m^3）	径流深（mm）	降水起讫时间（月-日 T 时:分）	面平均雨量（mm）	次洪径流系数	雨强（mm/h）
37	1992-08-27	132	236.4	12.6	08-27T06:00～09-01T06:00	67.0	0.19	0.7
38	1994-08-03	188	156.7	8.4	08-02T20:00～08-03T08:00	50.3	0.17	6.0
39	1994-08-04	592	564.1	30.2	08-04T16:00～08-06T06:00	80.41	0.38	6.7
40	1995-08-26	210	132.0	7.1	08-25T16:00～08-27T08:00	52.5	0.13	1.4
41	1995-09-02	370	373.9	20.0	09-01T18:00～09-05T06:00	72.7	0.28	1.2
42	1996-06-26	108	49.84	2.7	06-26T02:00～06-28T08:00	20.6	0.13	0.5
43	1996-08-01	315	170.9	9.1	07-31T16:00～08-01T08:00	62.6	0.15	4.7
44	1998-07-13	121	98.44	5.3	07-12T02:00～07-13T08:00	43.6	0.12	2.9
45	1999-07-20	145	83.97	4.5	07-20T12:00～07-21T12:00	25.8	0.17	1.4
46	2000-07-04	214	95.26	5.1	07-04T08:00～07-05T16:00	17.3	0.29	2.1
47	2001-08-18	242	263.1	14.1	08-17T22:00～08-20T06:00	135.7	0.11	4.3
48	2004-07-26	119	69.08	3.7	07-25T18:00～07-26T10:00	42.8	0.09	3.9
49	2006-08-12	116	51.18	2.7	08-12T14:00～08-13T08:00	13.9	0.20	3.3
50	2006-08-25	155	65.13	3.5	08-25T00:00～08-26T08:00	24.5	0.14	1.7
51	2006-08-30	154	211.8	11.3	08-26T16:00～08-31T08:00	96.0	0.13	7.9

从表 4-3 中可以看出，曹坪水文站次洪径流系数变化极大，范围在 0.08～0.65，平均为 0.23，最小 0.08 出现在 1961 年，最大 0.65 出现在 1966 年。次洪径流系数 1960～1969 年平均为 0.25、1970～1979 年平均为 0.20、1990～2006 年平均为 0.19，1980～1989 年只有 1983 年发生流量大于 100 m^3/s 的一场洪水，次洪径流系数为 0.25。可以看出，次洪径流系数在递减，说明 20 世纪 70 年代开始的水土保持工作，使该流域的下垫面、土壤特性等发生了变化，降水产生的径流呈减少趋势。曹坪水文站 1960～2006 年次洪径流系数见图 4-1。

4.2.4 典型次暴雨

为较全面地了解分析区间暴雨的时空分布情况，选取面平均雨量在 70 mm 以上的 8 场以及曹坪水文站自设站以来最大流量的 1 场共 9 场降水进行分析，通过统计，归纳典型

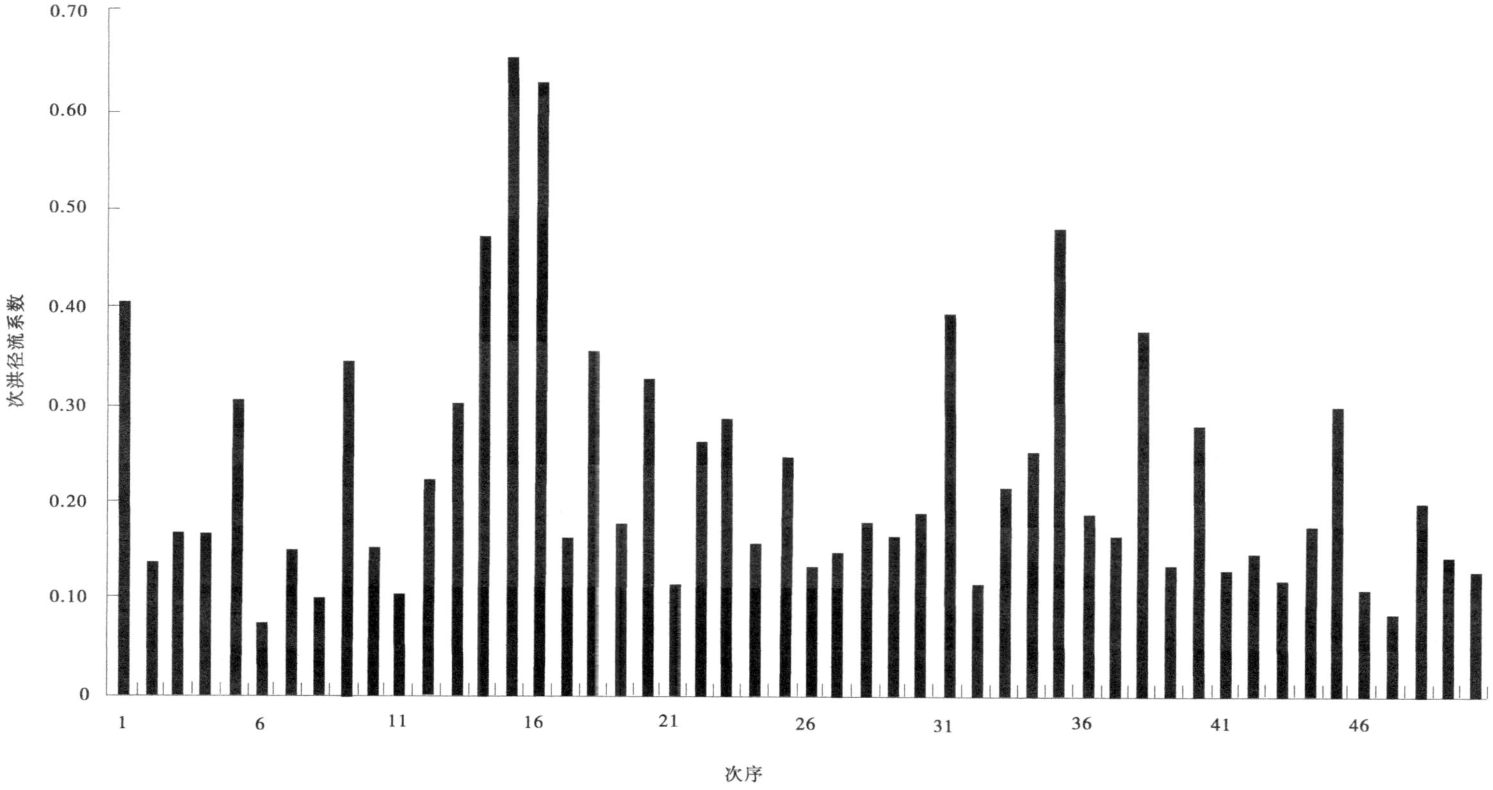

图4-1　曹坪水文站1960~2006年次洪径流系数

暴雨的特性。

4.2.4.1 1966 年 7 月 17 日暴雨

1966 年 7 月 17 日 10:12 至 18 日 16:53 普降暴雨，面平均雨量 77.9 mm，降水时程分配为复式峰。暴雨中心在岔巴沟上游，最大点降水李家塥次降水量 143.4 mm，其次刘家坬 120.4 mm、和民塥 105.5 mm。李家塥 7 月 17 日 18:10～20:00 降水量 95.2 mm，雨强 52.02 mm/h；17 日 21:35～23:52，降水量 45.0 mm，雨强 19.74 mm/h。刘家坬 17 日 3:47 开始降水，16:50～19:17 强度最大，降水量 79.3 mm，雨强 32.37 mm/h；21:17～23:00，降水量 35.7 mm，雨强 20.76 mm/h。和民塥 17 日 8:00 开始降水，17:10～20:00 降水量 61.0 mm，雨强 21.55 mm/h；17 日 21:45 至 18 日 2:30 又降水雨 44.5 mm，雨强 9.37 mm/h。马虎塥 99.1 mm、杜家山 97.3 mm、朱家阳湾 52.5 mm、万家塥 29.9 mm、王家塥 38.7 mm、姬家佥 59.4 mm、牛薛沟 62.8 mm、小姬 69.3 mm、桃园山 72.1 mm、曹坪 62.6 mm 为此次降水点降水量，次降水量大多在 50 mm 以上。曹坪水文站出现洪峰流量 993 m^3/s 的洪水。

4.2.4.2 1966 年 8 月 15 日暴雨

1966 年 8 月 15 日 11:15 至 16 日 8:00，岔巴沟普降暴雨，面平均雨量 51.8 mm，降水历时约 20 h，降水时程分配为复式峰。此场降水梯度较小，中心最大点降水为王家塥次降水量 86.7 mm，其次为万家塥 75.9 mm、牛薛沟 70.9 mm。王家塥 15 日 11:15 开始降水，至 12:20 降水量达到 24.6 mm，雨强 22.78 mm/h；17:55～20:00 降水量 58.3 mm，雨强 28.03 mm/h。万家塥 15 日 11:23 开始降水，至 11:58 降水量 24.0 mm，雨强 41.38 mm/h；15 日 16:21 至 16 日 3:25 又降水 48.6 mm，其中 18:57～19:08 共 11 min 内降水量 20.4 mm，雨强达到 102 mm/h。牛薛沟 15 日 11:52 开始降水，18:20～20:00 降水量 55.6 mm，雨强 33.29 mm/h。和民塥 50 mm、朱家阳湾 56.3 mm、刘家坬 31.7 mm、李家塥 30.4 mm、马虎塥 23.8 mm、杜家山 47.1 mm、姬家佥 47.5 mm、小姬 48 mm、桃园山 39.6 mm、曹坪 64.9 mm 为此次降水点降水量。由于全流域基本为同时降水，部分时段降水达到了特大暴雨的强度，因此曹坪水文站发生设站以来最大流量 1 520 m^3/s。

4.2.4.3 1970 年 7 月 31 日暴雨

1970 年 7 月 31 日 20:00 至 8 月 2 日 14:00，岔巴沟普降暴雨，面平均雨量 78.5 mm。中心最大点降水为马虎塥次降水量 105.1 mm，其次为万家塥 95.2 mm。马虎塥 31 日 20:00开始降水，8 月 1 日 0:00～1:00 降水量 13.9 mm、1:00～2:00 降水量 23.5 mm、2:00～3:00 降水量 31.3 mm，最大雨强 31.3 mm/h。万家塥 8 月 1 日 0:00 开始降水，1:00～2:00 降水量 19.9 mm、2:00～3:00 降水量 22 mm，最大雨强 22 mm/h。刘家坬 67.2 mm、姬家佥 68.8 mm、曹坪 56.3 mm 为此次降水点降水量。曹坪水文站 8 月 1 日发生洪峰流量 640 m^3/s 的暴雨洪水。

4.2.4.4 1978 年 7 月 26 日暴雨

1978 年 7 月 26 日 20:40 至 31 日 1:00，流域内普降暴雨，面平均雨量 88.8 mm，降水

时程分配为复式峰。此次降水时间持续较长，但大强度主要集中在26日20:40至27日1:00，27日至30日，流域内连续降水，但强度不大，属于连阴雨天气。最大点降水万家堨次降水130.3 mm，其次为刘家坬113.4 mm、朱家阳湾106.3 mm、王家堨110.3 mm。万家堨26日21:00开始降水，22:12～00:00降水量69.5 mm，强度为38.61 mm/h。刘家坬26日20:49开始降水，22:00～23:00降水量45.9 mm，雨强45.9 mm/h。王家堨26日22:07开始降水，22:07～24:00降水量50.5 mm，雨强为26.6 mm/h。朱家阳湾26日20:40开始降水，22:08～23:00降水量28.1 mm，强度为31.2 mm/h。和民堨43.1 mm、李家堨99 mm、马虎堨94.2 mm、杜家山73.6 mm、姬家佥77.2 mm、牛薛沟91 mm、小姬74.3 mm、桃园山72.3 mm、曹坪69.3 mm为此次降水点降水量。27日曹坪发生洪峰流量103 m^3/s的暴雨洪水。

4.2.4.5　1991年6月7日暴雨

1991年6月7日16:00至10日10:00，流域内普降暴雨，面平均雨量73.8 mm，降水时程分布为复式峰。最大点降水马虎堨次降水108.9 mm，其次为小姬93.8 mm。马虎堨7日16时开始降水，16:00～18:00降水量59.4 mm、18:00～20:00降水量10.9 mm，第二次10日02:00～04:00降水量26.8 mm，最大雨强为29.7 mm/h。小姬7日16:00～18:00降水量43.6 mm，第二次10日02:00～04:00降水量31.6 mm，最大雨强为26.8 mm/h。和民堨26.8 mm、刘家坬86.6 mm、朱家阳湾50.4 mm、李家堨78.0 mm、杜家山64.2 mm、万家堨73.4 mm、王家堨64.9 mm、姬家佥78.9 mm、牛薛沟74.6 mm、小姬93.8 mm、桃园山80.7 mm、曹坪80.6 mm为此次降水点降水量。7日曹坪水文站发生洪峰流量573 m^3/s的暴雨洪水。

4.2.4.6　1994年8月4日暴雨

1994年8月4日16:00至6日6:00，流域内普降暴雨，面平均雨量80.41 mm，降水时程分布为复式峰。最大点降水刘家坬次降水量106.5 mm，其次为万家堨106.1 mm。刘家坬4日16时开始降水，16:00～18:00降水量30.6 mm、18:00～20:00降水量39.1 mm，雨强11.5 mm/h；5日04:00～06:00降水量27.8 mm。万家堨4日18:00～20:00降水量53 mm，20:00～22:00降水量13.6 mm，雨强16.7 mm/h；5日04:00～06:00降水量29.2 mm，雨强14.60 mm/h。和民堨75.7 mm、朱家阳湾86.7 mm、李家堨98 mm、马虎堨82.8 mm、杜家山70.4 mm、王家堨96.8 mm、姬家佥52.9 mm、牛薛沟78.6 mm、小姬58 mm、桃园山60.9 mm、曹坪71.7 mm为此次降水点降水量。4日曹坪水文站发生洪峰流量592 m^3/s的暴雨洪水。

4.2.4.7　1995年9月1日暴雨

1995年9月1日20:00至5日6:00，流域内普降暴雨，面平均雨量72.7 mm，降水时程分布为复式峰。最大点降水曹坪次降水105.6 mm，1日20:00～22:00降水量35.2 mm，雨强17.60 mm/h；第二次2日22:00～00:00降水量32.4 mm，雨强16.20 mm/h。其次为万家堝94.2 mm,1日20:00~22:00降水量18.2 mm,雨强9.10 mm/h;2日20:00~00:00降水量57.1 mm,雨强14.28 mm/h。和民堝41.4 mm、刘家坬49.9 mm、朱家阳湾83 mm、李家堝41.8 mm、马虎堝53.8 mm、杜家山73.4 mm、王家堝73.0 mm、姬家佥88.5 mm、牛薛沟83.1 mm、桃园山84.2 mm为此次降水点降水量。2日曹坪水文站发生洪峰流量370 m^3/s的暴雨洪水。

4.2.4.8 2001年8月18日暴雨

2001年8月18日0:00至19日8:00,流域内普降暴雨,面平均雨量135.7 mm,是1960~2006年面平均雨量最大的一场降水,降水时程分配为复式峰。最大点降水和民堝次降水148.8 mm,其次为刘家坬145.5 mm。和民堝18日0:00开始降水至19日8:00,连续降水未有停顿。18日6:00~8:00降水量16.6 mm、18:00~20:00降水量28.6 mm,为此次降水较大的时段量,最大雨强为14.6 mm/h。刘家坬18日0:00至19日6:00连续降水,18日6:00~8:00降水量15.5 mm,18日18:00~20:00降水量16.5 mm、20:00~22:00降水量30.5 mm,为此次暴雨过程的第二个峰,雨强为15.3 mm/h。朱家阳湾141.2 mm、马虎堝129 mm、杜家山125 mm、万家堝135.5 mm、姬家佥125 mm、牛薛沟145 mm、小姬132 mm、曹坪130.4 mm为此次降水点降水量。18日曹坪水文站发生洪峰流量242 m^3/s的暴雨洪水。此次连续降水时间32 h,是该流域少有的降水过程,因此最大次降水未产生最大暴雨洪水是由于雨强较小,不具备产生大洪峰流量的径流条件。

4.2.4.9 2006年8月29日暴雨

2006年8月29日16:00至31日8:00,流域内普降暴雨,面平均雨量96.0 mm。降水时程分布为复式峰。最大万家堝、桃园山次降水量104 mm,其次为王家堝103 mm、曹坪100.8 mm。万家堝29日16:00开始降水,20:00~22:00降水量32.2 mm,雨强16.10 mm/h;30日04:00~06:00为第二次大强度降水,2 h降水量24.8 mm,雨强14.4 mm/h。桃园山29日20:00~22:00降水量32.2 mm、22:00~00:00降水量10.2 mm、30日00:00~02:00降水量21.0 mm、02:00~04:00降水量3.8 mm、04:00~06:00降水量25 mm,最大雨强16.1 mm/h。王家堝29日20:00~22:00降水量29.4 mm,雨强14.70 mm/h;30日04:00~06:00降水量27.4 mm,雨强13.70 mm/h。曹坪29日20:00~22:00降水量27.0 mm,雨强13.50 mm/h;30日04:00~06:00降水量33.0 mm,雨强16.50 mm/h。和民堝88.4 mm、刘家坬94.0 mm、朱家阳湾94.2 mm、李家堝91.0 mm、马虎堝91.8 mm、杜家山95.4 mm、姬家佥91.6 mm、牛薛沟94.0 mm、小姬96.2 mm为此次降水点降水量。30日曹坪水文站发生洪峰流量154 m^3/s的暴雨洪水。

4.2.5 典型暴雨特性值

典型暴雨的时段降水摘录及强度、主雨历时见表4-4。

表 4-4　典型降水特征值摘录表

站名	时间				降雨量（mm）	降雨历时（h）	雨强（mm/h）	主雨历时（h）
	年份	日期（月-日）	起始时分（时:分）	结束时分（时:分）				
和民塬	1966	07-17	17:10	20:00	61.0	2.83	21.55	7.58
		07-17	21:45	07-18T02:30	44.5	4.75	9.37	
刘家坬		07-17	16:50	19:17	79.3	2.45	32.37	4.17
		07-17	21:17	23:00	35.7	1.72	20.76	
朱家阳湾		07-17	17:23	19:14	41.3	1.85	22.32	0.08
李家塬		07-17	18:10	20:00	95.2	1.83	52.02	4.11
		07-17	21:35	23:52	45.0	2.28	19.74	
马虎塬		07-17	17:15	18:46	64.7	1.52	42.57	3.37
		07-17	21:31	23:22	26.9	1.85	14.54	
杜家山		07-17	13:30	15:00	19.1	1.50	12.73	9.37
		07-17	16:15	20:00	42.1	3.75	11.23	
		07-17	20:00	22:31	10.3	2.52	4.09	
		07-17	23:18	07-18T00:54	22.7	1.60	14.19	
万家塬		07-17	18:40	20:36	27.3	1.93	14.15	1.93
王家塬		07-17	17:15	20:00	34.2	2.75	12.44	2.75
姬家佥		07-17	18:22	20:17	35.9	1.92	18.70	3.70
		07-17	22:00	23:47	13.2	1.78	7.42	
牛薛沟		07-17	17:59	20:00	54.2	1.02	53.14	1.02
小姬		07-17	17:11	20:37	44.3	3.43	12.92	6.18
		07-17	22:05	07-18T00:50	18.3	2.75	6.65	
桃园山		07-17	17:13	20:00	60.9	2.78	21.91	3.48
		07-17	22:05	22:57	7.7	0.70	11.00	
曹坪		07-17	18:39	07-18T00:35	62.2	5.93	10.49	5.93
和民塬		08-15	20:00	08-16T00:00	43.0	4.00	10.75	4.00
刘家坬		08-15	18:15	22:00	22.1	3.75	5.89	3.75
朱家阳湾		08-15	18:13	19:32	50.6	1.32	38.33	1.32
李家塬		08-15	18:17	22:35	22.9	4.30	5.33	4.30
马虎塬		08-15	18:18	20:30	19.6	2.20	8.91	2.20
杜家山		08-15	12:53	14:25	9.4	1.53	6.14	2.48
		08-15	19:03	20:00	35.1	0.95	36.95	
万家塬		08-15	11:23	11:58	24.0	0.58	41.38	1.76
		08-15	18:28	19:39	44.2	1.18	37.46	
王家塬		08-15	11:15	12:20	24.6	1.08	22.78	3.16
		08-15	17:55	20:00	58.3	2.08	28.03	
姬家佥		08-15	12:39	13:04	19.8	0.42	47.14	0.99
		08-15	19:12	19:46	21.8	0.57	38.25	

续表 4-4

站名	时间				降雨量(mm)	降雨历时(h)	雨强(mm/h)	主雨历时(h)
	年份	日期(月-日)	起始时分(时:分)	结束时分(时:分)				
牛薛沟	1966	08-15	11:52	12:51	9.8	0.98	10.00	2.65
		08-15	18:20	20:00	55.6	1.67	33.29	
小姬		08-15	12:33	13:40	20.7	1.12	18.48	1.99
		08-15	19:08	20:00	23.8	0.87	27.36	
桃园山		08-15	16:35	18:45	14.6	2.17	6.73	4.00
		08-15	18:10	20:00	33.7	1.83	18.42	
曹坪		08-15	19:12	19:54	59.2	0.70	84.57	0.70
刘家坬	1970	08-01	01:00	08-02T03:00	38.7	2.00	19.35	2.00
马虎墕		07-31	23:00	08-01T03:00	76.0	4.00	19.00	4.00
万家墕		08-01	00:00	03:00	47.1	3.00	15.70	4.00
万家墕		08-01	06:00	07:00	9.9	1.00	9.90	
姬家佥		07-31	23:00	08-01T03:00	30.9	4.00	7.73	4.00
曹坪		07-31	23:00	08-01T02:00	35.6	3.00	11.87	3.00
和民墕	1978	07-26	22:10	07-27T00:00	31.8	1.83	17.38	1.83
刘家坬		07-26	22:00	07-27T00:00	49.9	2.00	24.95	3.10
		07-27	03:00	03:32	13.9	0.53	26.23	
		07-27	06:26	07:00	10.2	0.57	17.89	
朱家阳湾		07-26	22:08	07-27T00:00	33.4	1.87	17.86	2.32
		07-27	02:43	03:00	9.3	0.28	33.21	
		07-27	15:50	16:00	6.4	0.17	37.65	
李家墕		07-26	22:00	07-27T00:00	35.6	2.00	17.80	2.83
		07-27	03:10	04:00	8.8	0.83	10.60	
马虎墕		07-26	23:00	07-27T01:00	26.4	2.00	13.20	2.75
		07-27	04:15	05:00	12.0	0.75	16.00	
杜家山		07-26	23:00	07-27T00:00	12.0	1.00	12.00	1.72
		07-27	03:17	04:00	5.7	0.72	7.92	
万家墕		07-26	22:12	07-27T00:00	69.5	1.80	38.61	1.80
王家墕		07-26	22:07	23:00	24.7	0.90	27.44	1.90
		07-26	23:00	07-27T00:00	25.8	1.00	25.80	
姬家佥		07-26	22:11	07-27T00:00	20.7	1.82	11.37	1.82
牛薛沟		07-26	23:00	07-27T00:00	31.1	1.00	31.10	1.00
小姬		07-26	23:00	07-27T00:00	11.8	1.00	11.80	1.00
桃园山		07-26	23:00	07-27T00:00	13.2	1.00	13.20	1.00
曹坪		07-26	23:00	07-27T00:00	15.1	1.00	15.10	1.00

续表 4-4

站名	时间				降雨量(mm)	降雨历时(h)	雨强(mm/h)	主雨历时(h)
	年份	日期(月-日)	起始时分(时:分)	结束时分(时:分)				
和民塝	1991	06-07	16:00	18:00	36.2	2.00	18.10	4.00
		06-08	22:00	06-09T00:00	47.3	2.00	23.65	
刘家坬		06-07	16:00	18:00	37.6	2.00	18.80	4.00
		06-08	22:00	06-09T00:00	23.5	2.00	11.75	
朱家阳湾		06-07	16:00	18:00	21.1	2.00	10.55	2.00
		06-10	02:00	04:00	23.8	2.00	11.90	
李家塝		06-07	16:00	18:00	37.7	2.00	18.85	4.00
		06-10	02:00	04:00	22.9	2.00	11.45	
马虎塝		06-07	16:00	18:00	59.4	2.00	29.70	6
		06-07	18:00	20:00	10.9	2.00	5.45	
		06-10	02:00	04:00	26.8	2.00	13.4	
杜家山		06-07	16:00	18:00	27.3	2.00	13.65	4.00
		06-10	02:00	04:00	24.1	2.00	12.05	
万家塝		06-07	16:00	18:00	29.0	2.00	14.50	4.00
		06-10	02:00	04:00	31.4	2.00	15.70	
王家塝		06-07	16:00	18:00	27.5	2.00	13.75	4.00
		06-10	02:00	04:00	26.5	2.00	13.25	
姬家佥		06-07	16:00	18:00	28.7	2.00	14.35	6.00
		06-10	02:00	04:00	31.9	2.00	15.95	
		06-10	04:00	06:00	11.5	2.00	5.75	
牛薛沟		06-07	16:00	18:00	21.3	2.00	10.65	6.00
		06-10	02:00	04:00	39	2.00	19.50	
		06-10	04:00	06:00	9.1	2.00	4.55	
小姬		06-07	16:00	18:00	43.6	2.00	21.80	6.00
		06-10	02:00	04:00	31.6	2.00	15.80	
		06-10	04:00	06:00	12.1	2.00	6.05	
桃园山		06-07	16:00	18:00	23.9	2.00	11.95	4.00
		06-10	02:00	04:00	45.2	2.00	22.60	
曹坪		06-07	16:00	18:00	18.3	2.00	9.15	6.00
		06-10	02:00	04:00	45.5	2.00	22.75	
		06-10	04:00	06:00	12.3	2.00	6.15	
和民塝	1994	08-04	16:00	20:00	45.9	4.00	11.48	6.00
		08-05	04:00	06:00	18.9	2.00	9.45	
刘家坬		08-04	16:00	20:00	69.7	4.00	17.43	6.00
		08-05	04:00	06:00	27.8	2.00	13.90	
朱家阳湾		08-04	16:00	20:00	52.6	4.00	13.15	6.00
		08-05	04:00	06:00	24.5	2.00	12.25	

续表 4-4

站名	时间				降雨量(mm)	降雨历时(h)	雨强(mm/h)	主雨历时(h)
	年份	日期(月-日)	起始时分(时:分)	结束时分(时:分)				
李家塥	1994	08-04	18:00	20:00	55.1	2.00	27.55	4.00
		08-05	04:00	06:00	27.2	2.00	13.60	
马虎塥		08-04	16:00	20:00	47.9	4.00	11.98	6.00
		08-05	04:00	06:00	26.2	2.00	13.10	
杜家山		08-04	18:00	20:00	33.4	2.00	16.70	6.00
		08-04	22:00	08-05T00:00	16.0	2.00	8.00	
		08-05	04:00	06:00	15.2	2.00	7.60	
万家塥		08-04	18:00	22:00	66.6	4.00	16.65	6.00
		08-05	04:00	06:00	29.2	2.00	14.60	
姬家佥		08-04	18:00	20:00	20.6	2.00	10.30	4.00
		08-05	04:00	06:00	12.5	2.00	6.25	
牛薛沟		08-04	18:00	20:00	53.2	2.00	26.60	4.00
		08-05	04:00	06:00	16.8	2.00	8.40	
小姬		08-04	18:00	20:00	18.2	2.00	9.10	6.00
		08-04	22:00	08-05T00:00	11.1	2.00	5.55	
		08-05	04:00	06:00	16.8	2.00	8.40	
桃园山		08-04	18:00	20:00	33.4	2.00	16.70	4.00
		08-05	04:00	06:00	16.0	2.00	8.00	
曹坪		08-04	18:00	22:00	44.1	4.00	11.03	6.00
		08-05	04:00	06:00	16.1	2.00	8.05	
和民塥	1995	09-01	20:00	22:00	14.7	2.00	7.35	2.00
刘家坬		09-01	20:00	22:00	16.1	2.00	8.05	2.00
朱家阳湾		09-01	20:00	22:00	9.1	2.00	4.55	6.00
		09-02	14:00	16:00	12.8	2.00	6.40	
		09-02	20:00	22:00	41.1	2.00	20.55	
李家塥		09-01	20:00	22:00	11.2	2.00	5.60	2.00
马虎塥		09-01	22:00	09-02T00:00	11.8	2.00	5.90	4.00
		09-02	22:00	09-03T00:00	17.7	2.00	8.85	
杜家山		09-01	20:00	22:00	16.3	2.00	8.15	4.00
		09-02	22:00	09-03T00:00	19.3	2.00	9.65	
万家塥		09-01	20:00	22:00	18.2	2.00	9.10	6.00
		09-02	20:00	09-03T00:00	57.1	4.00	14.28	
王家塥		09-01	20:00	22:00	13.0	2.00	6.50	4.00
		09-02	22:00	09-03T00:00	25.9	2.00	12.95	
姬家佥		09-01	20:00	22:00	22.0	2.00	11.00	4.00
		09-02	22:00	09-03T00:00	33.6	2.00	16.80	

续表 4-4

站名	时间				降雨量（mm）	降雨历时（h）	雨强（mm/h）	主雨历时（h）
	年份	日期（月-日）	起始时分（时:分）	结束时分（时:分）				
牛薛沟	1995	09-01	20:00	22:00	24.9	2.00	12.45	4.00
		09-02	22:00	09-03T00:00	39.6	2.00	19.80	
小姬		09-01	20:00	22:00	26.4	2.00	13.20	4.00
		09-02	22:00	09-03T00:00	33.6	2.00	16.80	
桃园山		09-01	20:00	22:00	30.5	2.00	15.25	4.00
		09-02	22:00	09-03T00:00	27.2	2.00	13.60	
曹坪		09-01	20:00	22:00	35.2	2.00	17.60	4.00
		09-02	22:00	09-03T00:00	32.4	2.00	16.20	
和民塄	2001	08-18	04:00	12:00	54.8	8.00	6.85	14.00
		08-18	16:00	22:00	56.2	6.00	9.37	
刘家坬		08-18	02:00	12:00	62.5	10.00	6.25	16.00
		08-18	16:00	22:00	56.5	6.00	9.42	
朱家阳湾		08-18	00:00	12:00	73.0	12.00	6.08	16.00
		08-18	18:00	22:00	41.4	4.00	10.35	
马虎塄		08-18	02:00	10:00	57.5	8.00	7.19	10.00
		08-18	20:00	22:00	19.5	2.00	9.75	
杜家山		08-18	02:00	10:00	58.0	8.00	7.25	12.00
		08-18	18:00	22:00	26.5	4.00	6.63	
万家塄		08-18	00:00	12:00	84.5	12.00	7.04	16.00
		08-18	18:00	22:00	24.0	4.00	6.00	
姬家佥		08-18	02:00	10:00	58.5	8.00	7.31	12.00
		08-18	18:00	22:00	22.5	4.00	5.63	
牛薛沟		08-18	00:00	12:00	88.5	12.00	7.38	16.00
		08-18	18:00	22:00	26.0	4.00	6.50	
小姬		08-18	00:00	10:00	73.0	10.00	7.30	14.00
		08-18	18:00	22:00	23.0	4.00	5.75	
曹坪		08-18	04:00	10:00	55.4	6.00	9.23	10.00
		08-18	18:00	22:00	24.6	4.00	6.15	
和民塄	2006	08-29	20:00	02:00	56.2	6.00	9.37	6.00
刘家坬		08-29	20:00	08-30T02:00	59.8	6.00	9.97	8.00
		08-30	04:00	06:00	16.0	2.00	8.00	
朱家阳湾		08-29	20:00	22:00	32.6	2.00	16.30	6.00
		08-30	00:00	02:00	17.0	2.00	8.50	
		08-30	04:00	06:00	21.0	2.00	10.50	
李家塄		08-29	20:00	08-30T02:00	60.2	6.00	10.03	8.00
		08-30	04:00	06:00	16.4	2.00	8.20	

续表 4-4

站名	时间				降雨量（mm）	降雨历时（h）	雨强（mm/h）	主雨历时（h）
	年份	日期（月-日）	起始时分（时:分）	结束时分（时:分）				
马虎塄	2006	08-29	20:00	08-30T02:00	60.4	6.00	10.07	8.00
		08-30	04:00	06:00	16.8	2.00	8.40	
杜家山		08-29	20:00	08-30T02:00	54.8	6.00	9.13	8.00
		08-30	04:00	06:00	21.8	2.00	10.90	
万家塄		08-29	20:00	22:00	32.2	2.00	16.10	6.00
		08-30	00:00	02:00	18.8	2.00	9.40	
		08-30	04:00	06:00	24.8	2.00	12.40	
王家塄		08-29	20:00	22:00	29.4	2.00	14.70	6.00
		08-30	00:00	02:00	16.0	2.00	8.00	
		08-30	04:00	06:00	27.4	2.00	13.70	
姬家佥		08-29	20:00	08-30T02:00	55.2	6.00	9.20	8.00
		08-30	04:00	06:00	20.0	2.00	10.00	
牛薛沟		08-29	20:00	08-30T02:00	56.0	6.00	9.33	8.00
		08-30	04:00	06:00	21.8	2.00	10.90	
小姬		08-29	20:00	08-30T02:00	58.4	6.00	9.73	8.00
		08-30	04:00	06:00	21.0	2.00	10.50	
桃园山		08-29	20:00	08-30T02:00	63.4	6.00	10.57	8.00
		08-30	04:00	06:00	25.0	2.00	12.50	
曹坪		08-29	20:00	08-30T02:00	51.8	6.00	8.63	8.00
		08-30	04:00	06:00	33.0	2.00	16.50	

从表 4-4 可以看出，次降水历时除 2001 年 8 月 18 日的降水，其余场次的降水时间均在 2 ~ 6 h，很少有超过 8 h 的。平均雨强 14.91 mm/h，最大 84.57 mm/h、最小 4.09 mm/h。由于暴雨时程大多为复式峰，因此主雨历时大多在 6 h 左右，2001 年最长的达到了 16 h。

通过以上资料的分析和对区间暴雨的综合认识，岔巴沟流域的暴雨是有明显特点的：

一是降水量分布较为均匀。由于岔巴沟属于小流域，受面积、梯度等影响，降水分配不平衡，受地形、局部强对流等影响不是很明显，每场暴雨没有比较明显的暴雨中心，产生洪水的暴雨一般笼罩面积大、降水量均匀。

二是暴雨时程分配多为复式峰，每场暴雨至少有 2 个或 2 个以上的雨峰。

4.3 雨量站代表性分析

统计 1960 ~ 2006 年产洪降雨，共计 13 站 60 场，用面平均雨量与点雨量点绘相关线，计算相关系数，根据相关系数选出代表站。见图 4-2 ~ 图 4-15 和表 4-5。

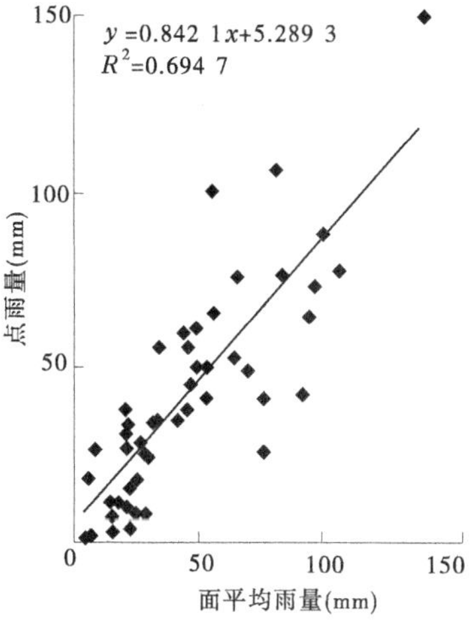

图 4-2　和民塥站雨量相关图

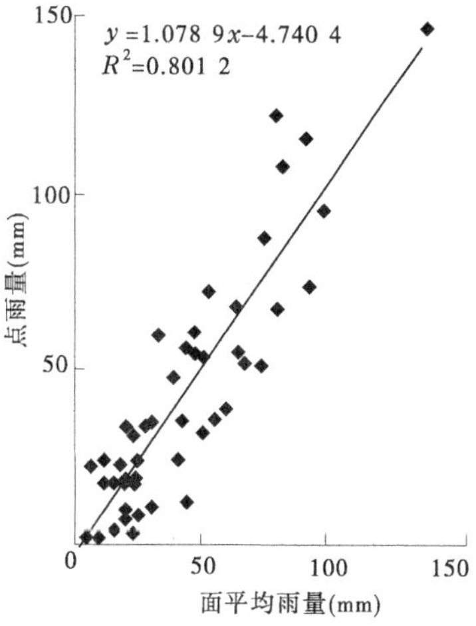

图 4-3　刘家坬站雨量相关图

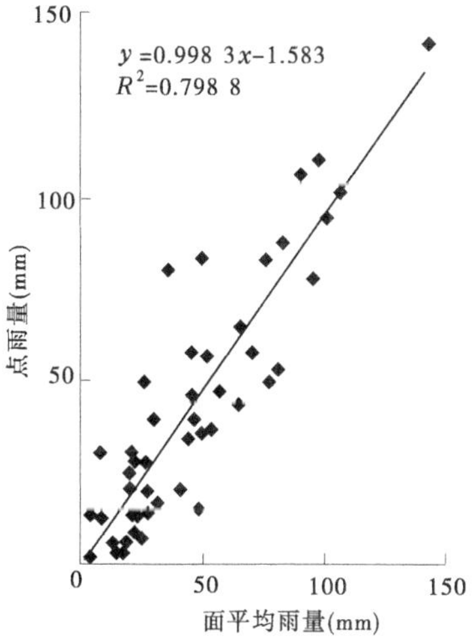

图 4-4　朱家阳湾站雨量相关图

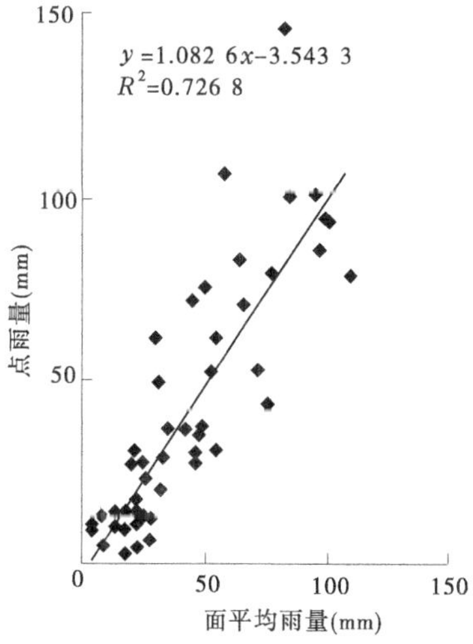

图 4-5　李家塥站雨量相关图

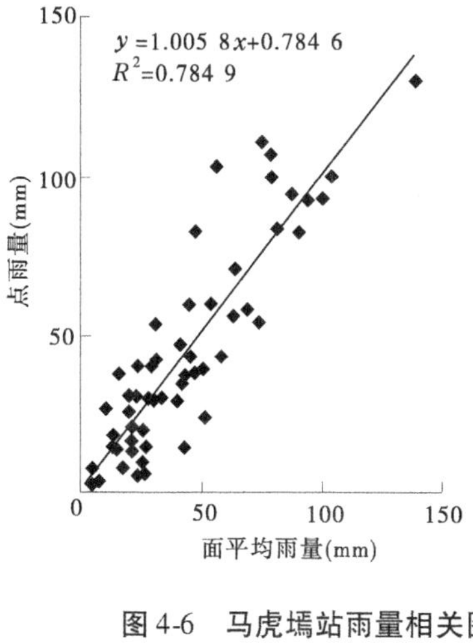

图 4-6　马虎塥站雨量相关图

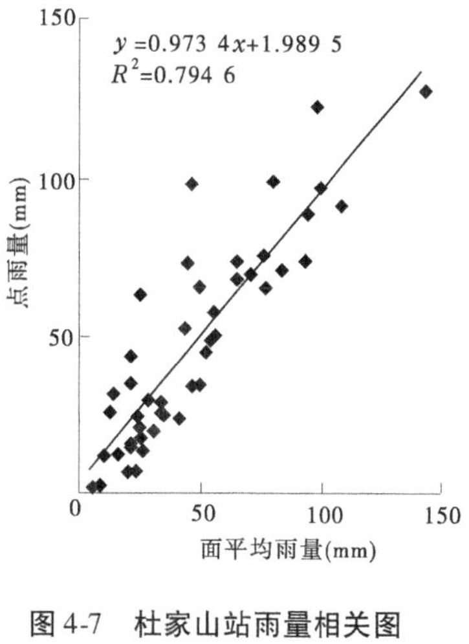

图 4-7　杜家山站雨量相关图

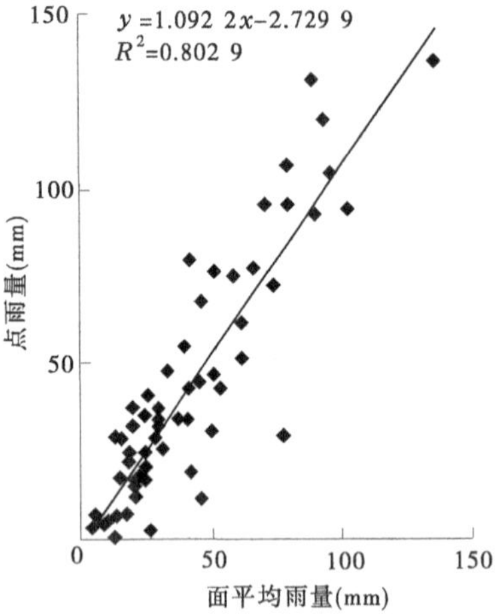

图 4-8　万家墕站雨量相关图

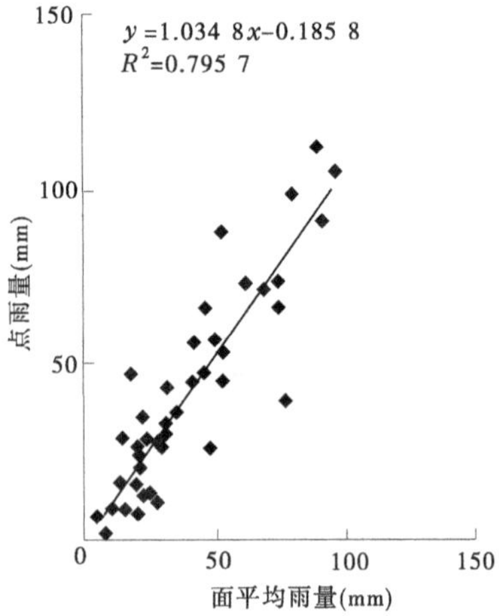

图 4-9　王家墕站雨量相关图

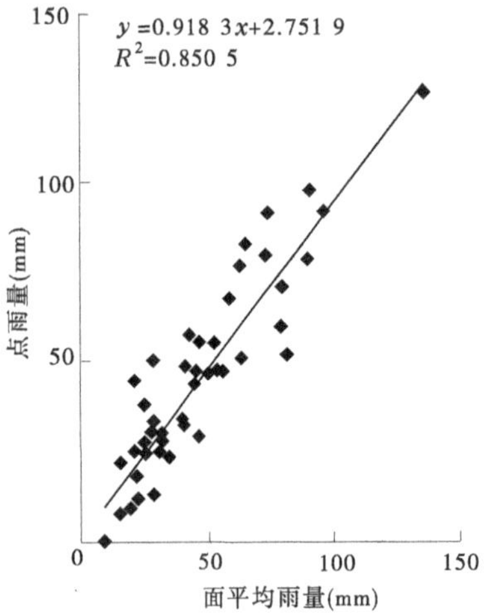

图 4-10　姬家佥站雨量相关图

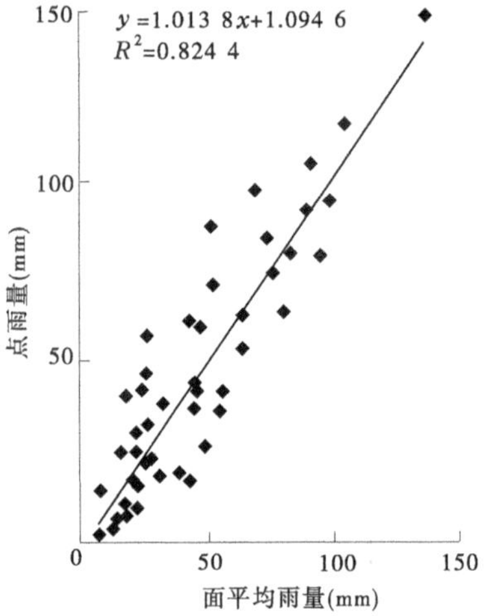

图 4-11　牛薛沟站雨量相关图

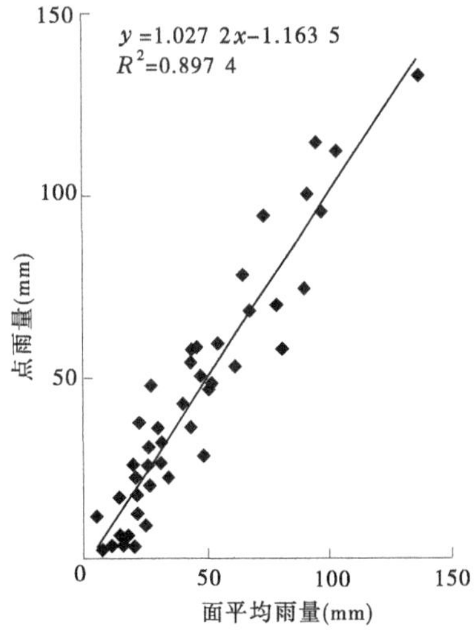

图 4-12　小姬站雨量相关图

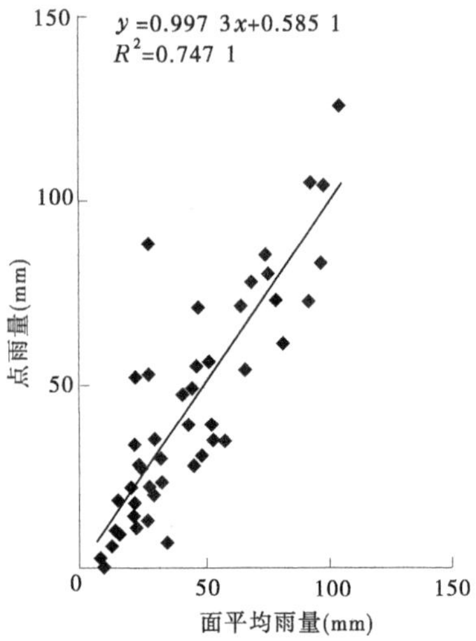

图 4-13　桃园山站雨量相关图

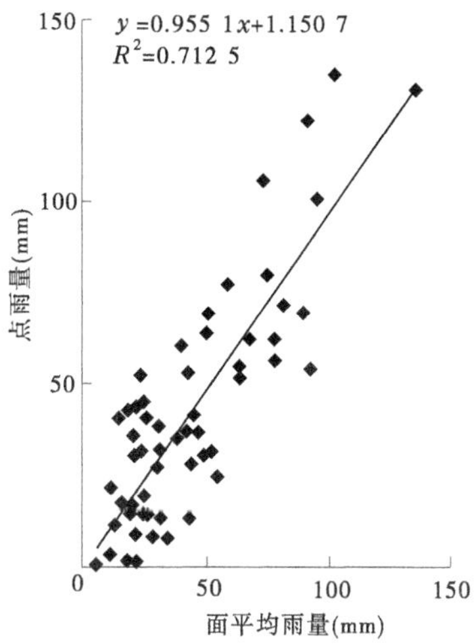

图 4-14　曹坪站雨量相关图

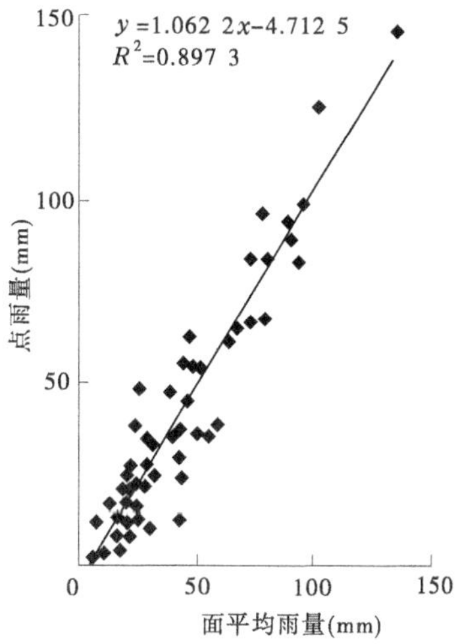

图 4-15　刘家坬、桃园山站雨量相关图

表 4-5　各雨量站代表性统计

站名	资料系列	相关公式	R^2	相关系数
和民塌	1960～1969 年,1976～2006 年	$y=0.842\ 1x+5.289\ 3$	0.694 7	0.833 5
刘家坬	1964～2006 年	$y=1.078\ 9x-4.740\ 4$	0.801 2	0.895 1
朱家阳湾	1960～1969 年,1976～2006 年	$y=0.998\ 3x-1.583$	0.798 8	0.893 8
李家塌	1960～1969 年,1976～2006 年	$y=1.082\ 6x-3.543\ 3$	0.726 8	0.852 5
马虎塌	1960～2006 年	$y=1.005\ 8x+0.784\ 6$	0.784 9	0.885 9
杜家山	1960～1969 年,1976～2006 年	$y=0.973\ 4x+1.989\ 5$	0.794 6	0.891 4
万家塌	1960～2006 年	$y=1.092\ 2x-2.729\ 9$	0.802 9	0.896 0
王家塌	1963～1969 年,1976～2006 年	$y=1.034\ 8x-0.185\ 8$	0.795 7	0.892 0
姬家佥	1963～2006 年	$y=0.918\ 3x+2.751\ 9$	0.850 5	0.922 2
牛薛沟	1960～1969 年,1976～2006 年	$y=1.013\ 8x+1.094\ 6$	0.824 4	0.908 0
小姬	1960～1969 年,1976～2006 年	$y=1.027\ 2x-1.163\ 5$	0.897 4	0.947 3
桃园山	1960～1969 年,1976～2006 年	$y=0.997\ 3x+0.585\ 1$	0.747 1	0.864 3
曹坪	1960～2006 年	$y=0.955\ 1x+1.150\ 7$	0.712 5	0.844 1
刘家坬、桃园山	1960～2006 年	$y=1.062\ 2x-4.712\ 5$	0.897 3	0.947 3

从表 4-5 可看出,13 个雨量站与面平均雨量相关系数在 0.833 至 0.948 范围内,小姬和姬家佥与面平均雨量的相关性较好,相关系数分别为 0.947 3、0.922 2。但此两站交通不便,同时观测员已是 60 多岁的老人,无法进行汛期报汛。为了满足生产要求,另建立有报汛条件的刘家坬、桃园山两站与面平均雨量的相关线,相关系数为 0.947 3,作为此次试验的代表站。

第 5 章　流域产洪分析及预报模型建立

5.1　洪水的选取

选取洪水的标准为洪峰流量大于 100 m^3/s 的洪水。经统计，1960 ~ 2006 年，岔巴沟曹坪水文站发生洪峰流量大于 100 m^3/s 的洪水总次数为 51 次，见表 5-1、表 5-2。最大洪峰流量为 1 520 m^3/s，最小洪峰流量为 101 m^3/s，入选的 51 次洪水平均洪峰流量为 292 m^3/s；次洪最大含沙量为 1 220 kg/m^3，最小含沙量为 427 kg/m^3，入选的 51 次洪水平均含沙量为 789 kg/m^3。

表 5-1　岔巴沟曹坪水文站洪水情况统计

序号	年份	洪峰发生时间				次洪历时	最高水位	洪峰流量	最大含沙量
		月	日	时	分	(h)	(m)	(m^3/s)	(kg/m^3)
1	1960	7	31	21	22	34.8	934.30	113	787
2	1960	9	24	6	40	99.2	904.40	129	590
3	1961	7	21	7	20	30.0	904.69	172	915
4	1961	7	22	14	13	66.0	904.40	133	866
5	1961	7	30	19	02	86.0	906.35	654	914
6	1961	9	27	4	45	59.5	904.25	116	777
7	1962	8	12	0	00	54.3	904.22	118	830
8	1963	6	3	17	22	87.9	904.34	131	1 010
9	1963	8	26	20	36	38.9	906.00	585	1 220
10	1963	8	28	21	56	60.0	904.57	187	855
11	1964	4	29	19	42	40.0	904.66	196	1 000
12	1964	7	6	1	24	45.0	904.60	183	721
13	1964	8	2	15	26	40.0	904.45	155	762
14	1966	6	27	15	51	50.7	904.77	225	921
15	1966	7	17	19	24	39.5	907.07	993	947
16	1966	8	15	19	57	30.7	908.12	1 520	975
17	1966	8	28	20	00	28.0	905.98	581	804
18	1967	7	17	17	37	28.0	904.48	167	887
19	1967	8	26	16	14	29.2	905.07	289	893

续表 5-1

序号	年份	洪峰发生时间				次洪历时(h)	最高水位(m)	洪峰流量(m^3/s)	最大含沙量(kg/m^3)
		月	日	时	分				
20	1967	9	1	0	15	33.0	904.18	114	802
21	1969	5	11	16	51	48.0	906.49	818	951
22	1969	7	26	19	35	23.5	904.43	145	766
23	1969	8	20	22	12	48.0	905.31	446	833
24	1970	8	1	3	42	68.7	905.84	640	898
25	1970	8	8	4	48	52.0	904.69	270	759
26	1970	8	27	18	00	51.0	905.11	405	834
27	1971	7	5	16	24	46.1	904.29	136	791
28	1971	7	25	13	30	84.1	904.31	145	851
29	1972	7	19	15	42	65.1	904.81	242	924
30	1973	9	11	10	48	58.5	903.92	101	630
31	1974	7	31	7	18	69.7	905.66	212	873
32	1977	8	11	18	57	78.0	904.06	113	816
33	1978	7	27	0	30	116.3	903.98	103	674
34	1978	8	7	18	06	66.7	904.55	211	855
35	1983	7	26	17	24	65.0	904.15	145	911
36	1991	6	7	18	54	110.3	906.11	573	780
37	1992	8	27	23	36	117.5	904.06	132	635
38	1994	8	2	23	42	33.0	904.41	188	647
39	1994	8	4	20	00	49.0	905.80	592	776
40	1995	8	26	8	00	50.0	904.57	210	596
41	1995	9	2	23	48	108.0	905.21	370	673
42	1996	6	26	18	30	38.5	904.11	108	863
43	1996	8	1	2	00	34.6	904.96	315	685
44	1998	7	13	0	48	52.0	904.18	121	775
45	1999	7	20	15	12	30.0	904.32	145	533
46	2000	7	4	10	18	46.0	904.65	214	790
47	2001	8	18	21	48	51.4	904.64	242	714
48	2004	7	26	0	48	24.0	904.01	119	609
49	2006	8	12	17	00	15.8	903.97	116	436

续表 5-1

序号	年份	洪峰发生时间				次洪历时(h)	最高水位(m)	洪峰流量(m^3/s)	最大含沙量(kg/m^3)
		月	日	时	分				
50	2006	8	25	17	12	28.6	904.26	155	427
51	2006	8	30	6	00	35.0	904.11	154	436
平均						53.8	905.41	292	789
最大						117.5	934.30	1 520	1 220
最小						15.8	903.92	101	427

表 5-2　洪峰流量大于 100 m^3/s 的洪水发生时间统计

发生月份	洪峰次数	占总数(%)	发生年代	洪峰次数	占总数(%)
4	1	2.0	1960～1969	23	45.0
5	1	2.0	1970～1979	11	21.6
6	4	7.8	1980～1989	1	2.0
7	18	35.3	1990～1999	10	19.6
8	22	43.1	2000～2006	6	11.8
9	5	9.8	1960～2006	51	100.0
7～8	40	78.4			
6～9	49	96.1			

该站最大洪水洪峰流量为 1 520 m^3/s,发生在 1966 年 8 月 15 日。最大含沙量为 1 220 kg/m^3,发生在 1963 年 8 月 26 日。

5.2　洪水特性

5.2.1　洪峰发生时间

岔巴沟曹坪水文站洪峰流量大于 100 m^3/s 的洪水共发生 51 次,其中:1960～1969 年 23 次,1970～1979 年 11 次,1980～1989 年仅 1 次,1990～1999 年 10 次,2000～2006 年 6 次。1961 年和 1966 年每年分别发生了 4 次,而 1980～1989 年的 10 年间仅有 1 次。

岔巴沟曹坪水文站洪峰流量大于 100 m^3/s 的洪水,发生时间比较集中,7～8 月发生 40 次,占总数的 78.4%;6～9 月发生 49 次,占总数的 96.1%。年内发生最早的洪水是 1964 年 4 月 29 日,洪峰流量为 196 m^3/s,最大含沙量为 1 000 kg/m^3。年内发生最晚的洪水是 1961 年 9 月 27 日,洪峰流量为 116 m^3/s,最大含沙量为 777 kg/m^3。

5.2.2 次洪洪量

采用面积包围法计算单次次洪洪量，公式如下：

$$W=\frac{(Q_1+Q_2)\times\Delta t_1}{2}+\frac{(Q_2+Q_3)\times\Delta t_2}{2}+\cdots+\frac{(Q_{n-1}+Q_n)\times\Delta t_{n-1}}{2}$$

$$=\frac{(Q_1+Q_2)\times(t_2-t_1)}{2}+\frac{(Q_2+Q_3)\times(t_3-t_2)}{2}+\cdots+\frac{(Q_{n-1}+Q_n)\times(t_n-t_{n-1})}{2} \tag{5-1}$$

式中：Q_1、Q_2、…、Q_n 分别为 t_1、t_2、…、t_n 时刻的流量。

曹坪水文站入选的 51 次洪水的次洪径流量、输沙量、面平均雨量等统计结果见表 5-3。

入选的 51 场洪水平均次洪量为 175.3 万 m^3，最大次洪量为 684.0 万 m^3，发生在 1966 年 7 月 17 日。1966 年径流量为 2 195 万 m^3，"19660717"次洪径流量占当年径流量的 31.2%。最小次洪量为 45.46 万 m^3，发生在 1960 年 7 月 31 日。

表 5-3 曹坪水文站次洪特征值统计

序号	年份	月	日	次洪量（万 m^3）	次洪输沙量（万 t）	平均降水量（mm）	降水强度（mm/h）	次洪径流深（mm）	次洪径流系数
1	1960	7	31	45.46	31.25	6.0	2.0	2.4	0.41
2	1960	9	24	158.7	78.72	60.9	6.3	8.5	0.14
3	1961	7	21	66.58	49.29	21.2	0.3	3.6	0.17
4	1961	7	22	49.00	27.63	15.5	15.3	2.6	0.17
5	1961	7	30	244.2	179.0	43.2	2.0	13.1	0.30
6	1961	9	26	140.4	55.65	98.9	4.2	7.5	0.08
7	1962	8	11	56.08	38.31	20.0	6.9	3.0	0.15
8	1963	6	3	52.63	40.91	26.8	0.4	2.8	0.11
9	1963	8	26	199.7	194.5	31.3	8.1	10.7	0.34
10	1963	8	28	85.35	59.21	29.7	1.4	4.6	0.15
11	1964	4	29	55.49	49.54			3.0	
12	1964	7	5	174.2	107.3	87.0	5.2	9.3	0.11
13	1964	8	2	62.13	40.97	15.0	0.8	3.3	0.22
14	1966	6	26	269.1	201.3	47.7	1.6	14.4	0.30
15	1966	7	17	684.0	532.5	77.9	7.8	36.6	0.47
16	1966	8	15	531.9	412.7	43.8	20.9	28.4	0.65
17	1966	8	28	156.1	116.4	13.3	15.4	8.3	0.63

续表 5-3

序号	年份	月	日	次洪量（万 m^3）	次洪输沙量（万 t）	平均降水量（mm）	降水强度（mm/h）	次洪径流深（mm）	次洪径流系数
18	1967	7	17	94.13	73.32	31.0	3.4	5.0	0.16
19	1967	8	26	154.8	117.9	23.3	5.3	8.3	0.36
20	1967	8	31	67.32	45.23	20.3	1.7	3.6	0.18
21	1969	5	11	244.5	192.8	40.4	1.0	13.1	0.32
22	1969	7	26	52.75	34.01	20.7	2.4	2.8	0.14
23	1969	8	20	140.5	103.8	28.8	3.8	7.5	0.26
24	1970	7	31	413.6	311.0	78.5	2.3	22.1	0.28
25	1970	8	8	116.9	74.06	39.2	3.2	6.3	0.16
26	1970	8	27	139.1	91.69	30.5	3.2	7.4	0.24
27	1971	7	5	45.82	29.18	18.1	0.5	2.5	0.14
28	1971	7	23	122.2	82.22	42.4	0.9	6.5	0.15
29	1972	7	19	82.74	64.53	24.7	3.5	4.4	0.18
30	1973	9	11	64.6	29.83	20.9	1.1	3.5	0.17
31	1974	7	31	213.1	118.8	59.8	9.5	11.4	0.19
32	1977	8	11	151.8	66.09	20.6	14.1	8.1	0.39
33	1978	7	26	195.8	48.14	88.8	1.1	10.5	0.23
34	1978	8	7	402.8	199.0	45.2	3.6	21.5	0.21
35	1983	7	26	158.7	85.91	33.6	10.9	8.5	0.25
36	1991	6	7	424.1	226.3	74.0	1.1	22.7	0.31
37	1992	8	27	236.4	102.3	67.0	0.7	12.6	0.19
38	1994	8	2	156.7	81.47	50.3	6.0	8.4	0.17
39	1994	8	4	564.1	321.0	80.4	6.7	30.2	0.38
40	1995	8	26	132.0	62.41	52.5	1.4	7.1	0.13
41	1995	9	1	373.9	198.4	72.7	1.2	20.0	0.28
42	1996	6	26	49.84	32.29	29.1	0.5	2.7	0.13
43	1996	7	31	170.9	99.48	62.6	4.7	9.1	0.15
44	1998	7	12	98.44	43.78	43.6	2.9	5.3	0.12
45	1999	7	20	83.97	32.49	25.8	1.4	4.5	0.17
46	2000	7	4	95.26	57.23	17.3	2.1	5.1	0.29
47	2001	8	18	263.1	116.1	126.1	4.3	14.0	0.11

续表 5-3

序号	年份	月	日	次洪量（万 m^3）	次洪输沙量（万 t）	平均降水量（mm）	降水强度（mm/h）	次洪径流深（mm）	次洪径流系数
48	2004	7	26	69.08	14.42	42.8	3.9	3.7	0.09
49	2006	8	12	51.18	14.46	13.9	3.3	2.7	0.20
50	2006	8	25	65.13	19.63	24.5	1.7	3.5	0.14
51	2006	8	29	211.8	63.87	90.0	7.9	11.3	0.13
平均				175.3	107.2	43.6	4.4	9.4	0.23
最大				684.0	532.5	126.1	20.9	36.6	0.65
最小				45.46	14.42	6.0	0.3	2.4	0.08
	1981	6	20	27.36	7.183	55.9	6.7	1.5	0.03

5.2.3 洪水历时

5.2.3.1 次洪历时

岔巴沟曹坪水文站次洪平均历时为 53.8 h，最短为 15.8 h，最长为 117.5 h（1992 年 8 月 27 日 22:30 至 9 月 1 日 20:00），即接近 5 d 时间。次洪历时小于 72 h 的洪峰共 42 次，占总数的 82.4%。次洪历时小于均值的有 32 次，占总数的 62.7%。

曹坪水文站入选 51 场洪水的次洪历时见图 5-1，次洪历时没有明显的变化，只是次洪历时超过 100 h 的洪水比较集中，都发生在第 33 次到第 41 次洪水之间，即 1978～1995 年的 4 场洪水，其余 47 场次洪历时都在 100 h 以内。

5.2.3.2 涨洪历时

曹坪水文站入选 51 场洪水的涨洪历时见图 5-2，第 29 次到第 43 次洪水（1972～1996 年洪水）涨洪历时较短。涨洪历时占洪水历时的百分比平均值为 10.4%，小于该值的有 35 次，占总数的 68.6%，涨洪历时占次洪历时的百分比最大值是 44.6%，表明该流域的洪水都属陡涨缓落型。

5.2.4 峰形特点

曹坪水文站入选的 51 场洪水，次洪历时、涨洪历时、水沙峰关系等见表 5-4。29 场为单峰，占洪峰总数的 56.8%；11 场为双峰，占洪峰总数的 21.6%；11 场为多峰，占洪峰总数的 21.6%。从洪水过程线可以看出，大多峰形呈陡涨缓落型，这与分析的涨洪历时、次洪历时结果相一致。

沙峰滞后于水峰的洪水有 32 次，占洪峰总数的 62.8%；水沙峰同时出现的洪水有 10 次，占洪峰总数的 19.6%；沙峰超前于水峰的洪水有 9 次，占洪峰总数的 17.6%。

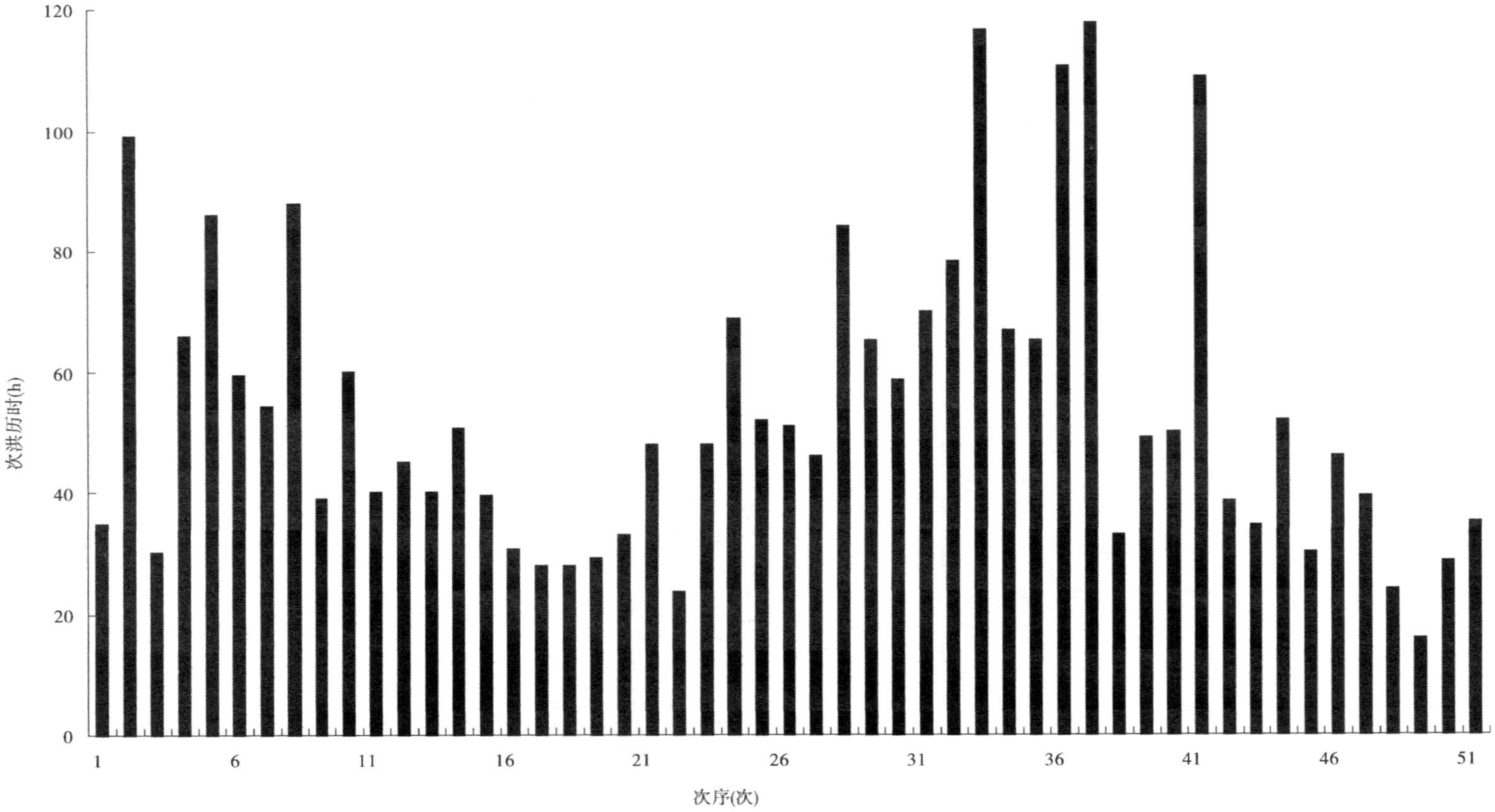

图 5-1　曹坪水文站入选洪水的次洪历时

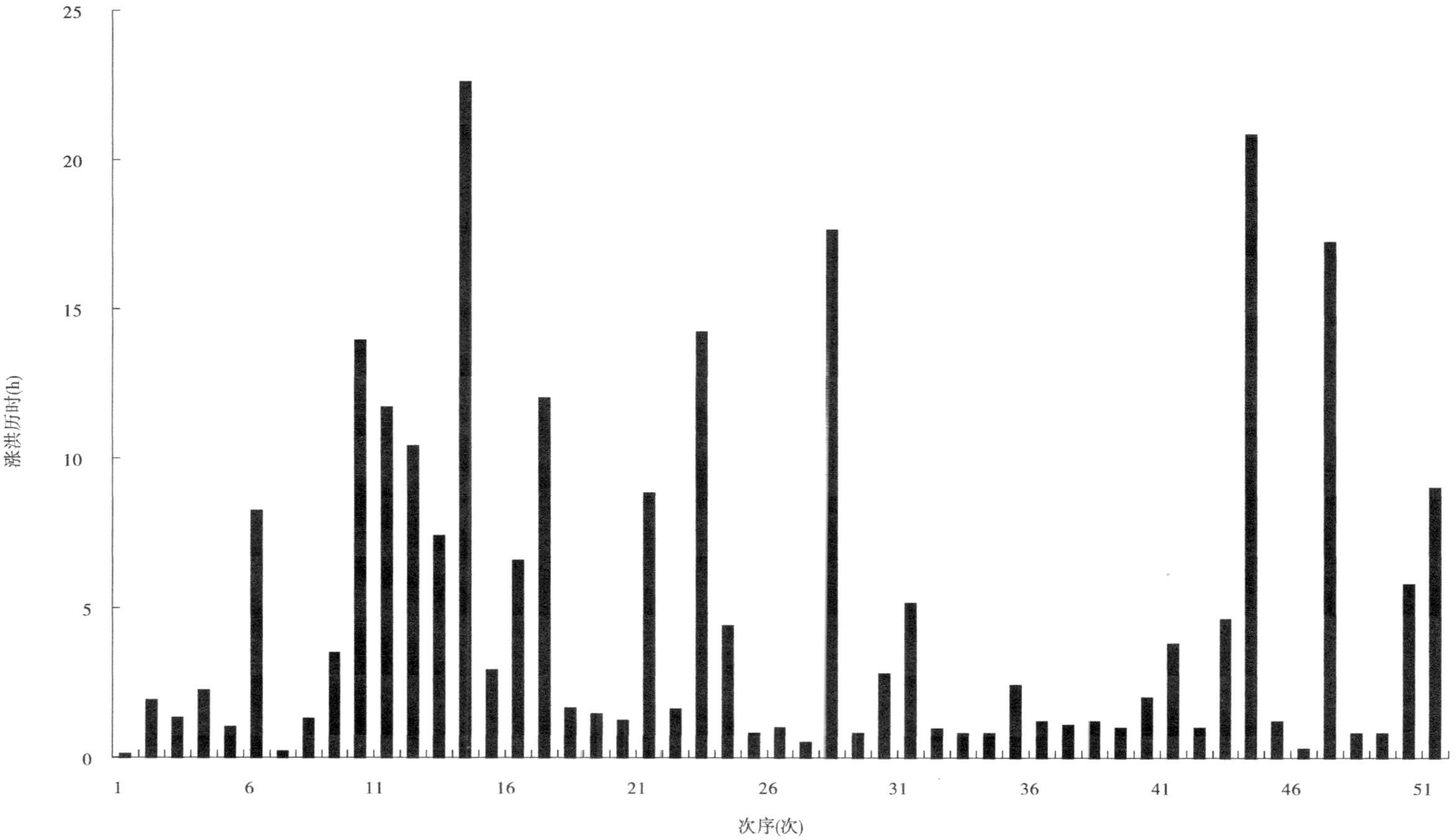

图 5-2　曹坪水文站入选洪水的涨洪历时

表 5-4　曹坪水文站次洪特征值统计

序号	年份	洪峰时间				次洪历时(h)	涨洪历时(h)	涨洪占总历时(%)	沙峰时间				水沙峰关系	滞后时间(h)	备注
		月	日	时	分				月	日	时	分			
1	1960	7	31	21	22	34.8	0.12	0.3	7	31	21	28	沙峰滞后于水峰	0.1	单峰
2	1960	9	24	6	40	99.2	1.90	1.9	9	24	5	40	水峰滞后于沙峰	1.0	3 峰
3	1961	7	21	7	20	30.0	1.33	4.4	7	21	8	45	沙峰滞后于水峰	1.4	单峰
4	1961	7	22	14	13	66.0	2.22	3.4	7	22	14	13	同时出现	0.0	单峰
5	1961	7	30	19	02	86.0	1.03	1.2	7	30	18	50	水峰滞后于沙峰	0.2	双峰
6	1961	9	27	4	45	59.5	8.25	13.9	9	27	5	30	沙峰滞后于水峰	0.75	3 峰
7	1962	8	12	0	00	54.3	0.22	0.4	8	12	0	35	沙峰滞后于水峰	0.6	单峰
8	1963	6	3	17	22	87.9	1.30	1.5	6	3	17	22	同时出现	0.0	单峰
9	1963	8	26	20	36	38.9	3.50	9.0	8	26	20	32	水峰滞后于沙峰	0.1	单峰
10	1963	8	28	21	56	60.0	13.93	23.2	8	28	20	00	水峰滞后于沙峰	1.9	双峰
11	1964	4	29	19	42	40.0	11.70	29.3	4	29	19	51	沙峰滞后于水峰	0.15	单峰
12	1964	7	6	1	24	45.0	10.40	23.1	7	6	0	00	水峰滞后于沙峰	1.4	单峰
13	1964	8	2	15	26	40.0	7.43	18.6	8	2	16	30	沙峰滞后于水峰	1.1	单峰
14	1966	6	27	15	51	50.7	22.60	44.6	6	26	17	48	水峰滞后于沙峰	22.05	3 峰
15	1966	7	17	19	24	39.5	2.92	7.4	7	18	5	02	沙峰滞后于水峰	9.6	双峰
16	1966	8	15	19	57	30.7	6.62	21.6	8	16	1	05	沙峰滞后于水峰	5.1	双峰
17	1966	8	28	20	00	28.0	12.00	42.9	8	28	20	06	沙峰滞后于水峰	0.1	单峰
18	1967	7	17	17	37	28.0	1.62	5.8	7	17	17	22	水峰滞后于沙峰	0.25	单峰
19	1967	8	26	16	14	29.2	1.43	4.9	8	26	14	51	水峰滞后于沙峰	1.4	单峰
20	1967	9	1	0	15	33.0	1.25	3.8	9	1	0	15	同时出现	0	单峰
21	1969	5	11	16	51	48.0	8.85	18.4	5	11	17	30	沙峰滞后于水峰	0.65	单峰
22	1969	7	26	19	35	23.5	1.58	6.7	7	26	21	30	沙峰滞后于水峰	1.9	单峰
23	1969	8	20	22	12	48.0	14.20	29.6	8	20	23	00	沙峰滞后于水峰	0.8	单峰
24	1970	8	1	3	42	68.7	4.40	6.4	8	1	5	00	沙峰滞后于水峰	1.3	3 峰
25	1970	8	8	4	48	52.0	0.80	1.5	8	8	4	48	同时出现	0	单峰
26	1970	8	27	18	00	51.0	1.00	2.0	8	27	17	30	水峰滞后于沙峰	0.5	单峰
27	1971	7	5	16	24	46.1	0.50	1.1	7	6	18	12	沙峰滞后于水峰	25.8	单峰
28	1971	7	25	13	30	84.1	17.60	20.9	7	25	14	18	沙峰滞后于水峰	0.8	3 峰
29	1972	7	19	15	42	65.1	0.80	1.2	7	19	15	42	同时出现	0	单峰

续表 5-4

序号	年份	洪峰时间				次洪历时(h)	涨洪历时(h)	涨洪占总历时(%)	沙峰时间				水沙峰关系	滞后时间(h)	备注
		月	日	时	分				月	日	时	分			
30	1973	9	11	10	48	58.5	2.80	4.8	9	11	11	00	沙峰滞后于水峰	0.2	单峰
31	1974	7	31	7	18	69.7	5.17	7.4	7	31	7	30	同时出现	0	双峰
32	1977	8	11	18	57	78.0	0.95	1.2	8	11	20	00	沙峰滞后于水峰	1.05	双峰
33	1978	7	27	0	30	116.3	0.80	0.7	7	27	0	30	同时出现	0	双峰
34	1978	8	7	18	06	66.7	0.80	1.2	8	7	22	30	沙峰滞后于水峰	4.4	双峰
35	1983	7	26	17	24	65.0	2.40	3.7	7	26	18	00	沙峰滞后于水峰	0.6	单峰
36	1991	6	7	18	54	110.3	1.20	1.1	6	7	19	36	沙峰滞后于水峰	0.7	3 峰
37	1992	8	27	23	36	117.5	1.10	0.9	8	27	23	36	同时出现	0	3 峰
38	1994	8	3	0	12	33.0	1.20	3.6	8	2	23	42	水峰滞后于沙峰	0.5	双峰
39	1994	8	4	20	00	49.0	1.00	2.0	8	4	22	00	沙峰滞后于水峰	2.0	双峰
40	1995	8	26	8	00	50.0	2.00	4.0	8	26	8	30	沙峰滞后于水峰	0.5	单峰
41	1995	9	2	23	48	108.0	3.80	3.5	9	3	0	00	沙峰滞后于水峰	0.2	3 峰
42	1996	6	26	18	30	38.5	1.00	2.6	6	26	18	48	沙峰滞后于水峰	0.3	单峰
43	1996	8	1	2	00	34.6	4.60	13.3	8	1	2	18	沙峰滞后于水峰	0.3	单峰
44	1998	7	13	0	48	52.0	20.80	40.0	7	13	1	00	沙峰滞后于水峰	0.2	3 峰
45	1999	7	20	15	12	30.0	1.20	4.0	7	20	15	18	沙峰滞后于水峰	0.1	单峰
46	2000	7	4	10	18	46.0	0.30	0.7	7	4	10	18	同时出现	0	双峰
47	2001	8	18	21	48	51.4	17.20	33.5	8	18	22	00	沙峰滞后于水峰	0.2	多峰
48	2004	7	26	0	48	24.0	0.80	3.3	7	26	1	00	沙峰滞后于水峰	0.2	单峰
49	2006	8	12	17	00	15.8	0.80	5.1	8	12	17	12	沙峰滞后于水峰	0.2	单峰
50	2006	8	25	17	12	28.6	5.80	20.3	8	25	17	12	同时出现	0	单峰
51	2006	8	30	6	00	35.0	9.00	25.7	8	30	6	12	沙峰滞后于水峰	0.2	3 峰

5.2.5 特殊洪水分析

分别选取岔巴沟曹坪水文站洪峰流量最大的“19660815”洪水和次洪量最大的“19660717”洪水进行分析。

5.2.5.1 “19660815”洪水

该站 1966 年 8 月 15 日发生洪峰流量为 1 520 m^3/s 的洪水，超过了该站 100 年一遇洪水(1 410 m^3/s)。该站次大洪水洪峰流量为993 m^3/s,发生在1966年7月17日;第三大洪水洪峰流量为818 m^3/s,发生在1969年5月11日。

1966年8月15日洪水,洪峰流量模数达8.13 $m^3/(s·km^2)$。涨水历时为52 min,水位变幅为5.46 m,峰顶前18 min内水位上涨2.87 m,落水历时为10 h。16日01:05出现沙峰,滞后水峰5 h 9 min,最大含沙量为975 kg/m^3,相应流量为6.67 m^3/s。流量大于1 000 m^3/s的持续时间约为20 min。该次洪水峰形尖瘦,水、沙量分别为531.9万m^3、412.7万t。曹坪水文站"19660815"洪水过程线见图5-3。

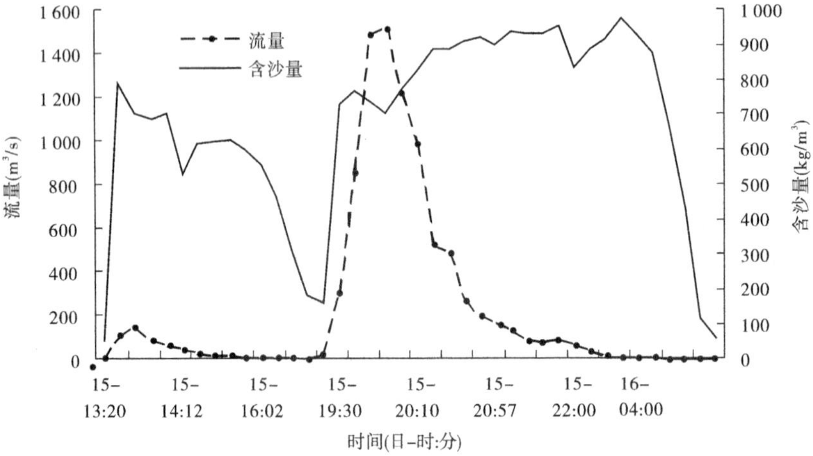

图5-3 曹坪水文站"19660815"洪水过程线

5.2.5.2 "19660717"洪水

曹坪水文站1966年7月17日发生洪峰流量为993 m^3/s的洪水,为该站次大洪水。次洪水峰形为双峰,最大含沙量为947 kg/m^3,出现在第二个峰后。该次洪水水、沙量分别为684.0万m^3、532.5万t,水、沙量都是该站单次洪水最大的。曹坪水文站"19660717"洪水过程线见图5-4。

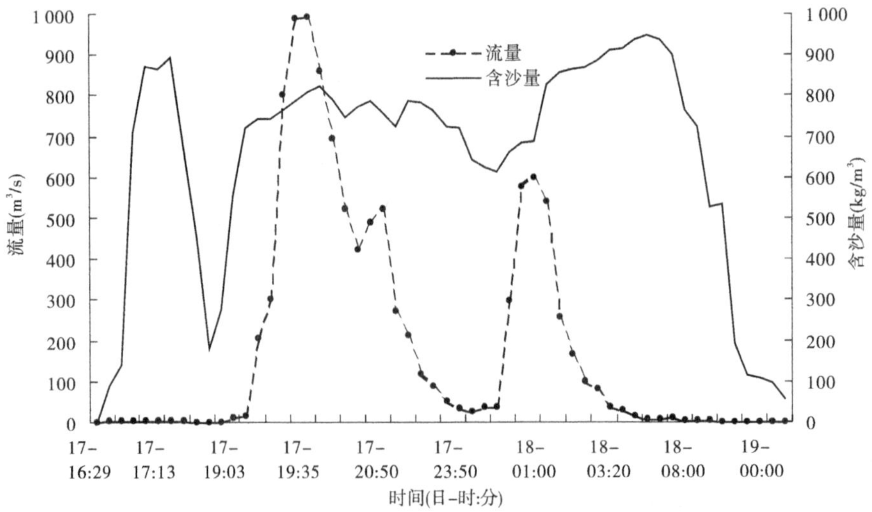

图5-4 曹坪水文站"19660717"洪水过程线

5.3 暴雨产洪分析

本次统计了岔巴沟曹坪水文站 60 场洪水资料，对入选的洪峰流量大于 100 m^3/s 的 51 场洪水进行了分析，对径流量与输沙量关系以及产洪产沙规律做了简要分析。

5.3.1 洪峰流量与次洪水沙量关系

曹坪水文站入选洪水峰量关系之一见图 5-5，二者相关系数为 0.741 7，表明岔巴沟流域次洪径流量与洪峰流量相关关系不好。

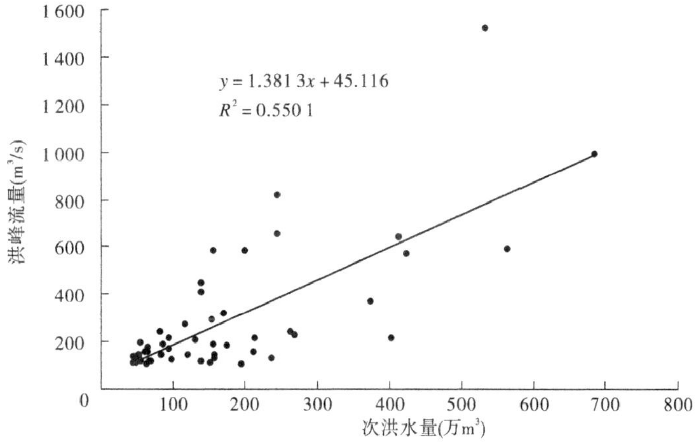

图 5-5 曹坪水文站洪水峰量关系之一

1966 年 8 月 15 日洪水，峰形尖瘦，即该次洪水峰高量小。所以，该次洪水点据远远偏离点群趋势中心（在图 5-5 的最上方点）。“19660717”洪水与“19660815”洪水相比是峰小量大（在图 5-5 的最右方点），峰量关系主要受降水影响，“19660717”洪水较“19660815”洪水降水量大，但降水强度较小。一般而言，峰形尖瘦，则峰高量小；峰形矮胖，则峰小量大；单峰与双峰甚至多峰相比，峰量关系差别较大。

由图 5-6 曹坪水文站洪水峰量关系之二可知，岔巴沟流域不同时期次洪径流量与洪峰流量还是有一定相关关系的，如 1980 年以来的洪水峰量关系就比较好，说明该流域受人类活动影响，改变下垫面条件，使洪水峰量关系发生趋势性变化。

综上所述，次洪径流量与洪峰流量关系受降水量、降水强度、暴雨分布及走向和下垫面条件等因素综合影响，使其相关关系较差。

曹坪水文站入选洪水次洪量与输沙量关系见图 5-7，相关系数为 0.948 7，表明岔巴沟流域次洪径流量与输沙量相关关系很好。

入选的 51 场洪水对应的流域平均雨量为 43.6 mm，平均降水强度为 4.4 mm/h，最大次平均降水量为 126.1 mm（2001 年 8 月 18 ~ 19 日），最大次平均降水强度为 20.9 mm/h（1966 年 8 月 15 日）。

5.3.2 次降水量与次洪水量关系

岔巴沟流域次平均降水量与曹坪水文站次洪水量关系见图 5-8，显然，二者相关性较差。同一降水量级，径流量相差很大。

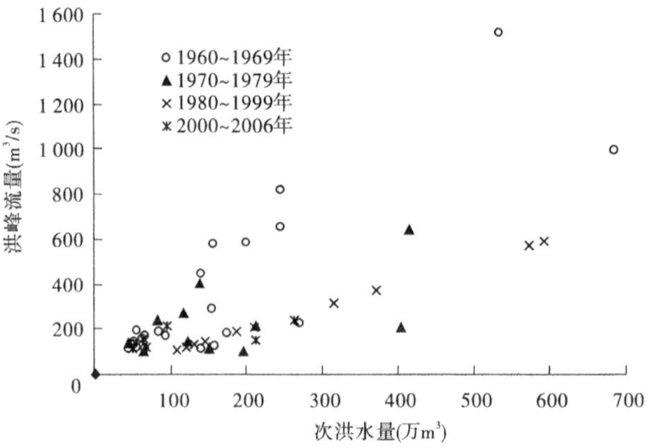

图 5-6　曹坪水文站洪水峰量关系之二

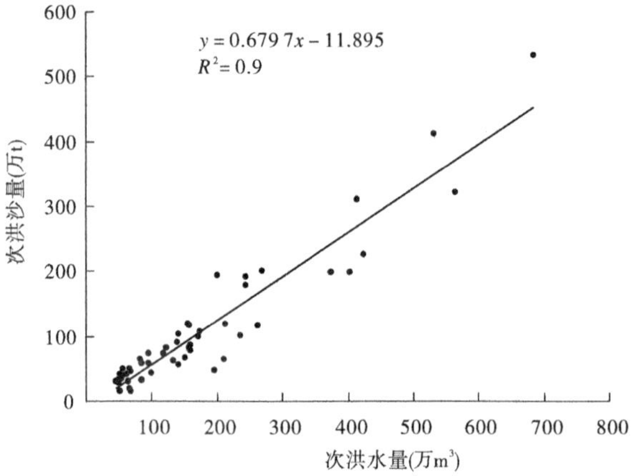

图 5-7　曹坪水文站次洪水沙量关系

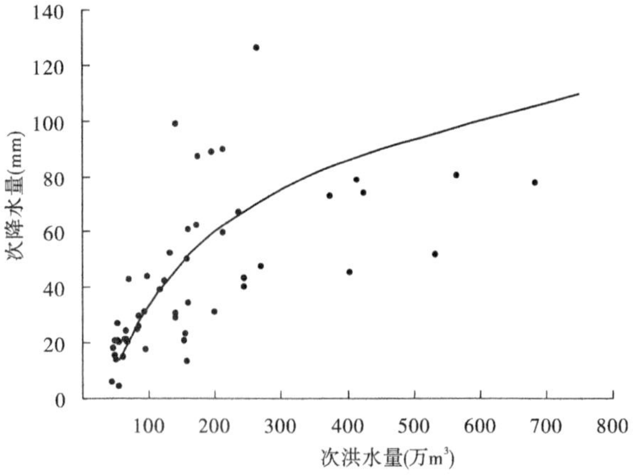

图 5-8　岔巴沟流域次平均降水量与曹坪水文站次洪水量关系之一

岔巴沟流域次平均降水量与曹坪水文站次洪水量关系差的原因,除与次降水强度有关外,还与该流域下垫面因素变化大有关。

由图 5-9 可知,岔巴沟流域不同系列次平均降水量与次洪水量还是有一定关系的,1970 ~ 1979 年、1980 ~ 1999 年和 2000 ~ 2006 年次平均降水量与次洪水量相关系数分别为 0.71、0.93 和 0.93。总体来看,1970 年以后降水量大于 30 mm 的同一降水量级,次洪水量逐年代减小。

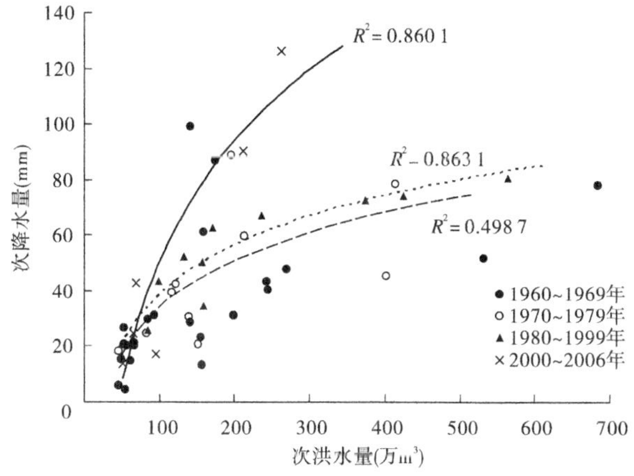

图 5-9　岔巴沟流域次平均降水量与曹坪水文站次洪水量关系之二

入选的 51 次洪水平均径流深为 9.4 mm,最大次洪水径流深为 36.6 mm(“19660717”洪水)。次洪水平均径流系数为 0.23,最大次洪水径流系数为 0.65(“19660815”洪水)。最大次洪水径流深和最大次洪水径流系数都发生在 1966 年的 7 ~ 8 月的几场洪水之中,说明连续降雨更有利于产洪。

5.3.3　降水量、降水强度与次洪水量关系

选取受人类活动影响较小的 1960 ~ 1969 年 23 场洪水,进行降水量、降水强度与次洪水量关系分析,见图 5-10。总体来看,同一降水量级降水强度大,则径流量也大。

在天然条件下,次洪量的大小受降雨时空分布的影响。降雨集中、强度大、降雨历时较短且暴雨中心更靠近流域出口的降雨会产生较大的洪峰流量和洪水总量。在人类活动影响下则未必如此,次洪水量的大小同时受降雨时空分布和下垫面变化的影响。表 5-5 对不同年份降雨情况相似的洪水进行了对比分析。可以看出,流域治理后,洪峰流量和洪水径流量都有了不同程度的削减,多年平均洪峰流量削减比例达到 58.62%,多年平均洪水径流量削减比例达到 32.36%。水利、水保工程等人类活动的影响明显。

以 1963 年 8 月 26 日和 1983 年 7 月 26 日的两场洪水为例,1963 年 8 月 26 日的洪水(称其为 A)流域平均雨量 31.3 mm,洪量 199.7 万 m^3,洪峰流量 585 m^3/s;1983 年 7 月 26 日的洪水(称其为 B)流域平均雨量 33.6 mm,洪量 158.7 万 m^3,洪峰流量 145 m^3/s。前者降雨量只有后者的 0.93 倍,而洪峰流量大 3.03 倍,洪量大 0.26 倍。比较两者的降雨空间分布情况基本一致,降雨中心都在流域上游,尽管位置一左一右,但是到流域出口的

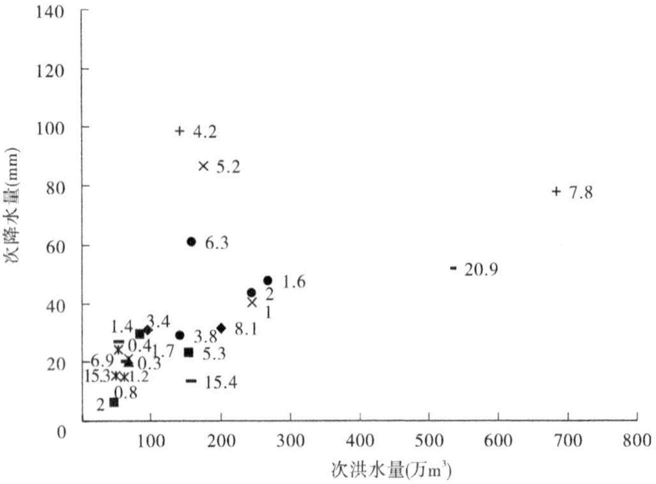

注:点旁数字为次平均降水速度,mm/h

图 5-10 降水量、降水强度与次洪水量关系

表 5-5 岔巴沟流域相似洪水对比

对比年份及日期(年-月-日)	降水量/时间(mm/h)	前期影响雨量(mm)	洪峰流量(m^3/s)	次洪水量(万 m^3)	洪峰流量削减 数量(m^3/s)	洪峰流量削减 比例(%)	减水 数量(m^3/s)	减水 比例(%)
1970	66.0/7	6.1	640	323				
1989	66.6/4.6	6.4	309	175	331	51.7	148	45.8
2006-07-31	63.1/10		82.5	90.9	226	73.3	84.1	48.0
1966	53.9/2.1	21.4	1 520	529	1 309	86.1	237	44.8
1978	44.7/2.3	24.1	211	292				
2004-08-19	54.7/		65.0	16.4	146	69.2	276	94.4
1963-08-26	31.8/2.6	2.3	585	199.7	440	75.2	41	20.5
1983-07-26	35.4/4	3.8	145	158.7				
1969	40.1/1.7	3.41	818	250	245	30.0	46.0	12.0
1991	40.6/2	4.1	573	220				
1970	39.0/11.5	10.3	270	115				
1992	40.4/8	12.1	132	75	138	51.1	41	35.7
2004-07-26	42.8/11	3.0	119	69.08	13	9.8	4.92	6.6

距离相差不大。洪水 B 的降水主要集中在 2 h 内;而洪水 A 的降水则大多集中在 4 h 内,降水历时还略长于洪水 B。两者在洪量和洪峰流量上的差别可能就大部分来自人类活动的影响。

2000年以来流域来水量又有所减少，以2004年7月26日和1992年7月22日的两场洪水为例，1992年7月22日的洪水流域平均雨量40.4 mm，洪量75万 m^3，洪峰流量132 m^3/s；2004年7月26日的洪水流域平均雨量42.8 mm，洪量69.08万 m^3，洪峰流量119 m^3/s。后者比前者降水量多5.9%，而洪峰流量和洪量偏小10%左右。2006年7月31日洪水与1970年和1989年两场洪水相比，降水量接近，降水强度差别也不是太大（2006年7月31日洪水相应降水观测不记起讫时间，计算降水强度比实际偏小），但无论洪峰流量还是洪量都偏小很多。

受流域内不同时期治理程度差异的影响，20世纪80年代来水、来沙量最少，以1981年6月20日洪水为例，1981年6月20日岔巴沟流域平均雨量55.9 mm，平均降水强度6.7 mm/h，并且6月18～19日流域内普遍降水，13个雨量站平均降水量31.8 mm。这次洪水次洪水量27.36万 m^3、洪峰流量13.1 m^3/s、洪峰含沙量565 kg/m^3、输沙量7.18万t。该次洪水流域平均雨量和降水强度都大于入选的51场洪水平均值，而次洪水量、洪峰流量、洪峰含沙量、输沙量、径流系数等都远小于入选的51场洪水平均值。

5.4 产洪机制成果综述

子洲径流试验站于1959年设立，1959～1969年观测资料较齐全，可取得一些直接观测资料分析产流方式，以补充天然流域的不足。因此，关于岔巴沟流域产流模式、产流机制及产洪产流模拟等方面的研究成果较多。

5.4.1 产流模式

产流是流域中各种径流成分的生成过程，其实质是水分在下垫面垂直运行中，在各种因素综合作用下的发展过程，也是流域下垫面对降雨的再分配过程。不同的下垫面条件具有不同的产流机制，不同的产流机制又影响着整个产流过程的发展，呈现不同的径流特征。在我国水文界，产流模式一般以湿润地区和干旱半干旱地区来标识，分别冠以蓄满模式和超渗产流模式。普遍的认识是，黄河流域既有超渗产流，也有蓄满产流，但以超渗产流为主。对具体流域（区间）或具体洪水而言，许多人认为是混合式产流，即超渗产流与蓄满产流相伴而生。

5.4.1.1 蓄满产流

蓄满产流是指包气带土壤含水量 W 达到田间持水量 WC 之前不产流，这时称为“未蓄满”，此前的降雨全部被土壤吸收，补充包气带缺水量。包气带土壤含水量 W 达到田间持水量 WC 时，称为“蓄满”，蓄满后开始产流，雨强 i 超过稳定下渗能力 f_c 的部分形成地面径流 R_S，稳渗部分形成地下径流 R_G，总产流量 R 为两者之和，即

当 $W > WC$ 时，$R = R_S + R_G$，又分为

$$\left.\begin{array}{ll} \text{当 } i > f_c \text{ 时} & R_S = i - f_c, R_G = f_c \\ \text{当 } i < f_c \text{ 时} & R_S = 0, R_G = R \end{array}\right\} \tag{5-2}$$

因此，一经满足 WC，不再有损失，降雨径流关系符合次洪水量平衡方程：

$$P - R - E = WM - W_0 \tag{5-3}$$

式中：P、R 为次洪降雨量、径流深，mm；E 为蒸发量，mm；WM 为包气带达 WC 时的土壤含水量，mm；W_0 为雨始包气带土壤含水量，mm。

在湿润及半湿润地区，雨量丰沛，植被良好，包气带缺水量小，一般很容易在一次降雨过程中得到满足，故以蓄满产流为主。蓄满产流的特点是降雨与总产流量的关系只取决于前期土湿，与雨强（历时）无关，具有超蓄产流的特点，径流系数较高，年径流系数常达0.5左右或以上，流量过程具有明显的地下水补给段，由于地下水汇流速度缓慢，次洪过程呈陡涨缓落的偏态型。

5.4.1.2 超渗产流

在干旱和半干旱地区，雨量稀少，植被极差，包气带缺水量大而下渗能力低，产流的方式主要是雨强 i 超过下渗强度 f 而形成地面径流。产流条件是 $W < WC, i > f$，影响降雨产流的因素是雨强与前期土湿，这种产流方式称为超渗产流。

$$\left.\begin{array}{ll}\text{当 } i > f \text{ 时} & R_S = i - f, R_G = 0 \\ \text{当 } i < f \text{ 时} & R_S = R_G = 0\end{array}\right\} \tag{5-4}$$

在发生超渗产流的地区，地下水补给很少，次洪过程陡涨陡落，基本对称。

需要说明的是，对某个具体的流域，这两种产流方式是相对的。湿润地区以蓄满产流为主的流域，在长期干旱后，若遇到雨强大于下渗能力的降雨，即使此时包气带未蓄满，也会产生超渗的地面径流。同样，在干旱地区，以超渗产流为主的流域，在多雨的季节也可能在流域的局部甚至全部出现蓄满产流现象。

20世纪60年代，华东水利学院赵人俊等开始使用蓄满产流和超渗产流两个概念，并以实际资料验证说明我国湿润地区以蓄满产流为主，黄土高原地区以超渗产流为主，而在某些半干旱地区则两者均起作用。南京水文研究所华士乾等则认为“降雨强度大于入渗强度，是产流的先决条件，超渗产流是普遍规律，无论干旱地区与湿润地区均不例外”。对此，赵人俊认为华士乾等所述仅是产生地表径流的条件，而非普遍规律。赵人俊同时指出超渗与否决定地表径流，蓄满与否决定地下径流。南京水文研究所洪水分析组在“产流模型探讨”（1979年7月）中指出，单元产流理论就是土壤水分在土壤中运动的入渗理论，水文学中称为超渗理论，其理论基础系扩散方程，可据以导出 Philip 型与 Horton 型入渗曲线，其他类型的入渗曲线亦可仿此推出。

对北方地区特别是黄河流域产流模式的讨论主要集中在产流模式的辨识、归类及解释上。凡水土流失严重地区，都是超渗产流；凡水土流失轻微地区，都是蓄满产流；介于二者之间的过渡地区，则超渗产流与蓄满产流两种模式并存。从以上对岔巴沟流域地形地貌、降雨洪水特性及次洪径流组成看，岔巴沟流域为超渗产流区。同时，夏军等在岔巴沟流域进行了试验，对于任何一场降雨，当降雨停止之后，各土层的含水量很快依次下降，说明该地区的土壤不但土层深厚，同时有很好的透水性，不具备产生壤中流的条件，说明该流域地表水转化为地下水速度较快，周期较短，因此该流域的产流模式为超渗产流。

5.4.2 产流机制

岔巴沟流域的产流机制主要是基于小流域试验研究。黄河水利委员会水文局马秀峰等对新庄、段川、团山沟观测资料分析得出，表层10 cm以内是土壤水变幅最大、变速最快的层次，可从饱和含水量变到凋萎湿度；地面下 10～40 cm 处，土壤水分在田间持水量至最大分子持水量间变化；地面下 40 cm 至 2 m，土壤水分在毛管断裂含水量附近波动；地面 3～3.5 m 以下，为土壤湿度稳定层，亦称干层，土壤含水量常年维持在毛管断裂含水量附近。黄土中干层的存在，切断了雨水与地下水的直接联系，从地表到干层之间的土层构成了独立的耗水系统，使渗蓄在黄土中的雨水绝大部分耗于陆面蒸发。而黄土丘陵区的地下水补给方式不是雨水渗过深厚的黄土，而是雨水透过黄土节理和岩石裂隙，或者在河网汇流过程中通过河床补给。

马秀峰等对子洲径流试验站的黄土水分特征、产流超渗、黄土入渗、坡地产流等进行了综合分析，得出如下认识：

（1）降雨产流的决定条件是雨强超过土壤的入渗能力。子洲径流试验站 9 年 51 次产流资料统计表明，98% 的产流历时不超过 1 h。

（2）团山沟坡面径流场观测资料表明，临界雨强（表层土壤充分湿润情况下能够产生地表径流的最小雨强）为 0.05～0.15 mm/min，天水水保站资料统计为 0.188 mm/min。

（3）存在两种入渗方式：透水性较差的低凹处，地面积水隔绝了地面与空气的直接联系，向上的毛细管作用力消失，此时地表供水条件充分，形成压力入渗。压力入渗处的入渗率是入渗水量的单值函数，与雨强大小无关；地面凸起或透水较强的部位，地面无积水，水分供应不充分，入渗率等于当时的降雨强度，为自由入渗。雨强愈大，压力入渗的面积比例愈大，自由入渗面积的比例愈小。用观测资料求得的稳定入渗率随雨强的增大而增大。

马秀峰根据变质量力学原理推导了压力入渗条件下超渗雨期间入渗量 V 与入渗率 q 之间的函数关系：

$$q = K + \frac{q_0 - K}{1 + \frac{q_0}{K}\left(\frac{V - V_0}{V_0 + D \cdot H}\right)} \tag{5-5}$$

式中：V_0 为 t_0 时刻已入渗到土层中的水量，mm；q_0 为 t_0 时刻的入渗率，mm/min；D 为用体积比表示的雨前土壤缺水率，以小数计；H 为干土毛细管水头高，mm；K 为土壤稳定入渗率，mm/min。

令 R 和 R_0 分别代表 t 和 t_0 时刻的累积地表径流深，P 为 t 时刻的降雨量，不计雨期蒸发，则可列出降雨与径流关系的理论公式：

$$R = R_0 + P - V_0 - \frac{K(V_0 + D \cdot H)}{q_0 - K}\left[\sqrt{1 + \frac{2q_0(q_0 - K)(t - t_0)}{K(V_0 + D \cdot H)}} - 1\right] \tag{5-6}$$

$$q_0 = K + \frac{q_m - K}{1 + \frac{q_m V_0}{K \cdot D \cdot H}} \tag{5-7}$$

$$q_m = K + \frac{D}{\mu}(q_H - K) \tag{5-8}$$

$$D = WM - W_0 = \frac{\beta \cdot \mu}{\beta + P_n} \tag{5-9}$$

$$P_{a,n+1} = \lambda(P_{a,n} + P_n - R_n) \tag{5-10}$$

$$\mu = WM - WH \tag{5-11}$$

式中:WM、W_0、WH、μ 分别为用体积比表示的土壤田间持水量、雨前土壤持水量、土壤难移动持水量和土壤给水度,均以小数记;D 为土壤缺水率;q_m 为压力入渗条件下的初始入渗率,mm/min;q_H 为干燥土壤在压力入渗条件下的初始入渗率,mm/min;P_n 为第 n 日降雨量,mm;$P_{a,n}$为第 n 日的前期影响雨量,mm;R_n 为第 n 日径流深,mm;λ 是土壤水蒸发消退的折减系数;β 为经验常数。

上述公式中 K、H、q_H、μ、λ 和 β 需事先确定。马秀峰给出了一般黄土地区 5 个非灵敏参数的范围:$H = 100 \sim 120$ mm,$q_H = 3 \sim 5$ mm/min,$\mu = 0.22 \sim 0.4$,$\lambda = 0.85 \sim 0.87$,$\beta = 7 \sim 8$。而稳定入渗率 K 需根据历史资料优选确定,初次计算可取为 0.3 mm/min。

河海大学芮孝芳以陕北子洲径流试验站为例,认为干旱地区的包气带厚度(地下水埋深)达数十米,但水分变化活动层难以超过 1 m,强烈活动层为 0.5 m,0.1 m 以内土壤含水量可从 2% 变到田间持水量(18% ~20%)以上,而 1 m 以下的土壤含水量基本维持在 10% 左右,接近毛管断裂含水量(12%)。赵人俊、王佩兰认为子洲地区深层土壤湿度为 7% ~13%,田间持水量为 18.6%,一般降雨只能湿润几厘米至 30 cm 的表土,下渗水分不能到达深层。中国科学院水利部水土保持研究所刘贤赵、康绍中在陕西王东沟进行的野外土壤入渗试验发现,不同积水深度下 30 cm 以上土层容积含水量变化最为剧烈,50 cm 以上土层含水量变化较大,50 cm 以下变化则非常平缓。李玉山给出了泾河流域南小河沟流域(黄土覆盖、砂质土壤)的土壤田间持水量为 23%,凋萎湿度为 7%,毛管断裂含水量 17%。可以看出,关于干旱地区土壤水分活动带的结论相对较为一致。

随着人类活动的增强,不同下垫面对地表径流的影响日益显著。夏军等选择黄河岔巴沟流域,采用野外人工控制条件下的降雨试验,针对不同下垫面类型、不同下垫面覆盖度以及不同的处理方式等情况进行了水文过程的试验研究,并对不同植被覆盖度、不同耕作措施、降雨径流系数随时间的变化规律、不同下垫面对径流系数的影响等方面进行了分析与初步研究。结果表明,土地利用类型的变化对黄土沟壑地区的降雨径流关系有很大影响,其中耕作措施的使用对降雨径流关系的影响远大于地表覆盖率变化所产生的影响。地表覆盖率单因素变化时,稳定产流时的产流量变化不超过 10%,而当采用耕作措施进行单因素分析时,稳定产流时的产流量大于 20%。在相同雨强下,草地与裸地的出流量有非常明显的差异,草地的出流量约为裸地出流量的 50%,草地与裸地对降雨径流关系的影响差异较大,在小雨强的时候,草地对降雨有较强的滞留作用,随雨强的增加,这种功能明显减弱,而裸地没有明显的差异。

5.4.3 产流计算

流域产流的特点是产流面积和降雨时空变化。流域产流的实质是求解非饱和带地下水运动基本微分方程组,如何处理这个方程组是流域产流计算的核心问题。处理方法不同,也就产生了不同的流域产流计算方法。1931 年,霍顿(Horton)在《在水文循环中下渗的作用》中,提出了下渗理论。1932 年,谢尔曼(Sherman)在《用单位线法由降雨推求径流》中,提出了预报流域汇流的单位线法。1935 ~1938 年,麦卡锡(McCarthy)在美国总结了以“马斯京干法”著称的洪水演算预报方法。1938 年，美国斯奈德(Snyder)在文献“综合单位线”中，提出了对短缺资料地区使用综合单位线的预报方法。这些都是在当时十分有效并一直沿用至今的基本洪水预报技术。国内在产流模式研究方面，1992 年，武汉大学雒文生等提出了蓄满－超渗兼容模型，1997 年，河海大学包为民和王从良针对半干旱地区产流特点提出了垂向混合模型。

从 20 世纪 60 年代开始，概念性流域水文模型的概念逐步形成并得到了快速发展。流域水文模型是对流域上发生的水文现象进行概化，将一些经验规律加以物理解释，用严密的数学方式表达出来，再把各个水文过程综合起来，形成全流域的水量平衡计算系统，并在计算机上实现。适用的概念性水文模型有很多，其中 Stanford 模型、Sacramento 模型、Tank 模型和我国的新安江模型、陕北模型等都是得到了广泛应用的模型。

关于岔巴沟流域下渗计算模型与产流计算模型的成果很多。赵人俊、王佩兰用子洲径流试验站三个小流域的资料对霍顿(Horton)公式和菲力浦(Philip)公式进行了拟合，结果见表 5-6。三个流域的地貌、土壤、植被情况相仿，但下渗曲线有一定的差异。赵人俊、王佩兰认为是梯田面积的不同导致了下渗曲线的差异。黑矾沟梯田最多，水旺沟次之，团山沟最少，同时点绘下渗曲线可以发现，黑矾沟下渗曲线在上方，水旺沟在中间，团山沟在下方，相应的霍顿下渗公式的参数亦依次递减，但总的拟合情况较好。马秀峰指出，黑矾沟有较多水保措施，如梯田、鱼鳞坑、田埂、塘坝等。水旺沟和团山沟接近有耕作的自然状态。

表 5-6　子洲径流试验站霍顿(Horton)公式和菲力浦(Philip)公式拟合

沟名	流域面积(km^2)	洪水次数	霍顿 $f=f_0+(f_0-f_c)e^{-kt}$			菲力浦 $f=bt^{0.5}+a$	
			f_c	f_0	k	a	b
团山沟	0. 18	30	0. 422	2. 04	0. 063 7	−0. 06	3. 8
水旺沟	0. 107	17	0. 540	2. 16	0. 071 2	0. 04	3. 8
黑矾沟	0. 133	29	0. 640	2. 26	0. 079 3	0. 13	3. 8

包为民根据黄河中游水文气候条件对格林－安普特下渗曲线进行了改进。格林－安普特下渗曲线的表达式为

$$F_M = K(Z + H + \phi)/Z \tag{5-12}$$

式中：F_M 为下渗速率；K 为饱和水力传导度；Z 为饱和层厚度；H 为地面滞水深；ϕ 为湿润锋面的毛管水压力。

该公式物理成因清楚，参数物理意义明确，但由于湿润锋面毛管水压力、饱和层厚度等难以观测，公式几乎没有被直接应用过。包为民把该公式改进为如下形式：

$$F_M = F_C[1 + K_F(WM - W)/WM] \tag{5-13}$$

式中：F_C 为饱和条件下的下渗率，取决于饱和水力传导度 K；K_F 为渗透系数，反映土壤含水量对下渗的影响；WM 为田间土壤持水量；W 为土壤含水量。

W 是式中唯一的变量，可通过观测或模型计算得到。考虑到土壤表层含水量和下层

含水量对下渗的影响各不相同，把土壤水分分为两层，引进影响下渗的权重系数，上式变为

$$F_{\mathrm{M}} = F_{\mathrm{C}}\left\{1 + K_{\mathrm{F}}\left[\frac{WUM - WU}{WUM}K_{\mathrm{U}} + (1 - K_{\mathrm{U}})\frac{WLM - WL}{WLM}\right]\right\} \tag{5-14}$$

式中：*WUM* 为上层土壤含水容量；*WU* 为上层土壤含水量；K_{U} 为上层土壤含水量对下渗影响的权重系数；*WLM* 为下层土壤含水容量；*WL* 为下层土壤含水量。

记流域下渗小于某定值 F 的面积比为 a_{F}，则下渗率的流域分布曲线可表示为

$$a_{\mathrm{F}} = 1 - \left[1 - \frac{F}{F_{\mathrm{M}}(1 + B_{\mathrm{F}})}\right]^{B_{\mathrm{F}}} \tag{5-15}$$

式中：F_{M} 为平均下渗率；B_{F} 为常系数。

时段下渗量为

$$F_{\mathrm{A}} = \begin{cases} F_{\mathrm{M}} - F_{\mathrm{M}}\left[1 - \dfrac{P_{\mathrm{E}}}{F_{\mathrm{M}}(1 + B_{\mathrm{F}})}\right]^{1+B_{\mathrm{F}}} & P_{\mathrm{E}} < F_{\mathrm{M}}(1 + B_{\mathrm{F}}) \\ F_{\mathrm{M}} & P_{\mathrm{E}} \geqslant F_{\mathrm{M}}(1 + B_{\mathrm{F}}) \end{cases} \tag{5-16}$$

用式(5-14)对子洲径流试验站的资料进行检验，次洪水产洪平均合格率为 86.2%，而改进前只有 72.4%。

于静洁等在黄土高原进行了人工模拟降雨入渗试验，并分别用 Philip、Horton、Kostiakov 公式进行了拟合，结果表明，Philip 入渗曲线拟合较好。但在降雨初期，Philip 曲线与实测值不符，其原因是该公式的基本假定是地表有积水，应用时必须满足表层土壤接近饱和的条件，而降雨初期，该条件往往并不满足，因此 Philip 公式仅适用于入渗率随时间逐渐下降的部分。

黄明斌等在于静洁等研究的基础上给出了单元（面积约 100 m^2）平均入渗速率计算公式。降雨入渗初期用雨强和初损历时计算，其后用 Philip 公式计算。其引用的 Philip 公式形式如下：

$$f_{\mathrm{i}}(t) = \frac{1}{2}S_{\mathrm{i}}t^{-1/2} + A_0 \tag{5-17}$$

式中：S_{i} 为 Philip 公式中的参数吸水率；A_0 为土壤剖面含水量达到饱和后的稳渗率。

初损历时与平均雨强和坡度有如下关系：

$$t^* = c_1 i^{c_2} \mathrm{e}^{c_3(1-\sin\alpha)} \tag{5-18}$$

式中：c_1、c_2、c_3 分别为主要随土壤类型、植被条件和坡度等变化的参数；α 为坡度。

通过南小河沟农田和草地径流场降雨产流资料分析，上式是适用的。式中 3 个参数的均值分别为 0.404、−0.25、1.512。

利用 Philip 公式计算的单元产流量为

$$R_{\mathrm{s}} = h - [S_{\mathrm{i}}(\sqrt{t_{\mathrm{r}}} - \sqrt{t^*})] + A_0(t_{\mathrm{r}} - t^*) \tag{5-19}$$

式中：R_{s} 为单元产流量；h 为降雨；t_{r} 为时间；t^* 为初损历时。

参数 S_{i} 和 A_0 可用降雨产流资料拟合。分析表明，S_{i} 随坡度增大而呈指数曲线下降，人工草地单元下降最快，自然草地单元和农田单元下降速率相当。在塬面，人工草地的 S_{i} 最大，农田次之，自然草地最小。为考虑坡度和起始土壤含水量对 S_{i} 的影响，在 D·希勒

尔给出的公式中加入标定因子，得到如下结果：

$$S_i = 2k(\theta_s - \theta_0)(D_i/\pi)^{1/2}e^{k_k\alpha} \tag{5-20}$$

$$D_i = \frac{5}{3}(\theta_s - \theta_0)^{-5/3}\int_{\theta_0}^{\theta_s}(\theta - \theta_0)^{2/3}D(\theta)\mathrm{d}\theta \tag{5-21}$$

式中：θ 为土壤含水量；θ_s、θ_0 分别为饱和含水量和初始含水量；k、k_k 是随植被覆盖类型变化的参数，农田（容重为 1.3 g/cm³）、自然草地（容重 1.35 g/cm³）、人工草地（容重为 1.35 g/cm³）的 k 值分别为 0.464、0.558、0.719，k_k 分别为 -0.017 6、-0.017 4、-0.029 1；α 为坡度；$D(\theta)$ 为土壤水分扩散率。

$D(\theta)$ 可按下式计算：

$$D(\theta) = D_s\left(\frac{\theta - \theta_r}{\theta_s - \theta_r}\right)^d \tag{5-22}$$

式中：D_s 为饱和扩散率；θ_s、θ_r 分别为饱和含水量和残留含水量；d 为拟合参数。

当土壤容重为 1.3 g/cm³ 时，D_s、θ_s、θ_r 和 d 分别为 1.263、0.44、0.04 和 2.517；当土壤容重为 1.35 g/cm³ 时，D_s、θ_s、θ_r 和 d 分别为 0.886 5、0.42、0.04 和 2.319。

文康等在黄河水利委员会水科所 1959 年积水试验的基础上，得出如下公式：

$$f = 5.75t^{-1/2} \tag{5-23}$$

式中 f 的单位为 mm/min，t 的单位为 min，初始土壤含水量为 14%，2 h 内拟合较好。

文康等认为陕北地区暴雨历时短促，可不考虑稳渗。黄河水利委员会水科所对不同的初始含水量作出了不同的下渗曲线，结果表明，初始含水量越大，下渗能力越小。即便在下垫面土壤植被等自然条件均一的情况下，也因各地干湿不同而导致下渗强度不同的特点。采用随机分布函数概化下渗强度的空间变化，如用 n 次抛物线型下渗分配曲线：

$$a = 1 - (1 - f/f'_m)^n \tag{5-24}$$

一般来说，有全流域分配和部分流域分配两种。土壤前期含水量对产流计算影响很大。团山沟无雨期土层厚度分别为 50 cm、30 cm、10 cm 的平均土壤含水量在半对数纸上与时间呈线性递减趋势，可用下述公式表示：

$$\theta = \theta_0 e^{-k't} = \theta_0 k^t \tag{5-25}$$

对于 50 cm 土层，31 组资料的 k 值为 0.84 ~ 0.99，平均为 0.94；对 30 cm 土层的 35 组资料，k 值为 0.66 ~ 0.99，平均为 0.9；66 组 10 cm 土层 k 值为 0.55 ~ 0.99，平均为 0.87，表明土层越薄，消退系数越小。k 与起始含水量的关系为反向关系，即起始含水量越小，k 值越大，含水量消退越慢。当含水量小到一定程度（≤5%）时，消退几乎停止。一个地区多次降雨的平均下渗锋面位置可以代表水分交换的最活跃范围，大约相当于土壤含水量随时间的变化趋于 0，这种称为影响土层内的含水量，可以作为模拟土壤前期含水量的指标。团山沟 1、2 号地段 54 组雨前雨后土壤含水量资料显示，绝大多数入渗锋面位于30 ~ 60 cm 范围，少数达 1 m，30 cm 左右的占一半。因此，该区的入渗锋面经常达到的土层厚度或影响土层 30 ~ 40 cm，相应的 k 值约为 0.90，可作为优选的初值。模型参数优选确定，团山沟抛物线指数定为 0.3，不参加优选。团山沟计算前期影响雨量的 P_a 和下渗公式的 A 同时优选，兼顾方差和合格率两个目标，合格评定标准为绝对误差 2 mm，相对误差 20%。确定最优值 k = 0.92，A = 7.8。10 次洪水中 8 次合格。可对清水、浑水分别拟合，清水合格率较高。含沙量过大时，模型难以适应。岔巴沟流域检验，计算时段取 3 min，按各单元计算径流深的算术平均值作为流域径流深，k 取 0.85，$A=5$，尽管 17 次洪水的方差最小，但合格率只有 35.2%，即便按泰森法，合格率仍只有 58.8%。主要原因是雨量站不能控制降雨分布。将 17 次洪水的雨量统一插补、订正成 10 个自记雨量站的资料，用相同的权数求加权平均径流深，合格率达到 88.2%。分析表明，岔巴沟的精度临界时段为30～60 min。

南京水文研究所李蝶娟、金管生在《分层超渗产流模型探讨》（1981 年 9 月）中利用“供水强度大于入渗强度是产流的先决条件”概念，通过分层超渗、分层产流的途径研究流域雨洪径流量及水源组成。所提出的分层超渗模型将土层分为上、下两层，加上地表，相应有三种水源：地表径流、上层壤中流、下层壤中流。地表径流 $R_{表}$ 为降水强度超过上层土壤入渗率的部分，上层壤中流 $R_{壤1}$ 为上层土壤补给率（即上层土壤排水率）超过下层土壤入渗率的部分，下层壤中流 $R_{壤2}$ 为土壤下层排水率的一部分，其计算公式分别为

$$R_{表} = \bar{i}\Delta t - \bar{f}_{上}\Delta t\left[1 - \left(1 - \frac{\bar{i}\Delta t}{(1+n_{上})\Delta t\bar{f}_{上}}\right)^{1+n_{上}}\right] \tag{5-26}$$

$$R_{壤1} = \bar{i}_{下}\Delta t - \bar{f}_{下}\Delta t\left[1 - \left(1 - \frac{\bar{i}_{下}\Delta t}{(1+n_{下})\Delta t\bar{f}_{下}}\right)^{1+n_{下}}\right] \tag{5-27}$$

$$R_{壤2} = \bar{i}_{下}\Delta t \cdot n \tag{5-28}$$

上述公式各项的意义及计算详见李蝶娟、金管生的《分层超渗产流模型探讨》。

南京水文水资源研究所李琪对黄土地区（子洲团山沟）土壤含水量消退系数 k 的变化规律进行了研究。一般而言，土壤水分消退服从指数递减规律。据此，根据土壤含水量资料分析出 50 cm 土层 k 值的变化范围为 0.84～0.99，均值为 0.94，30 cm 土层 k 的变化范围为 0.66～0.99，均值为 0.90，10 cm 土层 k 值的变化范围为 0.55～0.99，均值为 0.87。显然，土层越深，k 的均值越大，大致呈线性递增变化。而 k 随起始土壤含水量的变化呈递减关系。当起始含水量小于等于 5% 时，消退几乎停止。李琪还分析了该流域的影响土层厚度为 30 cm，其相应的 k 值为 0.90。李琪同时指出，流域面上的 k 值是无数单点规律的集合，应与产流模型结合起来分析，并参与模型参数的优选。

山西省水土保持科学研究所、中科院地理科学与资源研究所和加拿大多伦多大学地理系对 1985～1987 年人工模拟降雨资料和 1967 年陕北子洲径流试验站团山沟径流场资料进行分析表明，对于坡耕地，降雨前期有表土结皮时，相同降雨条件下，坡面径流系数和累计径流量比没有表土结皮时增加 6～50 倍。据团山沟 3 号小区观测，当坡耕地刚翻耕或耕作层土壤较松时，土壤具有较高的水流入渗率，虽然一次降雨量达 26 mm，最大 10 min 雨强为 0.4 mm/min，地面并未发生径流；而另一次降雨，由于雨前坡耕地表土已形成结皮，虽然降雨量仅 3.7 mm，最大雨强也是 0.4 mm/min，坡面就已产流。对犁底层的研究表明，有犁底层存在时，径流量会大大增加，并随产流历时的增加而增加，与没有犁底层的情形相比，可达 2 倍左右。

黄河水利委员会水文局唐君壁等（1991）用坦克模型在岔巴沟流域作了次洪模拟。

坦克模型又称 TANK 模型，是融产汇流为一体的流域概念性模型。模型的基本原理是假定水箱蓄水量与出流、下渗的关系为线性，即所有蓄泄关系都用线性水库来模拟。各

水箱可有一个以上的出流孔,相当于有几个不同库容的线性水库,其和是非线性关系,可用以模拟出流的非线性蓄泄关系。

该模型由一列串联水箱模拟各个土层的产流,上箱为地面径流,其次为壤中流,再下为地下径流。水箱数目不定,可以根据流域特性调试而定。水箱侧面有一个或几个出流孔模拟出流,水箱底部有一个下渗孔模拟下渗。该区为半干旱地区,地下径流所占比例很小,可忽略不计,故选用的是二级水箱串联型。第一箱反映地面径流,设 3 个出流孔,1 个下渗孔;第二箱反映壤中流,设 2 个出流孔、1 个下渗孔。为考虑土湿对蒸散发的作用,本模型在上水箱的下部设计一土壤水结构,如图 5-11 中的阴影部分,水箱中的水分自由水和持蓄水两类,持蓄水又分上、下两层。

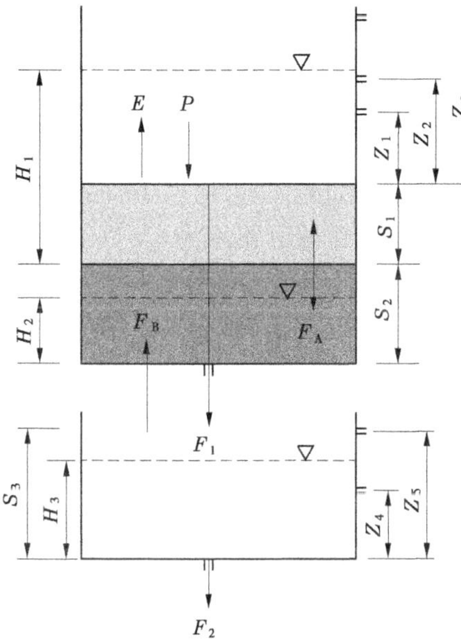

图 5-11　二级水箱坦克模型结构示意图

水箱模型假定蓄量与出流和下渗的关系是线性的,据此在各种蓄量下的出流可计算如下:

$$\left.\begin{array}{ll}\text{当 } H \leqslant Z \text{ 时} & Q = 0 \\ \text{当 } H > Z \text{ 时} & Q = (H - Z)A\end{array}\right\} \tag{5-29}$$

式中:H 为蓄水深;Z 为侧孔高度;A 为侧孔出流系数;Q 为侧孔出流量。

将该时段所有水箱的各个侧孔出流量 Q 累加即为该时段的总出流量。

下渗量可用如下公式计算:

$$\left.\begin{array}{l}F_1 = B_1H_1(1 - H_3/S_3) \\ F_2 = B_2H_3\end{array}\right\} \tag{5-30}$$

式中:F_1 为一箱自由水向二箱下渗量;F_2 为二箱自由水向深层下渗量;B_1 为一箱自由水向二箱下渗系数;B_2 为二箱自由水向深层下渗系数;H_1 为一箱上层蓄水深;H_3 为二箱自由水蓄水深;S_3 为二箱自由水最大蓄量。

土壤水对产流的影响是很大的,因此在一箱中设置土壤水结构。水箱中的水分自由水和持蓄水两类。持蓄水又分为上层土壤水和下层土壤水，水分的运行原则是：有降雨时，雨水先供给上层，同时逐步供给下层，当第一层达到饱和容量时，剩余水量就是一箱的自由水。一部分下渗到二箱，一部分作为地表径流流出。此外，当上层土壤水不饱和时，二箱中的自由水将以毛管水形式为它补充。因此，这里有两种水分输送关系，上层土壤水向下层土壤水的输送 F_A 和二箱向一箱的上层土壤水的毛管输送 F_B。

其计算分别介绍如下：

$$\left.\begin{array}{ll} \text{当 } H_1 \leqslant S_1 \text{ 时} & F_A = (H_1/S_1 - H_2/S_2)K_1 \\ \text{当 } H_1 > S_1 \text{ 时} & F_A = (1 - H_2/S_2)K_1 \\ \text{当 } H_3 \leqslant Z_5 \text{ 时} & F_B = 0 \\ \text{当 } H_3 > Z_5 \text{ 时} & F_B = (1 - H_2/S_2)K_2 \end{array}\right\} \tag{5-31}$$

式中：H_1 为一箱上层蓄水深；H_2 为一箱下层蓄水深；H_3 为二箱自由水蓄水深；S_1 为一箱上层土壤水最大持蓄量；S_2 为一箱下层土壤水最大持蓄量；K_1 为土壤水上下交换量最大值；K_2 为二箱自由水向一箱输送量最大值；Z_5 为二箱二孔门槛高。

唐君璧等(1991)在岔巴沟流域进行了应用，以 10 min 的计算时段对流域内的 7 次洪水用坦克模型作了模拟，结果表明，洪峰合格率为 85.7%，峰现时间全部合格。该 7 场洪水为 1966 ~ 1969 年洪水，选用资料为自记雨量计资料。检验结果见表 5-7。

表 5-7　坦克模型次洪检验结果

年份	实测洪峰		计算洪峰		峰值误差(%)	峰现误差(min)
	时间(月-日 T时:分)	流量(m^3/s)	时间(月-日 T时:分)	流量(m^3/s)		
1966	07-17T19:20	989	07-17T19:10	1 138	15.07	-10
1966	07-18T0:50	579	07-18T0:20	762	31.61	-30
1966	08-15T20:20	1 520	08-15T20:20	1 470	-3.29	0
1966	08-28T20:00	581	08-28T20:10	486	-16.35	10
1968	08-22T23:30	527	08-22T23:50	604	14.61	20
1969	05-11T16:50	818	05-11T17:10	974	19.07	20
1969	08-20T23:30	420	08-20T23:20	388	-7.62	-10

黄河水利委员会水文局王星宇从黄土地区土壤含水量的消退、产流过程、汇流过程三部分入手，建立了概念性流域数学模型，认为符合实际的土壤蒸发是土壤含水量和蒸发能力的二元函数，随着入渗锋面向下的推移，锋内平均土壤含水量及不同层的前期土壤含水量、毛细管水头高也相应改变，在河网汇流过程中地表水入渗补充地下水源。该模型用于岔巴沟流域的 1960 ~ 1969 年的 6 场洪水模拟，径流深合格率为 65%，洪峰流量合格率为 100%（汇流系数各场洪水不同）。

何姗、夏军等结合无定河水系的岔巴沟流域的气候、植被以及下垫面条件等，探讨了流域产汇流模拟问题。流域产流采用的是超渗产流模式，在每一网格单元上建立数字产流模型；流域汇流由 DEM(数字高程模型)所提取的水流路径和水流路径坡度等信息确定汇流参数,采用等流时线法考虑汇流的滞后效应,应用线性水库法考虑汇流的坦化过程;最后将数字产流模型和数字汇流模型有机结合,建立了数字水文模型,使用该数字水文模型对岔巴沟流域进行了径流模拟,选取1970~1989年的11场洪水,7场洪水用于模型参数率定,4场洪水用于模型检验。通过计算可以看出,出口断面曹坪水文站的计算流量和实测流量过程线比较吻合,模型对峰现时间的把握是比较好的,说明该模型是合理而且可行的,计算具有一定的精度,但模型对洪量的把握并不令人满意,特别是模型检验期,4场洪水有3场洪量误差超过20%。

通过对产洪机制成果的分析,可以得出以下几点认识:

(1)对子洲径流试验站的黄土水分特征、产流超渗、黄土入渗、坡地产流等进行了综合分析,认为岔巴沟流域产流模型为超渗产流,降雨产流的决定条件是雨强超过土壤的入渗能力。

(2)该流域存在压力入渗和自由入渗两种下渗方式,表层土壤充分湿润情况下能够产生地表径流的最小雨强(临界雨强)为0.05~0.15 mm/min。

(3)干旱地区的包气带厚度(地下水埋深)达数十米,但水分变化活动层难以超过1 m,一般降雨只能湿润几厘米至30 cm的表土,下渗水分不能到达深层。

(4)土地利用类型的变化对黄土沟壑地区的降雨径流关系有很大影响,其中耕作措施的使用对降雨径流关系的影响远大于地表覆盖率变化所产生的影响。

(5)关于岔巴沟流域下渗计算模型与产流计算模型的成果很多,主要使用的模型有概念性降雨径流模型及分布式模型。

(6)几乎所有的概念性模型选取的次洪均为1960~1969年的试验资料,时段长度最长为10 min,最短仅为3 min,虽然得出了相对满意的结论,但由于试验停止后现有的雨量观测得不到短历时的资料(历史资料时段长大部分为2 h,甚至更长),且用于参数率定的洪水与现状相隔半个多世纪,下垫面条件已发生了很大的变化,因此原有的研究成果及参数无法应用于目前。

(7)分布式模型选取的次洪为1970~1989年的11场洪水,曹坪水文站的计算流量和实测流量过程线比较吻合,但次洪量相差较大,特别是模型检验期,4场洪水有3场洪量误差超过20%,且未用1989年以后的次洪进行模型检验或验证,模型参数亦无法应用于目前。

5.5 次暴雨产洪驱动力因子分析

影响次洪产流的因素很多,降雨量的时空分布、强度、历时,温度的时空分布,地面植被,土壤水分,土地利用,土壤特征,地形的流域密度,人类活动的影响等,不同的暴雨特性和流域下垫面特性会形成不同的降雨径流过程。

5.5.1 次降雨

5.5.1.1 降雨量

通过建立曹坪水文站历年次洪降雨径流关系,可以看出其降雨径流点据散乱,且为非线性关系,降雨量与径流深相关系数为0.65。

若按系列划分,1960~1969 年、1970~1979 年、1990~1999 年和 2000~2006 年次洪降雨量与径流深相关系数分别为 0. 58、0. 71、0. 93 和 0. 93(1980~1989 年仅 1983 年 1 次大于 100 m^3/s 的洪水,不参与统计),即 1960~1979 年次洪径流深与降雨量关系远没有 1990~2006 年密切。

5. 5. 1. 2 平均雨强

同一降雨量级,产流量相差很大。1966 年与 1994 年洪水(见表 5-8),次洪降雨量均为 50 mm 量级,但径流深相差 3. 4 倍,径流系数相差 3. 8 倍,洪峰相差 8 倍,其主要原因为次洪平均雨强不同,1966 年平均雨强 20. 9 mm 是 1994 年平均雨强 6. 0 mm 的 3. 5 倍,即该流域的降雨径流驱动力因子与雨强密切相关。对于岔巴沟流域这种典型的超渗产流区,产流不仅仅受次洪降雨量的影响,还受降雨强度的影响,即次洪径流深应表达为

$$R = f(P, I)$$

式中:R 为次洪径流深;P 为次洪降雨量;I 为次洪平均雨强。

表 5-8 "19660805"洪水与"19940802"洪水比较

次洪峰	洪峰 (m^3/s)	沙峰 (kg/m^3)	降雨量 (mm)	平均雨强 (mm/h)	次洪径流深 (mm)	次洪径流系数
1966 年 8 月 15 日 21:42	1 520	953	51. 8	20. 9	28. 4	0. 65
1994 年 8 月 2 日 23:42	188	647	50. 3	6. 0	8. 4	0. 17

从表 5-9 可以看出,1960~1969 年、1970~1979 年、1990~1999 年和 2000~2006 年各系列次洪降雨量呈递增趋势,而径流系数递减,究其原因为次洪平均雨强减小,1990~2006年次洪降雨量大而平均雨强较小,特别是 2000~2006 年次洪降雨量为 55. 03 mm,居各系列之首,而平均雨强仅 4. 92 mm/h,为最小值,是 1970~1979 年平均雨强的 36%。由于次洪产流量与平均雨强密切相关,故径流深、径流系数亦为各系列最小值。

表 5-9 各系列次洪特征值统计

系列	降雨量(mm)	平均雨强(mm/h)	径流深(mm)	径流系数
1960~1969 年	39. 33	12. 09	9. 30	0. 28
1970~1979 年	42. 61	13. 82	9. 47	0. 21
1990~1999 年	54. 93	7. 27	12. 26	0. 20
2000~2006 年	55. 03	4. 92	6. 72	0. 16
1960~2006 年	45. 07	10. 58	9. 61	0. 23

考虑次洪平均雨强作次洪降雨量—次洪径流深相关曲线见图 5-12。划分平均雨强 > 15 mm、平均雨强 = 10~15 mm、平均雨强 = 5~10 mm、平均雨强 < 5 mm 四种情况,分别拟合方程,相关系数分别为 0. 87、0. 79、0. 83、0. 93,比不考虑雨强提高了 0. 12~0. 28。另外,从图 5-12 可以看出,在次洪降雨量小于 40 mm 的区域,点据比较散乱,受次洪平均雨强影响不大,而在次洪降雨量大于 40 mm 的区域,同一降雨量,随着平均雨强的增大,次洪径流深亦增加。

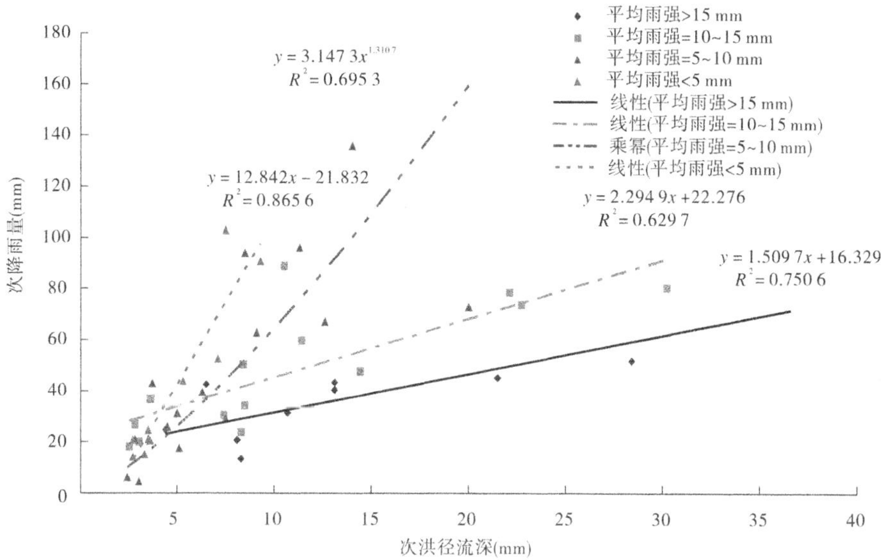

图 5-12　次降雨量—次洪径流深关系(以流域平均雨量为因子)

5.5.1.3　降雨的时空分布

降雨时空分布的不均匀性也决定着次洪径流深、洪峰的大小。对于流域而言,暴雨中心的位置对流域产流量的影响也不容忽视。

比较“19600924”洪水及“19690511”洪水,“19600924”洪水暴雨中心在流域中上游的常家园子沟、耳巷沟、石门沟一带,而“19690511”洪水暴雨中心在下游的蛇家沟、田家沟一带,由于“19690511”洪水的暴雨中心比“19600624”洪水更靠近流域出口曹坪水文站,再加上前者降雨集中、强度大、历时明显偏短,因而虽然“19690511”洪水的次洪降雨量仅有“19660924”洪水的43%,但次洪径流深和洪峰流量却分别是“19660924”洪水的1.54倍和6.34倍。

5.5.2　初始土壤含水量

降雨开始时,流域内包气带土壤含水量的大小是影响降雨形成过程的一个重要因素,取“19940804”洪水、“20010818”洪水进行分析,给出不同的初始土壤含水量,计算洪水过程,见表5-10。

从表5-10中可以看出,随着初始土壤含水量的加大,次洪径流深和洪峰流量相应增加。对于岔巴沟流域,在初始土壤含水量到25~30 mm时,次洪模拟过程趋于平稳,即再加大初始土壤含水量,不会影响次洪降雨径流过程。

5.5.3　人类活动的影响

岔巴沟流域治理开展的较早,20世纪50年代开展流域治理,从降雨径流关系看,20世纪60年代的降雨径流关系散乱,降雨量与径流深的相关程度为0.58。人类活动改变了流域下垫面条件,从而影响次洪降雨径流。

表 5-10　不同初始土壤含水量 P_A 条件下的洪水计算过程

1994 年洪水	实测	$P_A=0$	$P_A=5$	$P_A=10$	$P_A=15$	$P_A=20$	$P_A=25$	$P_A=30$
径流深(mm)	30.2	24.16	26.57	32.32	34.29	35.19	35.19	35.19
洪峰流量(m^3/s)	592	642	651	753	773	779	779	779
径流深相对误差(%)		-20.00	-12.02	7.03	13.53	16.53	16.53	16.53
洪峰流量相对误差(%)		8.45	9.97	27.20	30.57	31.59	31.59	31.59
2001 年洪水	实测	$P_A=0$	$P_A=5$	$P_A=10$	$P_A=15$	$P_A=20$	$P_A=25$	$P_A=30$
径流深(mm)	14.0	9.02	13.63	15.79	17.67	18.75	19.16	19.23
洪峰流量(m^3/s)	242	194	238	241	246	247	247	247
径流深相对误差(%)		-35.57	-2.64	12.76	26.23	33.93	36.82	37.37
洪峰流量相对误差(%)		-19.83	-1.65	-0.41	1.65	2.07	2.07	2.07

本项目对人类活动的影响分析较少，借用黄河水利委员会河南水文水资源局张学成等的研究成果。张学成等用不同系列对比法、双累积曲线法、径流系数还原法、流域水文模拟法、对比分析法等研究人类活动对岔巴沟流域产流的影响，结果发现人类活动条件下的下垫面呈现出更强的储水特性，人类活动条件下的各次平均初始土壤含水量约为自然条件下的两倍；从不同年份降雨情况相似的洪水对比分析看，随着流域治理程度的加深，洪峰流量和洪水径流深有了不同程度的减小，且径流系数呈逐系列（年代）减小的趋势。同时指出，在自然条件下降雨量的时空分布变化对流域产流产生很大的影响，降雨集中、强度大、历时短，暴雨中心更靠近流域出口，则洪峰流量和次洪径流深都较大，反之则小，但在人类活动影响下却未必如此。

5.6　产洪预报模型

目前，国内外概念性流域模型的种类很多，其中较有代表性的有萨克拉门托模型、斯坦福模型、坦克模型及我国的新安江模型、陕北模型等，之前已有很多的研究成果。根据岔巴沟流域的产汇流特点和水文资料情况，本次研究产流模型选用陕北模型，汇流模型选用无因次单位线。

5.6.1　陕北模型

陕北模型又称超渗模型，在陕北地区，由于气候干旱，雨量稀少，地下水位低，包气带缺水量大，一般降雨不可能使包气带蓄满，不会形成地下径流，但由于土壤贫瘠、植被较差、根系统不发达，地面渗透能力小，雨强很容易超过地面下渗能力而形成地面径流。因此，干旱地区的产流方式主要是雨强超过地面下渗能力而形成的地面径流。

陕北模型的基本原理是先考虑点的下渗能力，再用下渗分布曲线分配到面上。

5.6.1.1 霍顿下渗曲线

假定降雨和下垫面条件在计算流域上的空间分布是均匀的，可视为一点来考虑的极小流域的降雨径流模型。

在陕北模型中，影响降雨产流的因素是雨强与初始土壤含水量，对产流起主导作用的是降雨强度与地面下渗能力的对比关系。当雨强小于地面下渗能力时，所有的降雨被土壤吸收，增加土壤含水量，不产流；而当雨强大于地面下渗能力时，吸收率只等于下渗能力，其余部分产流，即

$$\left.\begin{array}{ll}\text{当 } i \leqslant f \text{ 时} & R=0,\omega_t=\omega_0+i \\ \text{当 } i>f \text{ 时} & R=R_s=i-f,\omega_t=\omega_0+f\end{array}\right\} \tag{5-32}$$

式中：i 为减去可能蒸发率后剩余的雨强；f 为地面下渗能力；R 为产流率；R_s 为地面径流；ω_0、ω_t 为时段初、时段末土壤含水量。

下渗透能力的大小，是地表附近土壤含水量的函数，可直接采用代数型下渗方程计算，常用的下渗计算方程有霍顿公式和菲利浦公式，这里我们采用的是霍顿公式。霍顿下渗 $f \sim t$ 关系为

$$f = f_c + (f_0 - f_c)\mathrm{c}^{-kt} \tag{5-33}$$

将 $f \sim t$ 转换为 $\omega \sim t$ 的形式为

$$\omega = f_c t + \frac{1}{k}(f_0 - f_c)(1 - \mathrm{e}^{-kt}) \tag{5-34}$$

联解上两式，消去 t，得到 $\omega \sim f$ 的关系为

$$f = f_c + (f_0 - f_c)\mathrm{e}^{\frac{f_0 - k\omega - f}{f_c}} \tag{5-35}$$

式中：f_0、f_c 分别为土壤最干和最湿时的地表下渗能力；k 为衰减系数；ω 为土壤含水量。

5.6.1.2 下渗能力分布曲线

由于降雨和下垫面在流域上分布的不均匀性，在任何时刻，各点的下渗能力在流域上的分布为抛物线，其公式为

$$\frac{F_A}{F} = 1 - \left(1 - \frac{f'_m}{f_{mm}}\right)^{B_X} \tag{5-36}$$

流域平均下渗能力 f_t 为

$$f_t = \frac{f_{mm}}{1 + B_X} \tag{5-37}$$

式中：f'_m 为流域平均下渗能力为 f_t 时的某一点的下渗能力；f_{mm} 为流域平均下渗能力为 f_t 时流域内最大的点下渗能力；F_A 为下渗能力 $\leqslant f'_m$ 的流域面积；F 为流域面积；B_X 为抛物线指数。

只有在下渗能力小于降雨强度（P_E）的地区才产流，用 R 表示流域产流量，计算公式如下：

当 $P_E \leqslant 0$ 时，不产流，即

$$R = 0$$

当 $P_E > 0$ 时

$$\omega_{t+1} = \omega_t + P_E$$

若 $P_E < f_{mm}$，局部产流：

$$R = P_E - f_t + f_t\left(1 - \frac{P_E}{f_{mm}}\right)^{B_X+1}$$

$$\omega_{t+1} = \omega_t + P_E - R$$

若 $P_E \geqslant f_{mm}$，全流域产流：

$$R = P_E - f_t$$

$$\omega_{t+1} = \omega_t + f_t$$

5.6.2 无因次单位线

降落在流域上的雨水，从流域各处向流域出口断面汇集的过程称为流域汇流，包括坡地汇流和河网汇流两个阶段。流域汇流预报常采用水文学的途径来模拟，直接求出出口断面的流域汇流曲线，目前常用的汇流曲线有单位线、瞬时单位线、综合单位线和等流时线等。

L. K. Sherman 单位线是根据水文资料分析的地面径流单位线，简明易用，效果较好，在水文预报和水文计算中常被采用，同时它的基本概念和假定，对地下径流单位线、坡地单位线和河网单位线也基本适用。

5.6.2.1 基本概念和假定

在给定的流域上，单位时段内时空分布均匀的一次降雨产生的单位净雨量，在流域出口断面所形成的地面（直接）径流过程线，称为单位线。单位净雨深一般取 10 mm，单位时段长可取 1 h、2 h、3 h、6 h 等，视流域大小而定。

单位线法假定净雨在面上分布均匀，将流域作为整体，不考虑内部的不均匀性；又假定净雨与其所形成的流量过程之间的关系符合叠加性，将汇流视为线性时不变系统，所以单位线的定义和假定归纳起来是：集总，线性时不变，即单位线符合倍比和叠加原理。

$$Q_i = \sum_{j=1}^{m} I_j q_{i-j+1} \quad (i = 1,2,\cdots,n;j = 2,3,\cdots,n;1 \leqslant i - j + 1 \leqslant m) \qquad (5\text{-}38)$$

式中：Q 为出口断面时段末流量，m^3/s；q 为时段单位线时段末流量，m^3/s；I 为时段平均净雨量，mm；m 为净雨时段数；n 为时段单位线时段数。

控制单位线形状的指标有单位线洪峰流量 q_p，洪峰滞时 T_d 及单位线总历时 T，常称单位线三要素。

5.6.2.2 单位线的推求

从实测水文资料分析单位线，宜选择一次在时空分布较均匀的短时段降雨所形成的单峰较大洪水来分析。传统的分析方法有分析法、图解法、试错法、最小二乘法，还有 W. M. 赛德尔（W. M. Snyder，1961）迭代法和各种识别方法，这些都属于"黑箱"方法。

每次洪水可分析出一条单位线，流域单位线是多次洪水分别求出的单位线的综合平均值。

单位线应用流域面积的大小，按流域自然地理特征和降雨特征以及要求而定，一般不宜过大。在湿润地区一般应用面积可以大一些，但降雨特征应基本上符合单位线的假定，流域面积分配曲线不宜呈双峰型。

1）原型单位线

原型单位线法是最简单的推求单位线的方法。把一次单独时段降雨所形成的单峰流量过程线的各时段流量值，除以本次洪水的径流量再乘以 10 即得。因为所求单位线的时程分配与原来洪水的一样，故称为原型单位线，计算公式为

$$q(t) = \frac{10}{R}Q_s(t) \tag{5-39}$$

式中：$q(t)$ 为 10 mm 单位线，m^3/s；$Q_s(t)$ 为地面径流过程，m^3/s；R 为本次洪水地面径流量，与一个单位时段的净雨量 I 相等，mm。

2）分析法

对 2～3 个时段净雨量（特别是有一个时段净雨量最大）形成的洪水，宜用分析法推求单位线。式（5-39）可转化为

$$q_i = \frac{Q_i - \sum_{j=2}^{m} I_j q_{i-j+1}}{I_i} \quad (i = 1,2,\cdots,n; j = 2,3,\cdots,n) \tag{5-40}$$

式中符号意义同前。

若 Q 的时段数为 l，则单位线时段数 $n = l - m + 1$。

3）试错法

该法最适用于多时段净雨过程，并有一个时段净雨量最大的情况。首先参考本流域中单独时段净雨量分析的单位线作为第一次假定的单位线 $q(t)$，求出最大时段净雨量以外的各时段净雨量产生的部分地面径流过程，把 $I_1q(t)$、$I_3q(t)$ 错开时段迭加，与总地面径流过程相减，其差值就是最大时段净雨量 I_2 所产生的部分地面径流过程 $I_2q(t)$，乘以 $\frac{10}{I_2}$，就得到一条试算单位线 $q'(t)$。若与第一次假定单位线 $q(t)$ 接近，即为所求。否则将两条单位线相应的纵标平均值作为第二次假定的单位线。重复以上步骤，直到假定单位线与试算单位线基本相符。

实用时，常常分解多次洪水的单位线，对准单位线洪峰后予以平均，以减少分析中的误差。

5.7 预报模型率定与检验

5.7.1 资料选取

按照《水文情报预报规范》（GB/T 22482—2008）的规定，编制洪水预报方案使用的资

料,不少于10年,由于岔巴沟流域20世纪80年代只有一场洪水,60~70年代虽然洪水较多,但离现在时间较长,下垫面条件发生了很大的变化,产汇流规律也相应发生了变化,其模型参数无法应用于现在的洪水,因此选取1990~2006年16场洪水资料,1990~2001年洪水用于率定参数,2004~2006年洪水用于检验,2009年作为模型应用。1990~2006年为整编资料,2007年、2008年无洪水过程,2009年为报汛资料。

5.7.2 时段长选择

预报系统应与报汛资料相匹配,岔巴沟流域的雨量站均为非报汛站,历史资料时间序列不同,时段长也不一样,洪水期以2 h居多,2009年下达的报汛任务书,选取4个雨量站报汛,时段长为1 h,因此降雨径流预报时段长取为1 h。

5.7.3 预报精度评定标准

洪水预报精度评定应包括预报方案精度等级评定、作业预报的精度等级评定和预报时效等级评定等。预报方案精度评定按《水文情报预报规范》(GB/T 22482—2008)进行。方案或模型的确定性系数是洪水预报过程与实测过程之间的吻合程度的指标。

洪水预报精度评定的项目包括洪峰流量(水位)、洪峰出现时间、洪量(径流量)和洪水过程等。可根据预报方案的类型和作业预报发布需要确定。

5.7.3.1 误差指标

洪水预报误差的指标可采用以下3种:

(1)绝对误差。水文要素的预报值减去实测值为预报误差,其绝对值为绝对误差。多个绝对误差值的平均值表示多次预报的平均误差水平。

(2)相对误差。预报误差除以实测值为相对误差,以百分数表示。多个相对误差绝对值的平均值表示多次预报的平均相对误差水平。

(3)确定性系数。洪水预报过程与实测过程之间的吻合程度可用确定性系数作为指标,按下式计算:

$$D_C = 1 - \frac{\sum_{i=1}^{n}[y_c(i) - y_0(i)]^2}{\sum_{i=1}^{n}[y_0(i) - \bar{y}_0]^2} \tag{5-41}$$

式中:D_C为确定性系数,取2位小数;$y_0(i)$为实测值;$y_c(i)$为预报值;$\bar{y}_0$为实测值的均值;n为资料序列长度。

5.7.3.2 许可误差

许可误差是依据预报精度的使用要求和实际预报技术水平等综合确定的误差允许范围。由于预报要素及预报方法的不同,对许可误差作如下规定。

1)洪峰流量许可误差

降雨径流预报以实测洪峰流量的20%作为许可误差,河道流量(水位)预报以预见期内实测变幅的20%作为许可误差。当流量许可误差小于实测值的5%时,取流量实测值的5%;当水位许可误差小于实测洪峰流量的5%所相应的水位幅度值或小于0.10 m时,则以该值作为许可误差。

2)峰现时间预报许可误差

峰现时间以预报根据时间至实测洪峰出现时间之间的时距30%作为许可误差,当许可误差小于3 h或一个计算时段长时,则以3 h或一个计算时段长作为许可误差。

3)径流深预报许可误差

径流深预报以实测值的20%作为许可误差,当该值大于20 mm时,取20 mm;当小于3 mm时,取3 mm。

5.7.3.3 预报项目精度评定

1)合格预报

一次预报的误差小于许可误差时,为合格预报。合格预报次数与预报总次数之比的百分数为合格率,表示多次预报总体的精度水平。合格率按下式计算:

$$Q_R = \frac{n}{m} \times 100\% \tag{5-42}$$

式中:Q_R 为合格率(取1位小数);n 为合格预报次数;m 为预报总次数。

2)预报项目精度等级

预报项目的精度按合格率或确定性系统的大小分为三个等级,见表5-11。

表5-11 精度评定

精度等级	甲	乙	丙
合格率(%)	$85.0 \leqslant Q_R$	$70.0 \leqslant Q_R < 85.0$	$60.0 \leqslant Q_R < 70.0$
确定性系数	$0.90 < D_C$	$0.70 < D_C \leqslant 0.90$	$0.50 \leqslant D_C < 0.70$

5.7.3.4 预报方案精度评定

(1)当一个预报方案包含多个预报项目时,预报方案的合格率为各预报项目合格率的算术平均值。

(2)当主要项目的合格率低于各预报项目合格率的算术平均值时,以主要项目的合格率等级作为预报方案的精度等级。

经精度评定后,洪水预报方案精度达到甲、乙两个等级者,可用于正式发布预报;方案精度达到丙级的,可用于参考性预报;丙级以下者,只能用于参考性预估。

5.7.4 参数率定与检验

5.7.4.1 参数的确定

1)初始土壤含水量的确定

降雨开始时,流域内包气带土壤含水量 ω_t 的大小是影响降雨形成过程的一个重要因素，土壤含水量的实测资料很少，即使有也只能代表点的情况，不能代表土壤含水量在流域分布的复杂规律。因此，水文学上用间接的方法来表示流域的土壤含水量。目前，常用两种方法：一种是指标法，即前期影响雨量（P_a）；一种是定量计算流域蓄水量（ω）法，一般用第一种方法，用下式计算：

$$P_{a,t} = KP_{t-1} + K_2P_{t-2} + K_3P_{t-3} + \cdots + K_nP_{t-n}$$

式中：$P_{a,t}$为 t 日开始时的土壤含水量；P_{t-1}、P_{t-2}、…、P_{t-n}为前 1、2、…、n 日的日雨量；K 为土壤含水量的日消退或折减系数。

K 取 0.85，计算时段 t 取 15 d，但 P_a 并不能代表实际的 ω_t，只是一个反映土壤干湿程度的指标。

2）陕北模型参数确定

陕北模型参数根据经验确定，由选定的洪水率定而得，见表 5-12。

表 5-12　陕北模型参数率定结果

流域平均最大下渗能力 F_0（mm/h）	110
流域平均稳定下渗能力 F_c（mm/h）	24
下渗能力衰减系数 K	8.1
流域下渗分布曲线指数 B_X	1.0

3）无因次单位线

按照主雨时段的雨强，分别作了 4 种单位线，见表 5-13。

表 5-13　无因次单位线

降水强度（mm/h）	单位线数值
$i>10$	0.1、3.2、1.2、0.2、0.02、0.01、0
$i>7$	0.1、5.0、1.2、0.2、0.02、0.01、0
$i>5$	0.1、11.0、1.2、0.2、0.02、0.01、0
$i<5$	0.1、20.0、1.2、0.2、0.02、0.01、0

5.7.4.2　参数率定与检验结果

岔巴沟曹坪水文站参数率定与检验结果见表 5-14。

从表 5-14 中可以看出，率定期洪峰流量的合格率为 66.7%，但径流深、峰现时间合格率分别为 58.3%、16.7%，洪水过程拟合较差，次洪确定性系数均在 0.50 以下；检验期洪峰流量的合格率为 75%，径流深合格率仅 25%，峰现时间合格率为 50%，洪水过程拟合较差，次洪确定性系数均在 0.5 以下。按照《水文情报预报规范》（GB/T 22482—2008）的规定，所做模型只能用于参考性预估，不能用于实时作业预报。

表 5-14　岔巴沟曹坪水文站参数率定与检验结果

	序号	年份	实测洪峰		预报洪峰		误差		
			时间（月-日 T 时:分）	流量（m^3/s）	时间（月-日 T 时:分）	流量（m^3/s）	洪峰（%）	径流深（%）	峰现时间(h)
率定期	1	1991	06-07T18:54	573	06-07T19:00	459	-19.90	-11	0.10
	2	1992	08-27T23:36	132	08-27T23:00	83	-37.12	-9	-0.60
	3	1994	08-02T23:42	188	08-03T01:00	315	67.55	32	0.80
	4	1994	08-04T20:00	592	08-04T21:00	651	9.97	12	1.00
	5	1995	08-26T8:00	210	08-26T09:00	235	11.90	22	1.00
	6	1995	09-02T23:48	370	09-03T01:00	313	-15.41	-30	1.20
	7	1996	06-26T18:30	108	06-26T19:00	119	10.19	8.6	0.50
	8	1996	08-01T2:00	315	08-01T03:00	402	27.62	21	1.00
	9	1998	07-13T0:48	121	07-13T02:00	142	17.36	12	1.20
	10	1999	07-20T15:12	145	07-20T16:00	166	14.48	-10	0.80
	11	2000	07-04T10:18	214	07-04T11:00	206	-3.74	19	0.70
	12	2001	08-18T21:48	242	08-18T23:00	234	-3.31	31	1.20
检验期	1	2004	07-26T0:48	119	07-26T02:00	160	34.4	22	1.20
	2	2006	08-12T17:00	116	08-12T17:00	110	-5.17	16	0.00
	3	2006	08-25T17:12	155	08-25T19:00	149	-3.87	-27	1.80
	4	2006	08-30T6:00	154	08-30T07:00	169	9.74	21	1.00

各场次洪水模拟过程见图 5-13～图 5-28。

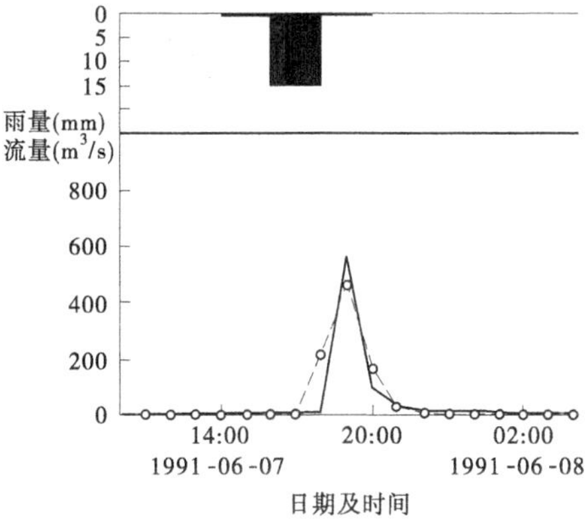

图 5-13　“19910607”洪水模拟

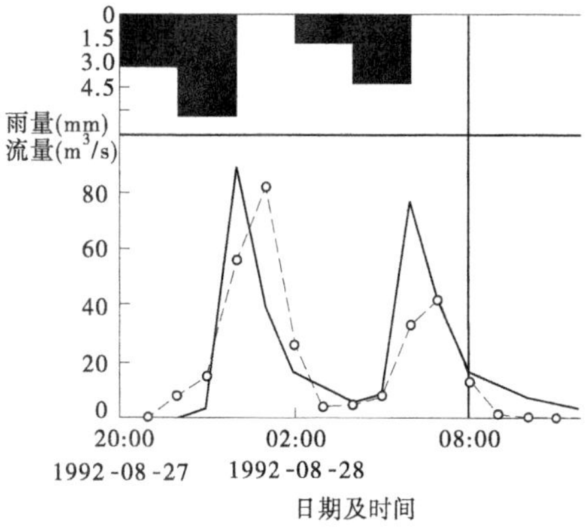

图 5-14　“19920827”洪水模拟

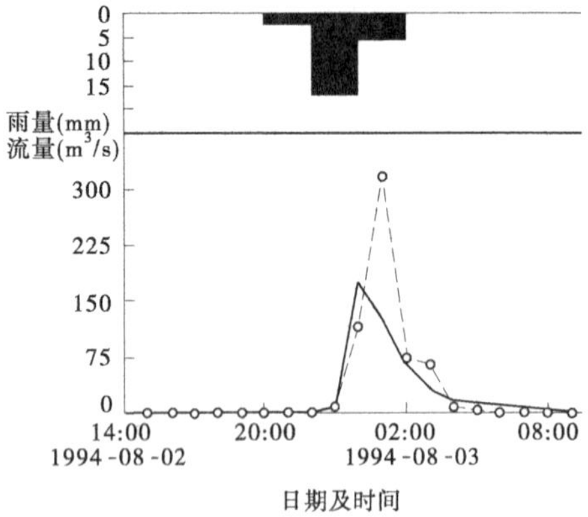

图 5-15 "19940802"洪水模拟

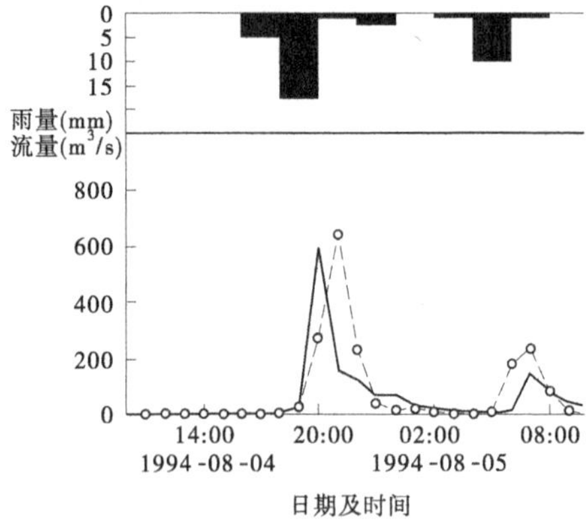

图 5-16 "19940804"洪水模拟

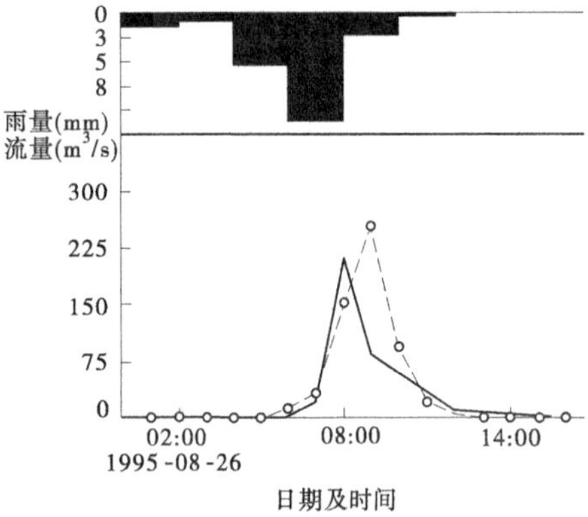

图 5-17 "19950826"洪水模拟

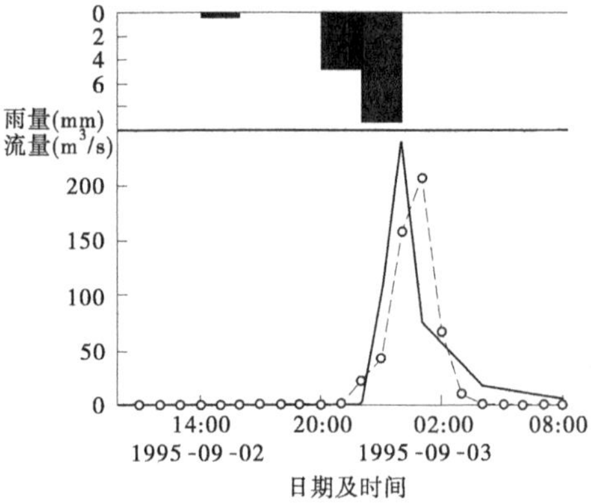

图 5-18 "19950902"洪水模拟

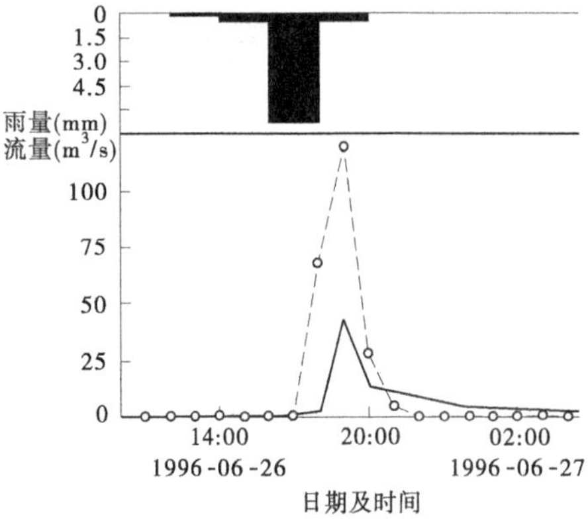

图 5-19 "19960626"洪水模拟

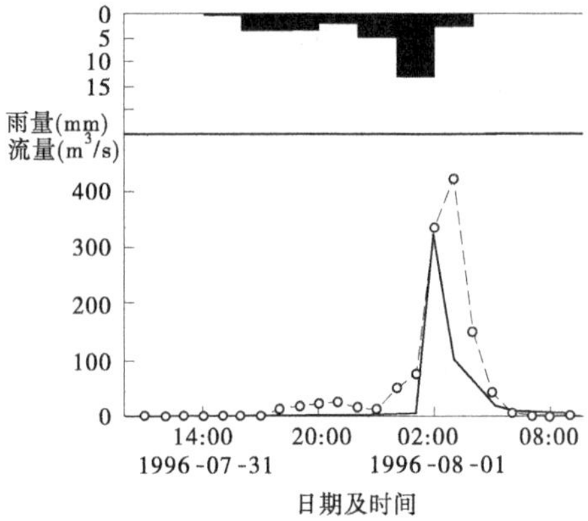

图 5-20 "19960801"洪水模拟

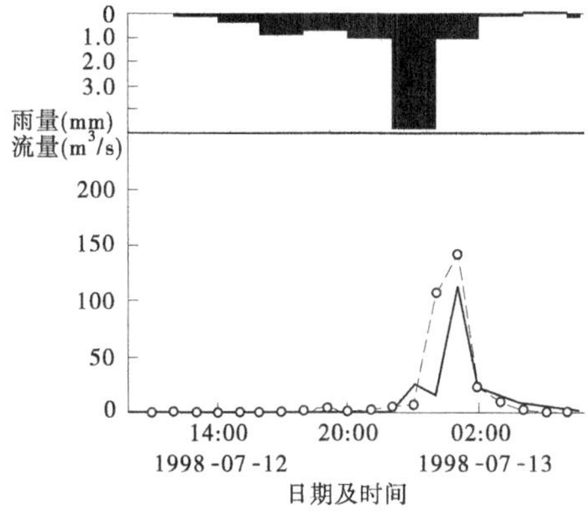

图 5-21 “19980712”洪水模拟

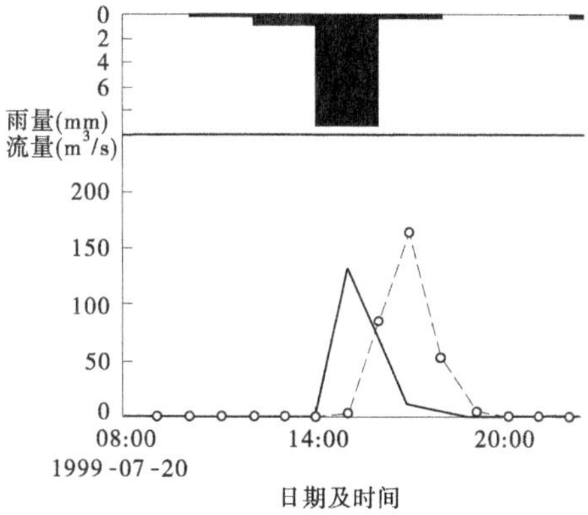

图 5-22 “19990720”洪水模拟

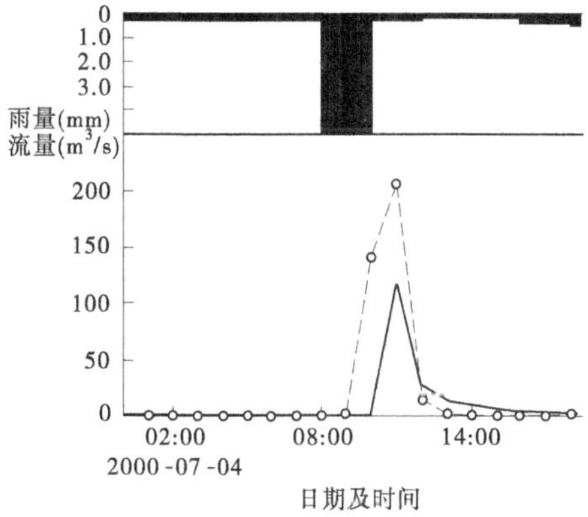

图 5-23 “20000704”洪水模拟

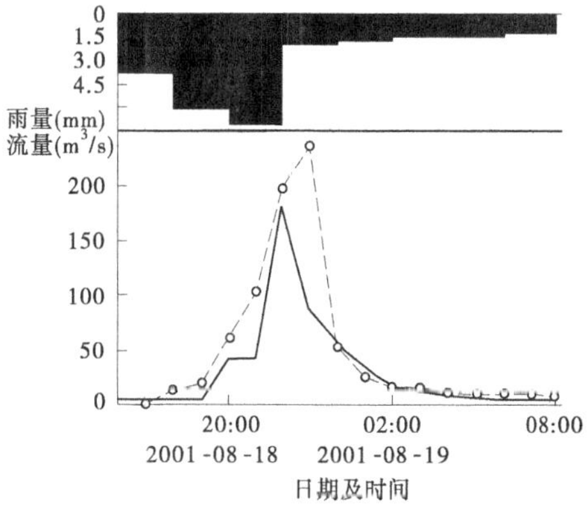

图 5-24 “20010818”洪水模拟

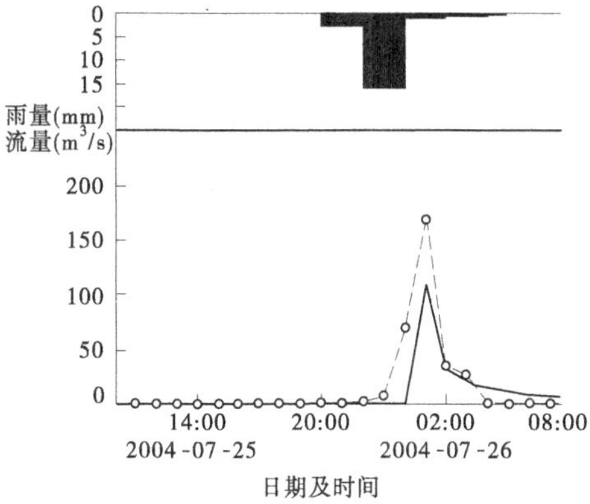

图 5-25 “20040725”洪水模拟

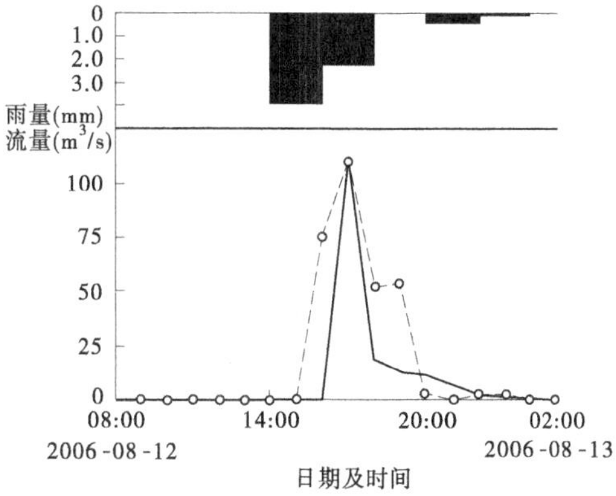

图 5-26 “20060812”洪水模拟

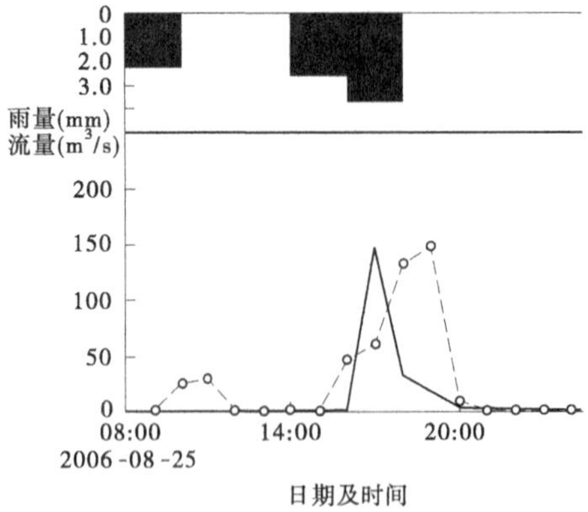

图 5-27 "20060825"洪水模拟

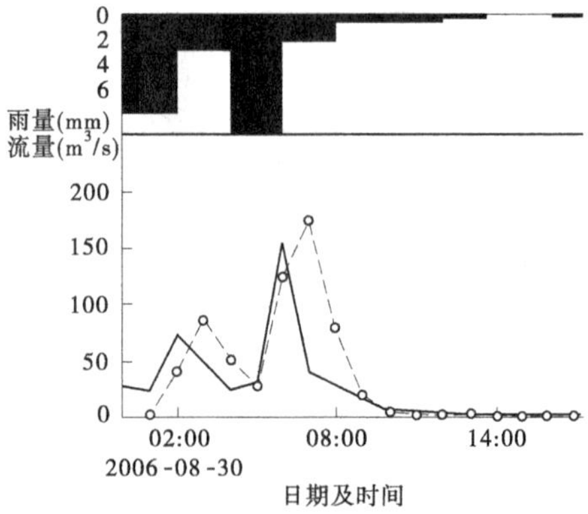

图 5-28 "20060830"洪水模拟

5.7.5 应用情况及评价

2009 年 7 月 19～20 日,岔巴沟流域有一次降雨过程。19 日 17:48,曹坪水文站洪峰流量 621 m^3/s,19 日 18:24,最大含沙量 549 kg/m^3。本次洪水特征值见表 5-15。

表 5-15 2009 年 7 月洪水特征值

洪峰流量(m^3/s)	洪峰出现时间(月-日 T 时:分)	沙峰(kg/m^3)	沙峰出现时间(月-日 T 时:分)	径流深(mm)	降雨量(mm)	平均雨强(mm/h)	涨洪历时(h)	径流系数
621	07-19T17:48	549	07-19T18:24	9.69	41.55	12.5	0.3	0.23

雨洪沙过程线见图 5-29。

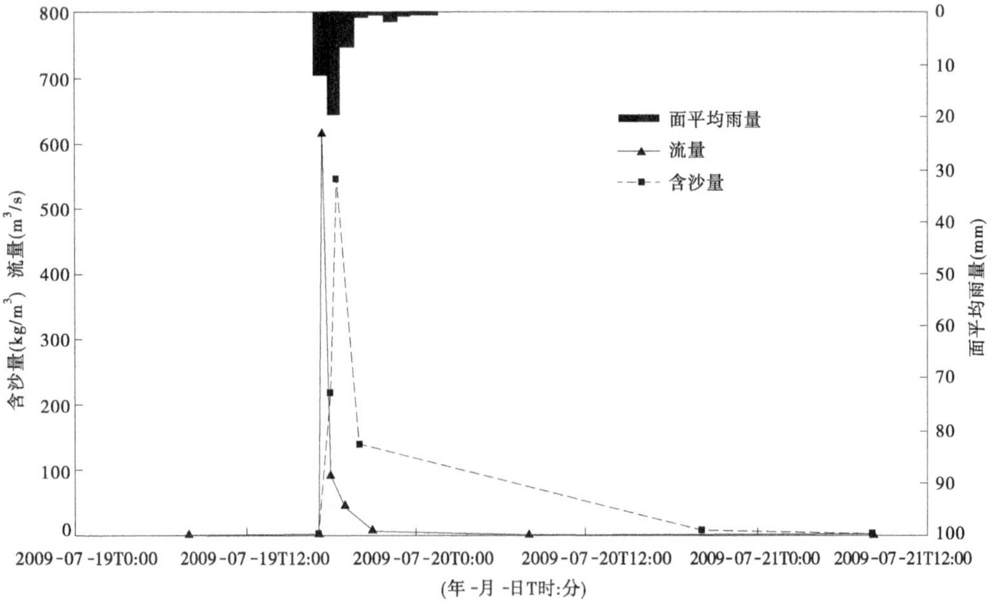

图 5-29 2009 年曹坪水文站降雨量、流量、含沙量过程线

本次洪水整个洪水过程仅 4 h,而流量从 0.121 m^3/s 涨至 621 m^3/s 仅 18 min,洪峰先于雨峰出现。各雨量站降雨过程见图 5-30,本次降雨暴雨中心在流域出口曹坪一带,曹坪水文站 19 日 17:00～19:00 降雨量为 66 mm,最大雨强 30.4 mm/h,田家沟桃园山站最大雨强 35.0 mm/h。

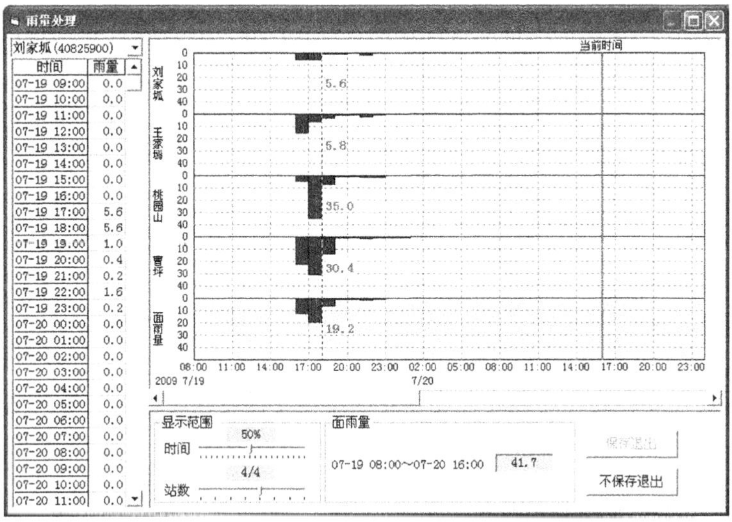

图 5-30　2009 年 7 月洪水报汛雨量站降雨量

启用预报系统,流量预报过程见图 5-31,预报洪峰流量 470 m^3/s,峰现时间为 7 月 19 日 19:00,预报径流深 10.79 mm,预报误差统计见表 5-16。

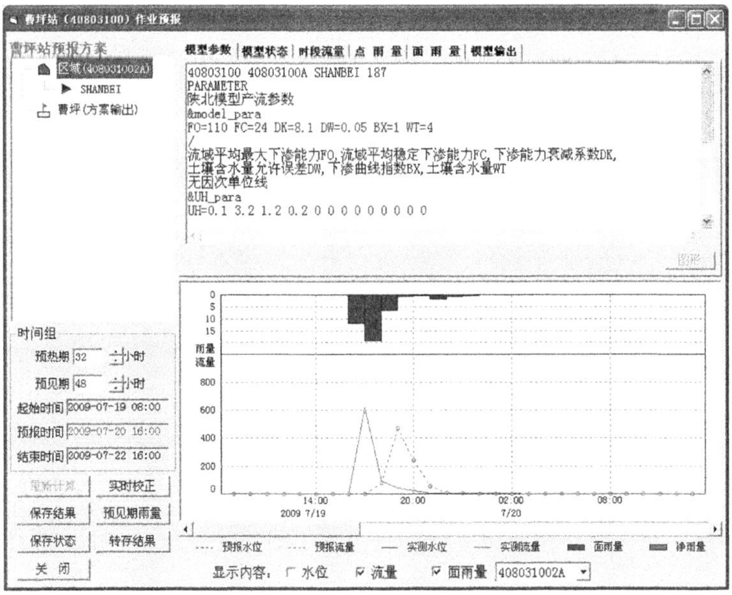

图 5-31　2009 年 7 月洪水流量预报

表 5-16　预报值误差统计

实测洪峰		预报洪峰		误差		
时间（月-日 T时:分）	流量（m^3/s）	时间（月-日 T时:分）	流量（m^3/s）	洪峰（%）	径流深（%）	峰现（h）
07-19T17:48	621	07-19T19:00	470	-24.3	11.3	1.3

从表5-16中可以看出，洪峰流量的相对误差为24.3%，径流深的相对误差为11.3%，峰现时间误差为1.3 h。预报洪水与实测洪水相比，峰低量大且洪峰滞后，预报峰形虽与实测洪峰相似，但由于预报洪峰滞后，导致本次洪水流量预报过程确定性很低。

为了进行实时作业预报，需要参考雨量站实际报汛时段长，降雨径流预报模型时段长取为1 h，而1990～2006年洪水涨洪历时最长4 h（"20060830"洪水），最短仅0.3 h（"20000704"洪水），平均1.6 h。陕北模型虽然用下渗能力分布曲线考虑了下渗能力在流域上的不均匀分布，但由于干旱地区降水的时空分布极不均匀，要使计算精度提高，必须在降雨资料许可的条件下尽可能使计算时段长取的短；同时单位线也需要考虑峰形的控制，一般取涨洪历时的1/3～1/4。因此，本次研究的计算时段长需要缩短。

第 6 章　流域产沙分析及预报模型建立

黄河中游黄土高原区典型流域产沙预报研究，历来都是一项非常重要的工作，同时是一个非常复杂而且争论较大的问题。过去的许多研究者对这项研究工作的复杂性认识不足，所得出的成果远远没有达到可以用于作业预报的程度；还有些研究成果被直接用于水利和水保措施的减水拦沙作用估计，所得结果也差异甚大。目前，由于降雨过程和产洪产沙关系的多变性，水利水保工程措施的多样性，以及地面沟道形态的复杂性，加之观测资料的缺乏，计算方法不够完善，预报精度有待提高，直接用于水土保持减水减沙作用的计算，很多问题还需要深入研究。黄土高原不仅是世界上水土流失极其严重的地区之一，而且由于黄土高原尤其是多沙粗沙区自然环境与社会环境非常复杂，产沙地层的多样性与侵蚀类型的多样性相互耦合，流域系统产洪产沙过程的非线性特征非常突出，侵蚀过程对地貌边界条件和动力条件的变化反映敏感，因而其水土流失规律也是极其复杂的。要达到水土保持有效的治理目标，迫切需要在典型流域水土流失机理和产洪产沙规律的研究上取得重大突破，必须要优化黄土高原水土流失治理方案以及预估水土流失发展趋势的技术手段。然而，目前关于黄土高原水土流失的很多规律还未被人们所认识，仍没有建立起可以在黄土高原尤其是多沙粗沙区直接使用的可用于作业预报的水土流失数学模型。在流域规划、设计方案优化，水土保持综合治理的减水减沙效益评价，黄河水沙调控体系运行参数的获取以及水土保持管理方面仍缺乏先进的预报手段，直接制约了黄土高原多沙粗沙区典型流域水土流失治理的进一步开展。

尽管存在许多困难，但这项研究工作却是黄河治理与建设所迫切需要的。只要依靠踏实工作，依靠现代科学技术，加强观测研究，在弄清实际情况的基础上，分析流域暴雨的产洪、产沙过程特性、降雨量时空变化特性、土壤分布变化特性、典型流域汇流特性及流域产沙特性等内容。总结和分析前人的有关研究成果，阐明黄土丘陵沟壑区自然条件下及现状条件下的产洪产沙特性，就有可能找到合理的产洪产沙预报方法。

6.1　次洪水的泥沙特性分析

选取次洪水的标准为洪峰流量大于 100 m^3/s 的洪水，经统计，1960 ~ 2006 年，岔巴沟流域曹坪水文站发生洪峰流量大于 100 m^3/s 的洪水总数为 51 次，见表 5-1 和表 5-2。

6.1.1　次洪沙量

6.1.1.1　插补含沙量

由于洪水水文要素中含沙量资料明显少于流量资料，首先按线性内插方法编程插补含沙量，使每一个流量都有对应的含沙量。

6.1.1.2 计算次洪输沙量

将相同时刻的流量和含沙量相乘，得到相同时刻的输沙率，再采用面积包围法即可计算出次洪输沙量，公式如下：

$$W = \frac{(Q_{s1} + Q_{s2}) \times \Delta t_1}{2} + \frac{(Q_{s2} + Q_{s3}) \times \Delta t_2}{2} + \cdots + \frac{(Q_{s_{n-1}} + Q_{s_n}) \times \Delta t_{n-1}}{2}$$

$$= \frac{(Q_{s1} + Q_{s2}) \times (t_2 - t_1)}{2} + \frac{(Q_{s2} + Q_{s3}) \times (t_3 - t_2)}{2} + \cdots + \frac{(Q_{s_{n-1}} + Q_{s_n}) \times (t_n - t_{n-1})}{2} \quad (6\text{-}1)$$

式中：Q_{s1}为t_1时刻的输沙率；Q_{s2}为t_2时刻的输沙率；…；依此类推。

曹坪水文站次洪输沙量计算结果参见表5-3。入选的51场洪水平均次洪输沙量为107.2万t，最大次洪输沙量为532.5万t，发生在1966年7月17日洪水。1966年径流量为1 330万t，“19660717”洪水输沙量占当年输沙量的40.0%。最小次洪输沙量为14.42万t，发生在2004年7月26日洪水。

6.1.2 次洪量与沙量关系

沙峰滞后于水峰的洪水有32次，占洪峰总数的62.8%；水沙峰同时出现的洪水有10次，占洪峰总数的19.6%；沙峰超前于水峰的洪水有9次，占洪峰总数的17.6%。

曹坪水文站入选洪水次洪径流量输沙量关系见图5-7，相关系数为0.948 7，表明岔巴沟水域次洪径流量输沙量相关关系很好。

6.1.3 径流量与年输沙量关系

由图6-1可知(1960～2006年资料，缺1968～1970年资料)，岔巴沟流域年径流量与年输沙量双累积曲线斜率变化较大，1960～1967年、1971～1978年、1979～1988年、1989～1996年和1997～2006年双累积值基本为直线，1960～1967年双累积曲线斜率最大，1971～1978年双累积曲线斜率减小，1979～1988年双累积曲线斜率进一步减小，1989～1996年双累积曲线斜率又增大，接近到20世纪60年代水平，1997～2006年双累积曲线斜率又减小。表明岔巴沟流域不同系列年径流量与输沙量关系受流域治理状况影响很大。

岔巴沟流域曹坪水文站1959年开始水文观测，并有杜家山、和民塌、马虎塌等十几个雨量站。1959～1970年多年平均径流量、输沙量分别为1 150万m^3、415万t。

6.1.4 水土保持对产沙的影响

岔巴沟处于黄河中游多沙粗沙区，流域水土保持综合治理力度大，因而人类活动的影响主要体现在水土保持工程的影响上。流域治理工作始于1959年，治理措施以治沟为主，治坡为辅；工程设施为主，生物措施为辅。治沟措施以修建小型淤地坝为主。岔巴沟流域自20世纪50年代就开始建坝淤地，至1970年前建有坝库139座，坝高多在10 m以下，库容多在5.0万m^3以下，拦蓄能力一般在较大洪水后失去。1970年北方农业会议

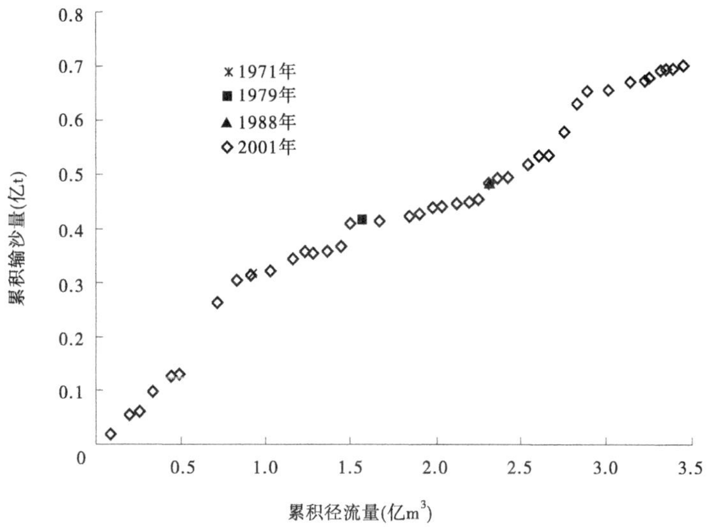

图 6-1　岔巴沟流域曹坪水文站年径流量与年输沙量双累积曲线

后,大规模农田基本建设蓬勃发展,截至 1978 年底全流域共建坝库 451 座,总库容达 2 548 万 m^3。在全流域范围内,骨干坝与一般坝结合,大坝和小坝结合,基本是小沟有小坝,大沟有大坝,实现沟沟都有坝,在当时为黄河中游区以库坝体系治理流域的典型之一。截至 1993 年汛前,其中 217 座坝库已淤满,227 座坝库被冲毁,到 1993 年汛前仅剩 30 座。淤积主要发生在 1978 年以前,由于暴雨水毁等原因,坝库的拦水拦沙能力正在衰减,而冲刷量却在增加。自 1983 年开始,岔巴沟流域被列入无定河重点治理区,主要进行以治坡为主的梯田、造林、种草建设,治沟工程基本上没有修建。流域坡面治理以种草、植树、修筑水平梯田的形式进行。

该流域进行过 5 次坝库淤积测量,测量时间分别为 1977 年汛前、1977 年汛后、1978 年汛后、1993 年汛前和 2001 年汛前。流域内 2000 年梯田、坝地、造林、种草情况分别为 2 747 hm^2、233 hm^2、7 347 hm^2 和 747 hm^2。

岔巴沟流域建有 366 座淤地坝(2001 年数值,1978 年曾达到 451 座),坝库措施很多,但坡面措施很少,对水沙影响主要是以沟壑坝库为主。

6.2　产沙过程

产沙过程包括土壤表面土壤颗粒(初生和团聚颗粒)的分离、颗粒的顺坡输移和最终沉积。

产沙过程包括如下两个阶段:高地阶段和低地河流阶段(或者简称河流阶段)。高地阶段发生在流域山地区域,在这里径流成分主要为地表径流。高地包括山坡和河滩地,其主要土壤颗粒为黏土和沙土。降雨特征在确定高地阶段产沙中起着重要作用。影响高地产沙的主要因素有土壤特征、气候、植被、地形、人类影响。土壤特征主要包括质地、构造、渗透性、致密度和下渗能力。渗透性和下渗能力影响径流,其余因素决定土壤受雨滴溅击和水流冲击时的特征。降雨特征、温度和降雪是主要气候因素。雨强、雨量、历时和时空分布可能是多数流域的最重要因素,但当冰冻和融化循环经常产生时,温度也很重要。植被覆盖及其密度、范围和高度为重要特征。植被消耗雨滴能量、滞蓄水量,通过根部作用影响渗透性,通过散发影响土壤含水量。主要地形特征是坡度、坡长、坡度构造和坡面特征。土地利用、建筑工程和农业活动是影响产沙的人为因素。

河道阶段接收高地产沙。河道定义为通过水流的河谷,河谷的物质组成为河流的前期现代地质沉积。河流一般是曲折的。河道的主要特征是横断面形状沿水流方向变化迅速且摆动游荡。降雨对河道产沙的影响极小。流速、水流深度、河道坡度、冲泻质、水温、平均跌水直径、粒径分布、水力糙率、河床演变、断面面积、流量、含沙水流的黏滞度和密度、河床渗透力是影响河道产沙的相关变量。其中一些变量相互依赖,依赖的细节尚未完全认识,但对其中的大部分重要变量曾进行了广泛研究。河道水流通常将高地侵蚀提供的细颗粒物质(≤0.062 mm)全部输移出境。

6.2.1　高地侵蚀的阶段

水流产生的高地侵蚀可分为三个阶段,这三个阶段顺序发生并在空间上逐步扩展。

第一阶段是片蚀,即在泥沙厚度均匀的整个面上成层脱离。第二阶段是细沟侵蚀,为汇流水路发展的结果。沟(细沟)是侵蚀阻力在面上的不均匀性和高程及坡度的微小变化而造成的,农业耕作可以很容易地使其平整。第三阶段是切沟侵蚀。细沟中的水流汇入切沟,后者是相对稳定的地形特征。降雨对切沟泥沙脱离和输移的影响可以忽略不计。这些阶段称为侵蚀源(源侵蚀)。

根据侵蚀泥沙的来源把高地侵蚀划分为两个阶段:①沟间侵蚀;②细沟侵蚀。径流在可侵蚀土壤表面细沟中汇集,可定义为汇流。在这些细沟产生的侵蚀为细沟侵蚀,细沟间产生的侵蚀为沟间侵蚀。这种分类类似于将流域径流分为地面径流和河道水流。

6.2.2　高地侵蚀机制

在土壤侵蚀定义(Ellison,1947 年)的基础上,泥沙的脱离与输移分为四个过程:①雨滴溅击下分离;②雨滴飞溅传输;③径流作用下分离;④径流输运。尽管这些过程并不在所有区域产生,但每一过程在总侵蚀过程中都发挥作用。在高地侵蚀的各阶段,起主要作用的泥沙脱离和输移模式不同。例如,雨滴溅击是影响沟间侵蚀率的主要因素;径流飞溅量只占总土壤移动的很小一部分。径流在确定细沟侵蚀率中居支配地位。

6.3　产沙模拟

许多产沙模型用于处理土壤和水资源问题。以要解决的水土问题为基础进行分类:①侵蚀控制规划;②水资源规划和设计;③水质模拟。模型的复杂性一般由问题的性质决定。一些问题需要简单模型,而另一些问题需要复杂模型。时空尺度、费用、工程预期寿命、所需精度、风险、可用资料是建模所需考虑的因素。

农田侵蚀控制规划、基本建设、矿物回收、森林管理可能需要最简单的模型。这些应用所需估计的仅为年平均土壤损失。时间尺度为年、区域小、低造价、短时间、低风险是应用简单模型的条件。另外,临时沉沙池设计、大坝设计、水利工程对滩地和河道的冲淤影响评价等需要精度较高且较为复杂的模型。类似地,水质问题所需的产沙模型依赖于待模拟的水质成分。对高毒性化学,需要用较短的时间步长描述降雨径流过程中毒性物质的含量变化,因而需要较详细的模型;对其他化学物质(如营养物质),时间步长可以加长,因而所需模型也较简单。

可以把产沙模型分为两类:经验模型和概念模型。

6.3.1 经验模型

经验模型的基础是观测。可用标准曲线拟合法建立产沙量与对其有重大影响的因素之间的关系。但关系中的参数很少有物理意义。

Musgrave 方程是最早成功应用于侵蚀控制的规划方程。土壤侵蚀与土壤可侵蚀性、植被、坡度、坡长和雨强的关系可表示为

$$A = CRS^{1.35}L^{0.35}P_{30}{}^{1.75} \tag{6-2}$$

式中:A 为长期平均沟蚀和片蚀损失值;C 为土壤侵蚀因数(可侵蚀性因子);R 为相对土壤覆盖因数(作物管理因数);S 为坡度;L 为坡长;P_{30} 为重现期为两年的 30 min 降雨量。

该方程是包括降雨因数的 Com Belt 方程。它广泛应用于计算减洪方案的流域土壤损失。当时间较短时,径流对泥沙输移极为重要,而此方程缺少该项,可能产生较大误差。

6.3.2 概念模型

概念模型建立在空间集总形式水沙连续方程和一些经验关系的基础上。尽管高度简化,仍试图用合理的方法去模拟产沙过程或成分。总之,概念性产沙模型类似于概念性地表径流模型。

6.3.2.1 含沙量过程(SCG)

通常,用与径流类似的方法可观测次暴雨河流悬移质含沙量的增大与减小。含沙量大小与流量有关,最大含沙量可以早于或迟于洪峰流量,也可与最大流量同时发生。一般情况下,含沙量从开始到洪峰附近迅速增大,并随流量消退而减小,但减小的速度比增大的速度小,而且尾部很长。随着流量和含沙量连续减小,可达到某点,该点的含沙量对上涨期输沙来说可忽略不计。在小流域,此现象通常发生在峰后几小时。含沙量通常在涨水段产生起伏,但在落水段则均匀减小。

可在此基础上提出用类似于单位线的假设推导悬移质含沙量过程。用河流大量次暴雨过程考察流量过程和相应悬移质含沙量过程,发现含沙量过程分布类似于流量过程分布。可用与流量相同的方法构造含沙量过程。简单概括有如下步骤:

(1)选择次径流过程,其点据可控制含沙量、河流泥沙和流量变化。在同一图中绘制三个量的过程曲线。

(2)选择一条含沙量基线,它给出上涨前含沙量值。

(3)在实测含沙量中分离含沙量基线,以期给出径流过程的含沙量。

(4)绘制上一步骤确定的含沙量与时间关系线,此图的时间自起涨时开始,到含沙量

低至可忽略河流泥沙时。

(5)把时间任意划分成大量时段。选定合适时段长度,对每个时段确定平均含沙量。

(6)所有时段的平均含沙量求和。

(7)计算各时段含沙量占总含沙量的百分比。

(8)绘出百分比含沙量与时段的关系线。

此即为相应于涨水期(地表径流开始和其洪峰出现时间之间的时间)或净雨历时(为单位历时)悬移质泥沙的过程分布。这里隐含的假定为净雨时空均匀。

研究发现,过程分布的形状是涨水历时和净雨强度的函数。显然含沙量过程分布与土地利用、植被覆盖、土壤含水量、降雨特征、季节等有关。为应用悬移质泥沙的过程分布法计算悬移质泥沙,需要流量过程线和涨水期测量的悬移质含沙量。若知道洪峰处或其稍后的含沙量则更好,因为涨水段的含沙量可能发生振荡。如果流量过程有两个峰,则相应的含沙量均需知道。给定含沙量和按洪峰得出的过程分布,可获得各峰含沙量过程。如果两峰重叠,分别计算各自的含沙量曲线,图形相加可得到整个过程的含沙量曲线。

6.3.2.2 泥沙单位线(USG)

现在已将单位过程线法进行推广,直接推导出小流域的泥沙单位线(USG)。因而USG建立在与单位过程线类似的假设基础上。USG中河流泥沙只是冲泻质泥沙,可用下边的表述定义(USG)为:对给定历时、在整个流域分布的标准单位的单位泥沙过程线,类似于同一区域单位线(流量)分析的1个单位净雨的单位线。

按上述定义,USG和经验单位线(UH)的推导相似。

USG随净雨强轻微变化。如果暴雨产生的冲泻质泥沙已知,可用它得到泥沙过程。该方法用所谓的序列过程确定泥沙过程。此法的优势在于净雨历时可忽略,但需要先构造序列过程,因此此法不能扩展到无控流域。

6.3.2.3 瞬时泥沙单位线(IUSG)

进一步扩展瞬时单位线(IUH)概念,用瞬时泥沙单位线(IUSG)确定流域输沙量。IUSG类似于IUH,因而有同样的限制。它可定义产生单位径流的瞬时降雨脉冲产生的泥沙过程分布,可考虑为IUH与含沙量分布的积:

$$h_s(t) = h(t)C(t) \tag{6-3}$$

式中:h_s为瞬时单位泥沙。

IUH的基本假设是h随净雨量V_Q线性变化。类似地,IUSG假设C也随V_Q线性变化。因此,暴雨输沙量G_s可由与源径流增量的平方作卷积求出。

6.4 黄土高原区产沙模型分析

黄土高原地区主要覆盖着土质疏松、多柱状孔隙的马兰纪黄土,裸露的岩石主要为三叠纪的砂岩、砾岩和泥页岩。由于水力侵蚀作用,地表被切割成许多沟壑纵横、丘陵起伏、面积为10~100 km^{2}的沟道小流域。图6-2为典型小流域的横剖面,其侵蚀地貌形态一般以峁边线为界,峁边线以上为沟间地,以下为沟谷地。沟间地一般为耕地,坡度平缓,为10°~35°。沟谷地包括沟坡区及沟床等。沟坡地形复杂,坡面破碎,有坡度大于60°的悬崖和40°~60°的荒坡，也有少量25°~35°的耕地。

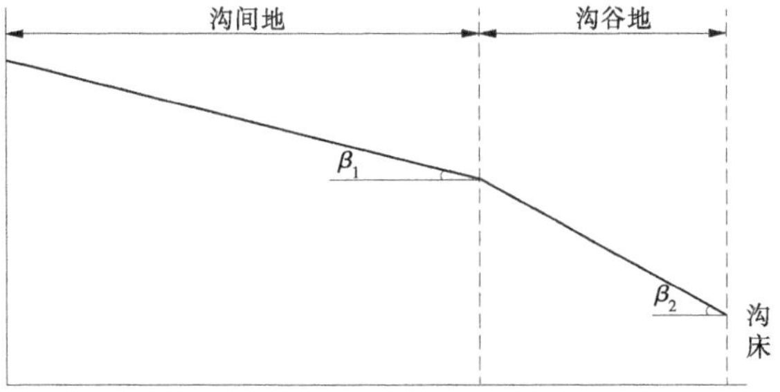

图6-2　黄土高原地区典型小流域横剖面

在沟间地，地面径流在漫流过程中将雨滴击溅起的泥沙和风积沙土及疏松的表土向低处输送，形成面蚀。在沟谷地的沟坡区，由于坡度很陡，水流（直接径流、地面径流和壤中流）汇入后，除发生水力侵蚀外，还会发生强烈的重力侵蚀，引起崩塌、滑坡和沟头后退。在沟道，水流对由结构松散的泥岩组成的沟壁形成冲刷，使上层砂砾岩悬空，发生断裂塌落，是沟壁重力侵蚀的主要形式。为简化计算而将沟间地和沟坡区的缓坡产沙统称为面蚀产沙，重力侵蚀和沟床冲刷称为沟道产沙。

6.4.1　面蚀产沙

认为降雨形成的地面径流在由坡顶向下流动的过程中，泥沙呈层状剥蚀，泥沙随水流的运动符合推移质运动规律，为此采用有物理概念的恩格隆（Engelond）推移质计算经验公式，计算坡面上单位宽度的输沙率。

$$g_b = \Phi \gamma_s d \sqrt{\frac{\gamma_s - \gamma}{\gamma} g d} \tag{6-4}$$

其中：

$$\Phi = A(\theta - \theta_c)(\theta - 0.7\sqrt{\theta_c}) \tag{6-5}$$

$$\theta = \frac{\tau_0}{(\gamma_s - \gamma)d} \tag{6-6}$$

$$\theta_c = \frac{\tau_c}{(\gamma_s - \gamma)d} \tag{6-7}$$

式中：A为经验系数；γ_s为土壤比重（通常取$\gamma_s = 2.650\ kg/m^3$）；γ为水的比重；g为重力加速度；d为泥沙中值粒径；τ_0为驱动力；τ_c为被动力。

通过对单位坡面面积上的泥沙的受力分析得到：

驱动力：
$$\tau_0 = \gamma h J_1 + (\gamma_s - \gamma) d \sin\beta_1 \tag{6-8}$$

被动力：
$$\tau_c = f(\gamma_s - \gamma)d + c \tag{6-9}$$

式中：β_1为面蚀区的平均坡度；J_1为面蚀区的平均比降，$J_1 = \tan\beta_1$；f为摩阻系数；c为黏结力。

由于认为坡面水流为层流，则坡面流的阻力规律可用达西－魏斯巴宴（Darcy－Weisboch）阻力定律来表示。即坡面流速为

$$v = \sqrt{hJ_1 8g/f_1} \tag{6-10}$$

式中:h 为径流水深;f_1 为摩擦力因子。

f_1 与雷诺数 Re 的关系为

$$f_1 = k/Re \tag{6-11}$$

式中:k 为反映表面特征的参数。

可根据坡面情况选用 $Re=300$。

通过对坡面水流的分析,可以得出距离坡顶 x 处的单宽流量为

$$q = \int_0^x \frac{\partial q}{\partial x}\mathrm{d}x = xR_s\cos\beta_1/\Delta t \tag{6-12}$$

由式(6-10)和式(6-12)可以求得距离山顶 x 处的径流水深为

$$h = \left(\frac{xR_s\cos\beta_1}{\Delta t\sqrt{8gJ_1/f_1}}\right)^{2/3} \tag{6-13}$$

通常,在 Δt 时段内,水流沿坡面向下流动的过程中,不断得到降雨补充,流量逐渐增大,水力侵蚀加重,输沙量增大。由于采用单宽输沙率公式计算面蚀产沙,所以沿坡面流程方向上的最大径流深处也是最大单宽输沙率处,而这一点恰恰在坡脚,因此河网长度就是坡面水流的宽度。因为一般来说可以认为水流从沟道两侧进入,所以 Δt 时段内坡面总产沙量为

$$G_b = g_b\Delta t \cdot 2L \tag{6-14}$$

式中:L 为流域内河网总长度,可根据随机河网的河长律和面积律求得:

$$L = \sqrt{\frac{S(2N_1-1)}{K}} \tag{6-15}$$

式中:S 为流域面积;N_1 为河网源个数;K 为无量纲系数。

根据麦尔顿(1975)的统计结果 $K=0.96$。如果有河网密度资料可直接求得 L。

值得注意的是,由于坡面漫流近似地按表层流状态处理,因此式(6-5)中的参数 A 要小于天然河流紊流状态下的系数 11.6,并且当 $\theta<\theta_c$,即 $\tau_0<\tau_c$ 时,认为相应时段内地面径流较小,坡面不产沙。

6.4.2 沟道产沙

通常流经重力侵蚀区的沟道水流的全部功率可分为两部分:一部分用来输送面蚀进入河网内的泥沙,另一部分加速两侧边坡重力侵蚀掉下的泥沙,使其达到水流速度并继续输送到流域出口断面。第一部分功率用拜格诺(Bagnold,R·A)的水流功率函数表示,即单宽悬移质输沙率为

$$g_s = a\frac{\gamma_s\tau_0 u}{(\gamma_s-\gamma)\dfrac{\omega}{u_s}} \tag{6-16}$$

假设第二部分功率的输沙效率为 e_c,则沟蚀单宽输沙率为

$$g_c = A_e\frac{\gamma_s\tau_0 u^2}{(\gamma_s-\gamma)\omega} \tag{6-17}$$

式中：A_e 为参数，$A_e = ae_c$ 为参数，由优选而定；u 为水流速度；u_s 为泥沙纵向运行速度，且 $u_s \approx u$；ω 为泥沙沉降速度；τ_0 为起动切力。

假定沟道的过水断面是侧边坡比降为 J_2 的三角形，根据 Δt 时段内流域上产生的径流量与瞬时该重力侵蚀区内整个河网中的径流水体相等的水量平衡关系，有：

$$RS = H_m^2 \frac{L_c}{J_2} \tag{6-18}$$

则径流的平均水深为

$$H = \frac{H_m}{2} = \frac{1}{2}\sqrt{\frac{RSJ_2}{L_c}} \tag{6-19}$$

式中：R 为流域径流深；S 为流域面积；H_m 为断面最大水深；L_c 为流经重力侵蚀区的有效河网长度。

根据式(6-19)可求得水力半径为

$$R_c = \frac{H}{\sqrt{1 + J_2^2}} \tag{6-20}$$

代入曼宁公式即得平均流速：

$$u = \frac{1}{n} J^{1/2} \left(\frac{RS}{4L_c}\right)^{1/3} \left(\frac{J_2}{1 + J_2^2}\right)^{1/3} \tag{6-21}$$

式中：J 为河道比降；n 为糙率系数。

$$n = \frac{d^{1/6}}{C_n} \tag{6-22}$$

式中：C_n 代表常数，由优选而定。

$$\omega = 1.14\sqrt{\frac{\gamma_s - \gamma}{\gamma} gd} \tag{6-23}$$

对于高含沙紊流来说，为了使泥沙保持悬浮，水流需付出的功率应该不大于泥沙随水流前进时向水流提供的功率，即

$$\omega \leqslant uJ \tag{6-24}$$

在这种情况下，水流的挟沙能力在理论上不再有一个限度，只取决于这种悬移质的供应条件。

水流切力：

$$\tau_0 = \gamma_m HJ \tag{6-25}$$

一般来说，沟蚀与沟壑河网的密度成正比，从源到干流流量沿途不断增加。各个链级都潜在着一定的侵蚀能力。假定各个链级内潜在侵蚀能力相等，并且可用沟蚀单宽输沙率来表示，即时段内流域总的沟蚀产沙量为

$$G_c = g_c \frac{2H}{J} N\Delta t \tag{6-26}$$

式中：N 为河网链级个数。

6.5 产沙预报

6.5.1 水沙相关经验公式模拟计算结果

利用水沙相关经验公式进行模拟计算，结果见表 6-1。

$$y = 1.16x^{1.38}/L^{0.92} \quad (L = 24.1)$$

表 6-1 水沙相关经验公式模拟计算结果

序号	洪峰出现时间（年-月-日）	洪峰流量（m^3/s）	径流量（万 m^3）	输沙量（万 t）		
				计算值	实测值	误差（%）
1	1960-07-31	113	45.46	12.04	31.25	-61.47
2	1960-09-24	129	158.7	67.58	78.72	-14.15
3	1961-07-21	172	66.58	20.38	49.29	-58.65
4	1961-07-22	133	49	13.35	27.63	-51.68
5	1961-07-30	654	244.2	122.49	179	-31.57
6	1961-09-27	116	140.4	57.06	55.65	2.53
7	1962-08-12	118	56.08	16.08	38.31	-58.03
8	1963-06-03	131	52.63	14.73	40.91	-63.99
9	1963-08-26	585	199.7	92.79	194.5	-52.29
10	1963-08-28	187	85.35	28.71	59.21	-51.51
11	1964-04-29	196	55.49	15.85	49.54	-68.01
12	1964-07-06	183	174.2	76.85	107.3	-28.38
13	1964-08-02	155	62.13	18.52	40.97	-54.80
14	1966-06-27	225	269.1	140.05	201.3	-30.43
15	1966-07-17	993	684	507.43	532.5	-4.71
16	1966-08-15	1 520	531.9	358.63	412.7	-13.10
17	1966-08-28	581	156.1	66.05	116.4	-43.26
18	1967-07-17	167	94.13	32.87	73.32	-55.17
19	1967-08-26	289	154.8	65.30	117.9	-44.61
20	1967-09-01	114	67.32	20.69	45.23	-54.26
21	1969-05-11	818	244.5	122.70	192.8	-36.36

续表 6-1

序号	洪峰出现时间（年-月-日）	洪峰流量（m^3/s）	径流量（万 m^3）	输沙量(万 t)		
				计算值	实测值	误差(%)
22	1969-07-26	145	52.75	14.78	34.01	-56.54
23	1969-08-20	446	140.5	57.12	103.8	-44.97
24	1970-08-01	640	413.6	253.44	311	-18.51
25	1970-08-08	270	116.9	44.32	74.06	-40.16
26	1970-08-27	405	139.1	56.34	91.69	-38.55
27	1971-07-05	136	45.82	12.17	29.18	-58.29
28	1971-07-25	145	122.2	47.12	82.22	-42.69
29	1972-07-19	242	82.74	27.51	64.53	-57.37
30	1973-09-11	101	64.6	19.55	29.83	-34.46
31	1974-07-31	212	213.1	101.50	118.8	-14.56
32	1977-08-11	113	151.8	63.56	66.09	-3.83
33	1978-07-27	103	195.8	90.30	48.14	87.58
34	1978-08-07	211	402.8	244.36	199	22.79
35	1983-07-26	145	158.7	67.58	85.91	-21.34
36	1991-06-07	573	424.1	262.37	226.3	15.94
37	1992-08-27	132	236.4	117.12	102.3	14.50
38	1994-08-03	188	156.7	66.40	81.47	-18.50
39	1994-08-04	592	564.1	388.93	321	21.15
40	1995-08-26	210	132	52.41	62.41	-16.02
41	1995-09-02	370	373.9	220.50	198.4	11.14
42	1996-06-26	108	49.84	13.67	32.29	-57.66
43	1996-08-01	315	170.9	74.85	99.48	-24.76
44	1998-07-13	121	98.44	34.96	43.78	-20.15
45	1999-07-20	145	83.97	28.07	32.49	-13.60
46	2000-07-04	214	95.26	33.41	57.23	-41.62
47	2001-08-18	242	263.1	135.76	116.1	16.93
48	2004-07-26	119	69.08	21.44	14.42	48.68

续表 6-1

序号	洪峰出现时间（年-月-日）	洪峰流量（m^3/s）	径流量（万 m^3）	输沙量（万 t）		
				计算值	实测值	误差（%）
49	2006-08-12	116	51.18	14.18	14.46	-1.94
50	2006-08-25	155	65.13	19.77	19.63	0.71
51	2006-08-30	154	211.8	100.64	63.87	57.57

此方法比较直观、简单，计算也比较方便，在建立公式的资料范围内具有可靠的精度，但做地区移用和按设计条件外延时（尤其是预测未来人类活动影响时），其精度难以控制。它的基本假定是人类活动可以影响流域下垫面，但不可能显著影响区域降雨。它要求的条件是时段的降雨、径流、泥沙资料要有较高的准确性，特别是时段降雨资料，由于黄河中游降雨的时空分布极不均匀，20 世纪 70 年代以前的雨量站点不仅少，而且多变、分布不均，使较大范围或流域的分析精度大大受限。而 70 年代以后是以水利水保工程发展较快且影响较大的时期，该时期的实测值与其实际产洪产沙量比较将偏小，这应视为水利水保工程的减水减沙作用明显。

该方法的优点是快速、直观。当然该方法能成立的前提是水利水保工程影响前后时期的降水情况，特别是时段暴雨条件要基本一致，若后一时期有明显的偏旱或暴雨偏少等气候因素的影响，则该方法对比出来的减水减沙值应包括人类活动和气候因素中共同作用的结果。

6.5.2 水沙相关计算模型模拟计算结果

6.5.2.1 流域治理前（1972 年以前）

1960～1972 年：$y=0.786x-9.083\ 5$；1972 年至今：$y=0.555\ 5x-14.456$。

1972 年以前径流量输沙量相关图见图 6-3。

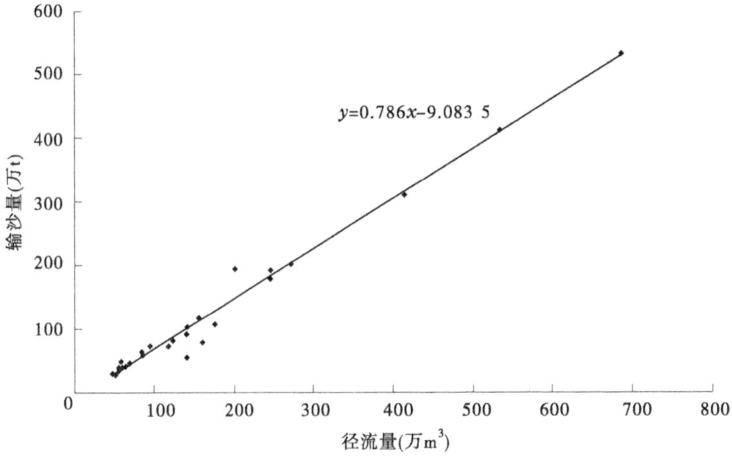

图 6-3 1972 年以前径流量输沙量相关图

6.5.2.2 流域治理后(1972 年以后)

1972 年以后径流量输沙量相关图见图 6-4。

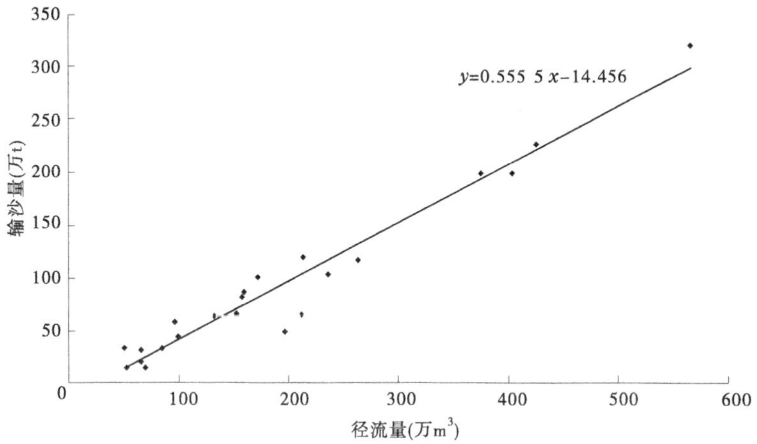

图 6-4 1972 年以后径流量输沙量相关图

水沙相关计算模型模拟计算结果见表 6-2。

表 6-2 水沙相关计算模型模拟计算结果

序号	洪峰出现时间(年-月-日)	洪峰流量(m^3/s)	径流量(万 m^3)	输沙量(万 t)		
				计算值	实测值	误差(%)
1	1960-07-31	113	45.46	33.79	31.25	8.13
2	1960-09-24	129	158.7	110.76	78.72	40.70
3	1961-07-21	172	66.58	48.15	49.29	-2.31
4	1961-07-22	133	49	36.20	27.63	31.02
5	1961-07-30	654	244.2	168.88	179	-5.65
6	1961-09-27	116	140.4	98.32	55.65	76.68
7	1962-08-12	118	56.08	41.01	38.31	7.05
8	1963-06-03	131	52.63	38.67	40.91	-5.48
9	1963-08-26	585	199.7	138.63	194.5	-28.72
10	1963-08-28	187	85.35	60.91	59.21	2.87
11	1964-04-29	196	55.49	40.61	49.54	-18.03
12	1964-07-06	183	174.2	121.30	107.3	13.03
13	1964-08-02	155	62.13	45.12	40.97	10.13
14	1966-06-27	225	269.1	185.80	201.3	-7.70
15	1966-07-17	993	684	467.81	532.5	-12.15
16	1966-08-15	1 520	531.9	364.43	412.7	-11.70
17	1966-08-28	581	156.1	109.00	116.4	-6.36
18	1967-07-17	167	94.13	66.88	73.32	-8.78

续表 6-2

序号	洪峰出现时间（年-月-日）	洪峰流量（m^3/s）	径流量（万 m^3）	输沙量(万 t)		
				计算值	实测值	误差(%)
19	1967-08-26	289	154.8	108.11	117.9	-8.30
20	1967-09-01	114	67.32	48.65	45.23	7.56
21	1969-05-11	818	244.5	169.08	192.8	-12.30
22	1969-07-26	145	52.75	38.75	34.01	13.94
23	1969-08-20	446	140.5	98.39	103.8	-5.21
24	1970-08-01	640	413.6	284.02	311	-8.68
25	1970-08-08	270	116.9	82.35	74.06	11.19
26	1970-08-27	405	139.1	97.44	91.69	6.27
27	1971-07-05	136	45.82	16.42	29.18	-43.73
28	1971-07-25	145	122.2	57.58	82.22	-29.97
29	1972-07-19	242	82.74	36.31	64.53	-43.73
30	1973-09-11	101	64.6	26.54	29.83	-11.03
31	1974-07-31	212	213.1	106.56	118.8	-10.30
32	1977-08-11	113	151.8	73.53	66.09	11.26
33	1978-07-27	103	195.8	97.24	48.14	101.99
34	1978-08-07	211	402.8	208.79	199	4.92
35	1983-07-26	145	158.7	77.25	85.91	-10.08
36	1991-06-07	573	424.1	220.27	226.3	-2.66
37	1992-08-27	132	236.4	119.12	102.3	16.44
38	1994-08-03	188	156.7	76.17	81.47	-6.51
39	1994-08-04	592	564.1	295.72	321	-7.88
40	1995-08-26	210	132	62.86	62.41	0.72
41	1995-09-02	370	373.9	193.22	198.4	-2.61
42	1996-06-26	108	49.84	18.58	32.29	-42.46
43	1996-08-01	315	170.9	83.82	99.48	-15.74
44	1998-07-13	121	98.44	44.77	43.78	2.26
45	1999-07-20	145	83.97	36.97	32.49	13.79
46	2000-07-04	214	95.26	43.06	57.23	-24.76
47	2001-08-18	242	263.1	133.51	116.1	15.00
48	2004-07-26	119	69.08	28.95	14.42	100.76
49	2006-08-12	116	51.18	19.30	14.46	33.47
50	2006-08-25	155	65.13	26.82	19.63	36.63
51	2006-08-30	154	211.8	105.86	63.87	65.74

6.5.3 黄土高原地区产沙计算模型模拟计算结果

黄土高原地区岔巴沟流域曹坪水文站产沙模拟结果见表6-3。

表6-3 黄土高原地区岔巴沟流域曹坪水文站产沙模拟结果

洪水峰现时间及误差		洪峰流量			径流总量		
年-月-日T时:分	误差(h)	计算(m^3/s)	实测(m^3/s)	误差(%)	计算(mm)	实测(mm)	误差(%)
1966-07-17T19:20	0	997	989	0.8			
1966-07-18T00:50	0.25	708	599	18.2			
1966-07-17T17:00~18T03:00					38.3	34.6	10.7
1966-08-15T19:55	0.08	1 283	1 513	-15.2	24.4	24.7	1.2
1966-08-28T20:00	0.17	636	581	9.5	6.3	7.6	-17.1
1968-08-21T01:25	0.42	536	513	4.5	8.6	7.9	8.9
1969-05-11T16:50	0	820	788	4.1	10.8	10.9	-0.9
1969-08-20T22:10	0	411	420	-2.1	6.8	6.3	7.9
洪水峰现时间及误差		沙峰量			次洪沙量		
年-月-日T时:分	误差(h)	计算(t/s)	实测(t/s)	误差(%)	计算(万t)	实测(万t)	误差(%)
1966-07-17T19:20	0	763	795	-4.0			
1966-07-18T00:50	0.25	690	447	54.4			
1966-07-17T17:00~18T03:00					507.0	503.1	0.8
1966-08-15T19:55	0.08	1 150	1 090	5.5	410.6	362.4	13.3
1966-08-28T20:00	0.17	634	439	44.4	107.2	105.9	1.2
1968-08-21T01:25	0.42	462	400	15.5	117.1	118.7	-1.3
1969-05-11T16:50	0	988	628	57.3	239.5	171.2	39.9
1969-08-20T22:10	0	252	318	-20.8	74.4	90.2	-17.5

该方法是利用水利水保工程影响较小时期的产流产沙关系推求相当于无工程影响的天然产洪产沙量,最后用计算值与实测值进行比较。这种方法有一定数学理论依据,也比较简单易操作,能够排除气候因素的波动影响。但是,该方法只是利用水利水保工程影响较小时期的一个平均产流产沙关系,实际上应该是用水利水保工程影响较小时期的有效时段降雨量与对应时段的产洪产沙数量,求出各个时段的产流产沙关系,建立有效降雨时段雨量与产流产沙系数间的关系,再与实测的产洪产沙量比较分析。就是对整个观测系列进行仿真模拟,在无水利水保工程影响的情形下,计算天然产洪产沙量,再与实测值比较。但是,在实际模拟中有许多困难,而且在水利水保措施实际影响较小的情况下,计算结果也并不理想,特别是过程沙峰预报与实际过程差别较大,更不要说受水利水保工程影响较大的时段。

6.5.4 单位线模拟计算结果

单位线模拟计算结果见表6-4。

表6-4 单位线模拟计算结果

序号	年份	实测沙峰		预报沙峰		误差(%)
		时间(年-月-日T时:分)	含沙量(kg/m³)	时间(年-月-日T时:分)	预报含沙量(kg/m³)	
1	1991	1991-06-07T19:36	780	1991-06-10T04:40	755	-3
2	1992	1992-08-27T23:36	635	1992-08-28T01:20	849	34
3	1994	1994-08-02T23:42	647	1994-08-03T01:20	924	43
4	1994	1994-08-04T22:00	776	1994-08-04T21:20	1 115	44
5	1995	1995-08-26T08:30	596	1995-08-26T08:40	489	-18
6	1995	1995-09-03T00:00	673	1995-09-03T00:40	405	-40
7	1996	1996-06-26T18:48	863	1996-06-26T19:20	1 106	28
8	1996	1996-08-01T02:18	685	1996-08-01T02:40	626	-9
9	1998	1998-07-13T01:00	775	1998-07-13T01:00	713	-8
10	1999	1999-07-20T15:18	533	1999-07-20 T17:20	217	-59
11	2000	2000-07-04T10:18	790	2000-07-04T11:20	222	-72
12	2001	2001-08-18T22:00	714	2001-08-18T09:20	221	-69
13	2004	2004-07-26T01:00	609	2004-07-26T01:20	815	34
14	2006	2006-08-12T17:12	436	2006-08-12T17:20	126	-71
15	2006	2006-08-25T17:12	427	2006-08-25T19:20	344	-19
16	2006	2006-08-30T06:12	436	2006-08-29T23:20	766	76

泥沙单位线法模拟计算简单方便,但是,在黄河中游应用尚有许多困难和问题,由于黄河中游暴雨时空分布极不均匀,而且雨量站点少且变动频繁,模拟分析阶段的资料基础的代表性、一致性和可靠性受到极大的限制。时段雨量、雨区分布不均匀,代表性很差,加上重力产沙所占比重和突发性,以及人类活动影响特别是水利水保工程影响,因而使得时段产洪、产沙过程分析模拟计算的结果也就存在较大误差。

6.5.5 单位线模拟计算含沙量过程线

单位线模拟计算含沙量过程线见图6-5~图6-20。

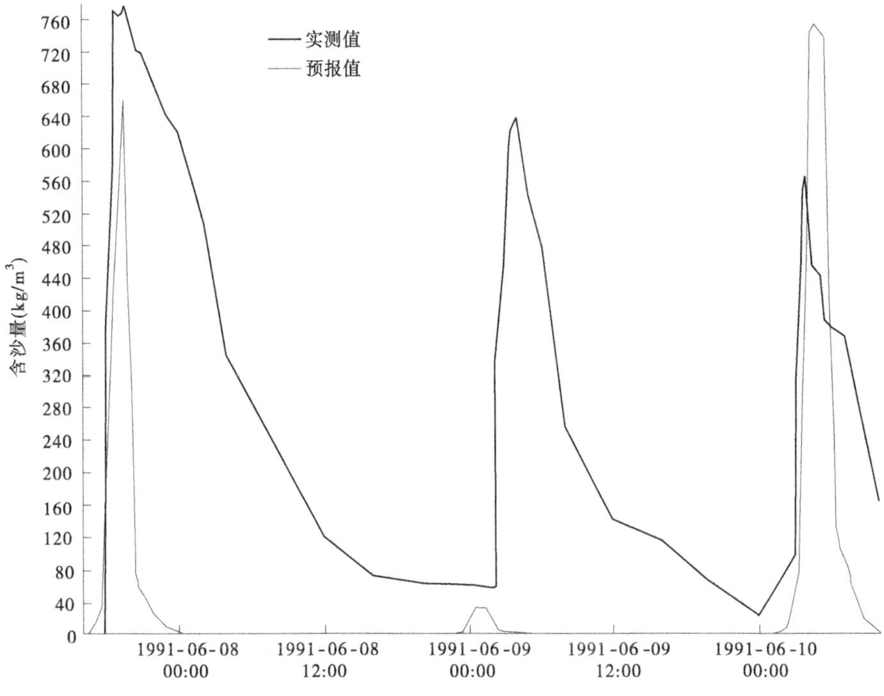

图 6-5 1991 年 6 月 9 日单位线模拟计算含沙量过程线

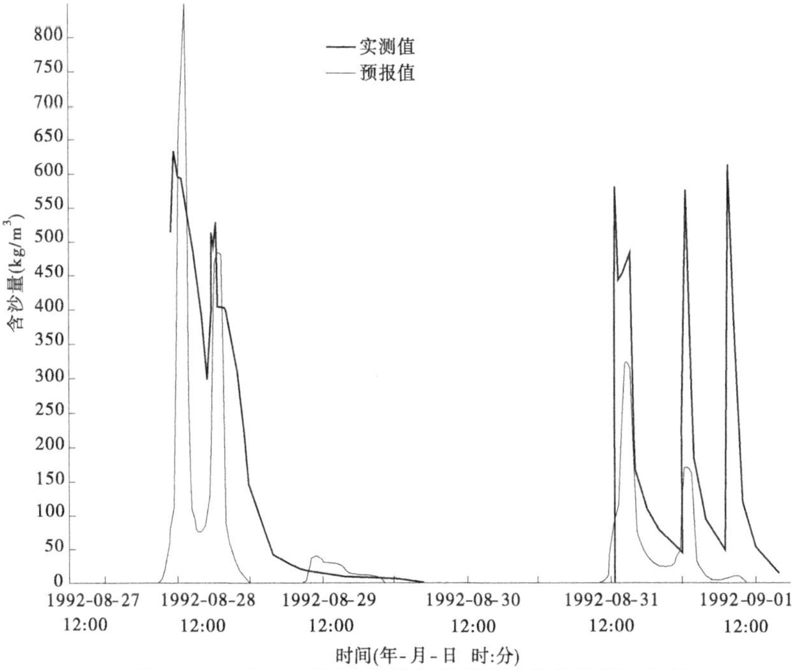

图 6-6 1992 年 8 月 27 日单位线模拟计算含沙量过程线

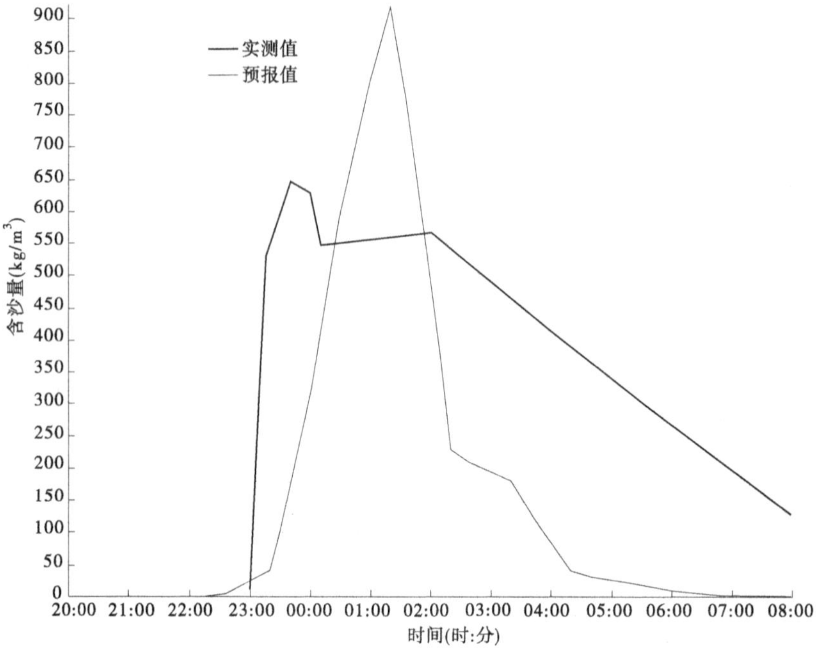

图 6-7　1994 年 8 月 2 日单位线模拟计算含沙量过程线

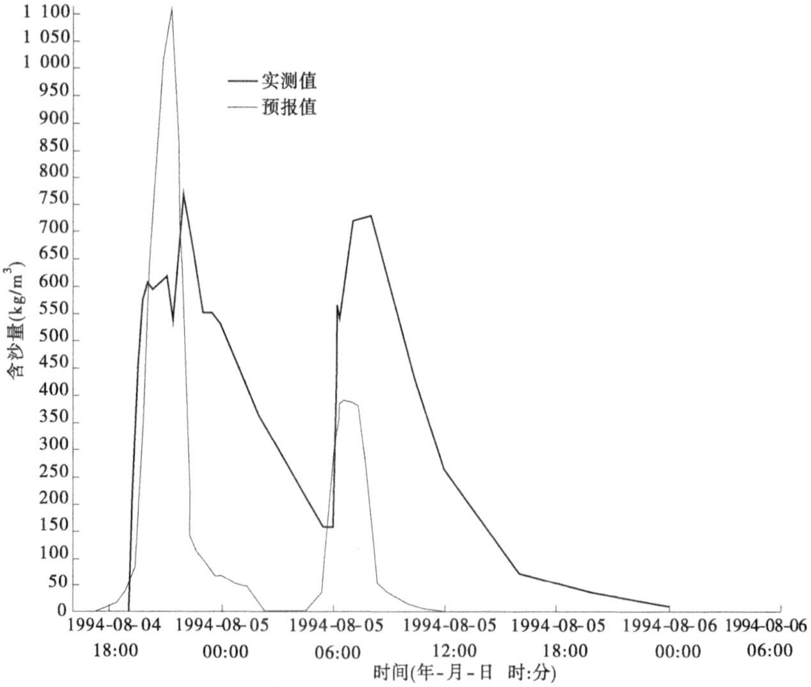

图 6-8　1994 年 8 月 4 日单位线模拟计算含沙量过程线

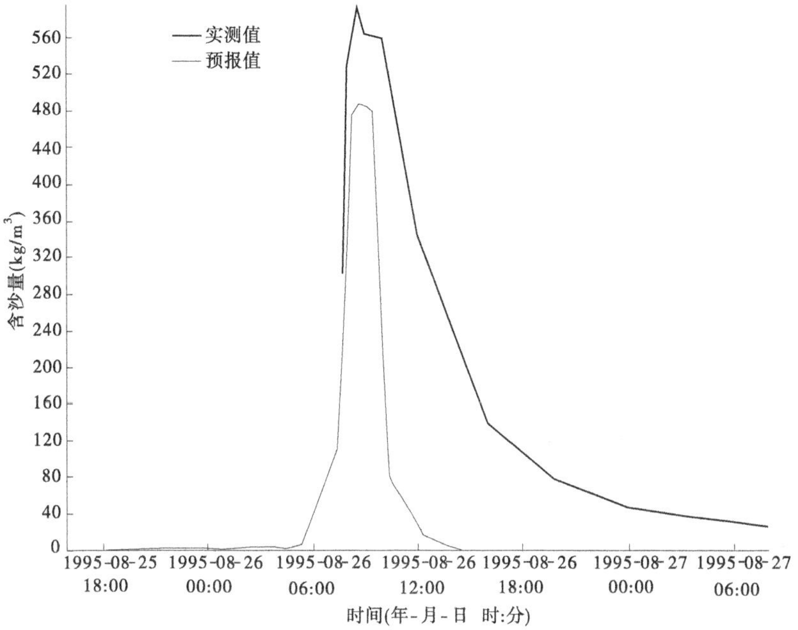

图 6-9　1995 年 8 月 25 日单位线模拟计算含沙量过程线

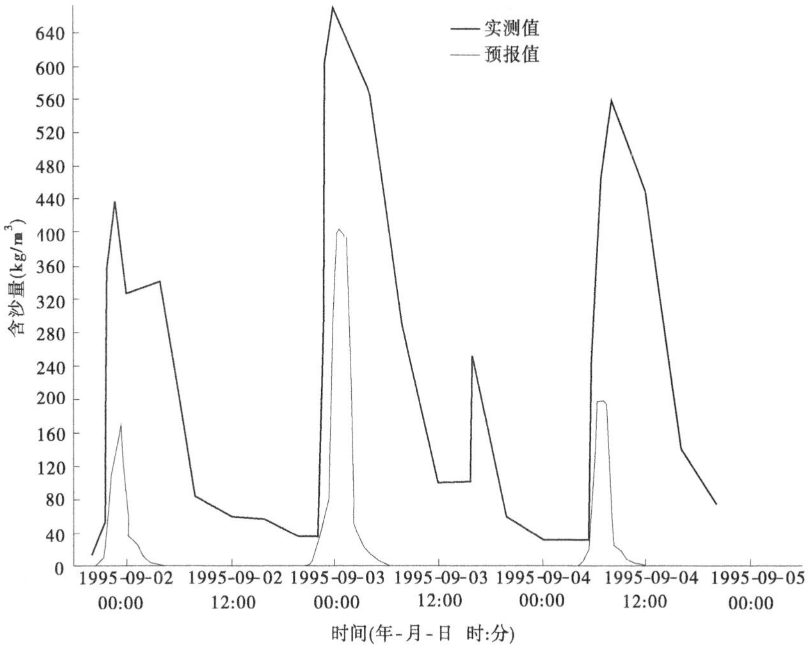

图 6-10　1995 年 9 月 1 日单位线模拟计算含沙量过程线

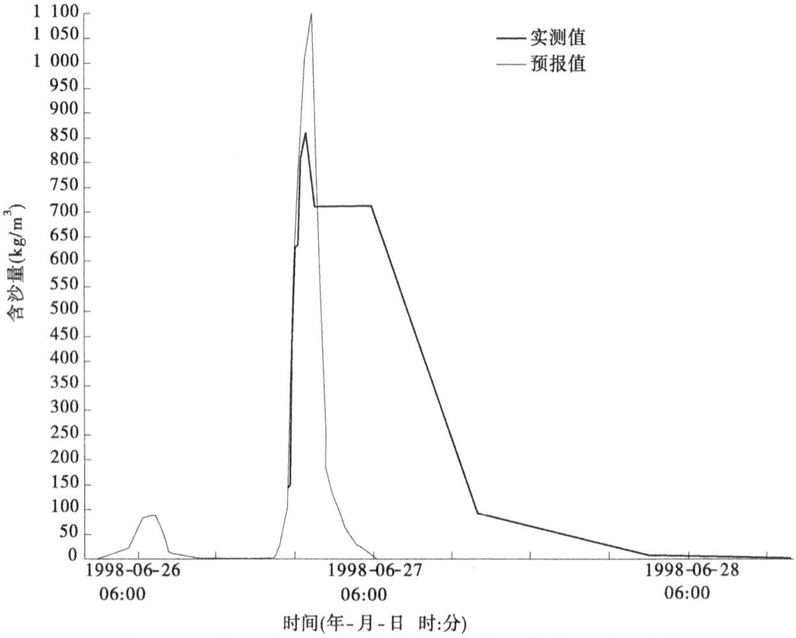

图 6-11　1996 年 6 月 26 日单位线模拟计算含沙量过程线

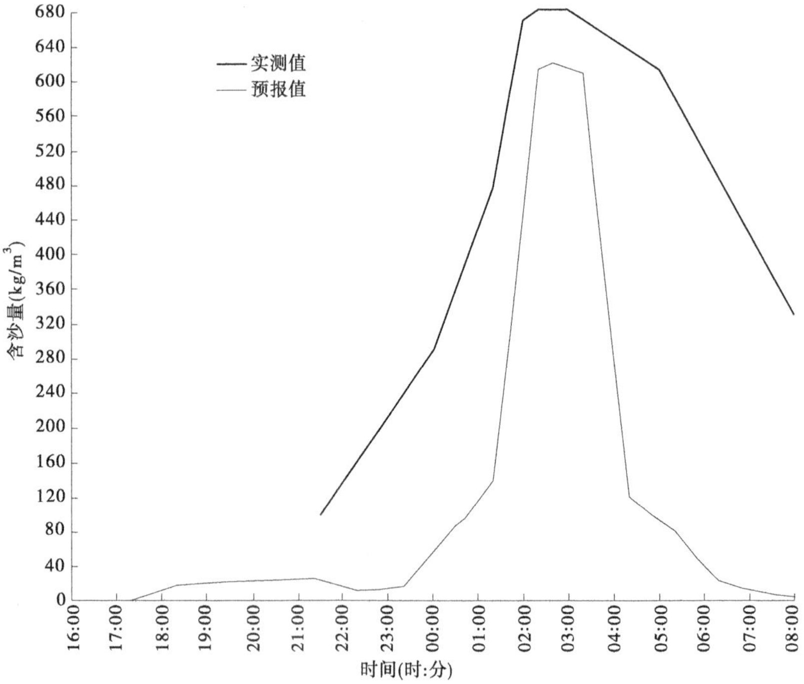

图 6-12　1996 年 7 月 31 日单位线模拟计算含沙量过程线

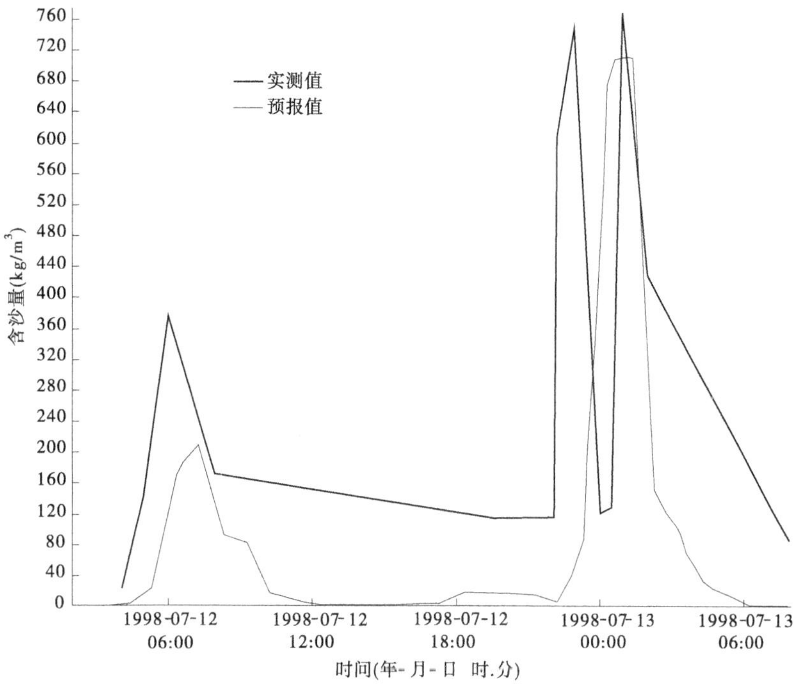

图 6-13　1998 年 7 月 13 日单位线模拟计算含沙量过程线

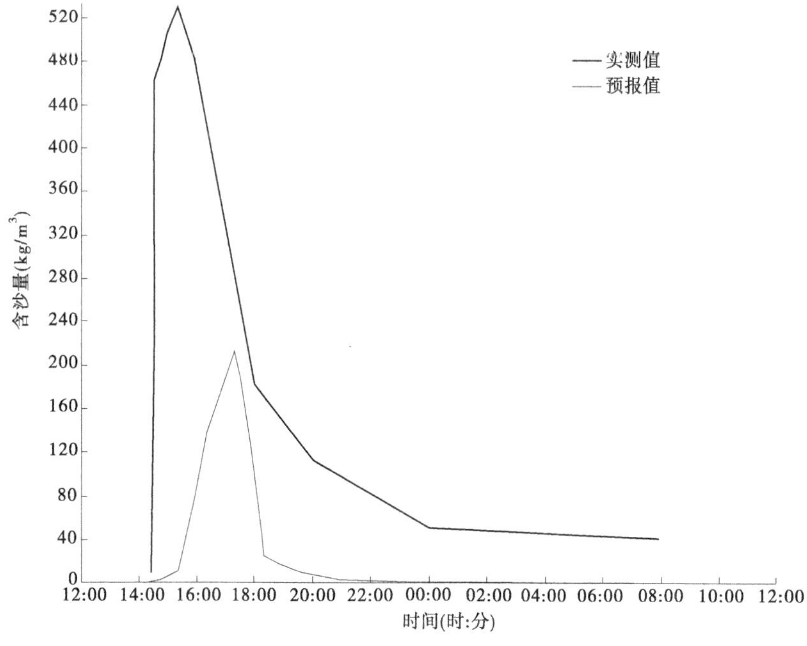

图 6-14　1999 年 7 月 20 日单位线模拟计算含沙量过程线

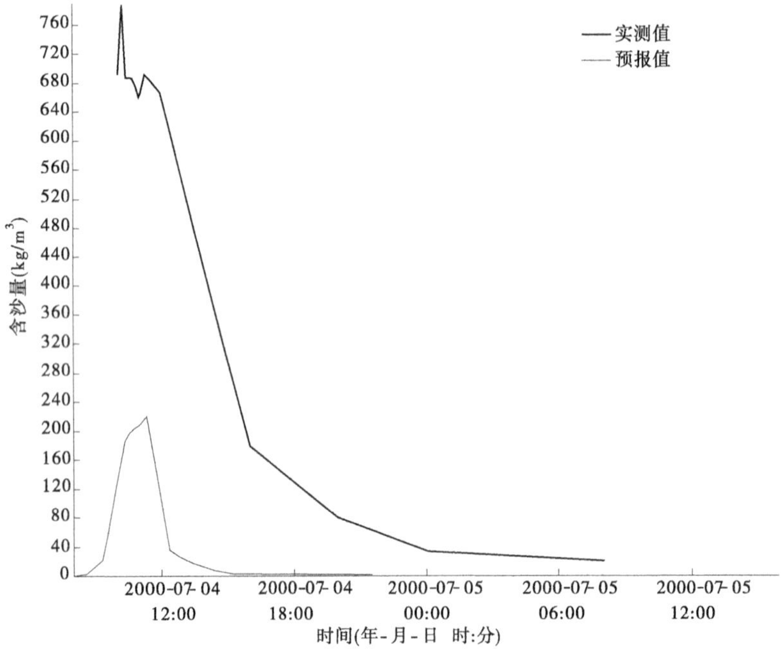

图 6-15 2000 年 7 月 4 日单位线模拟计算含沙量过程线

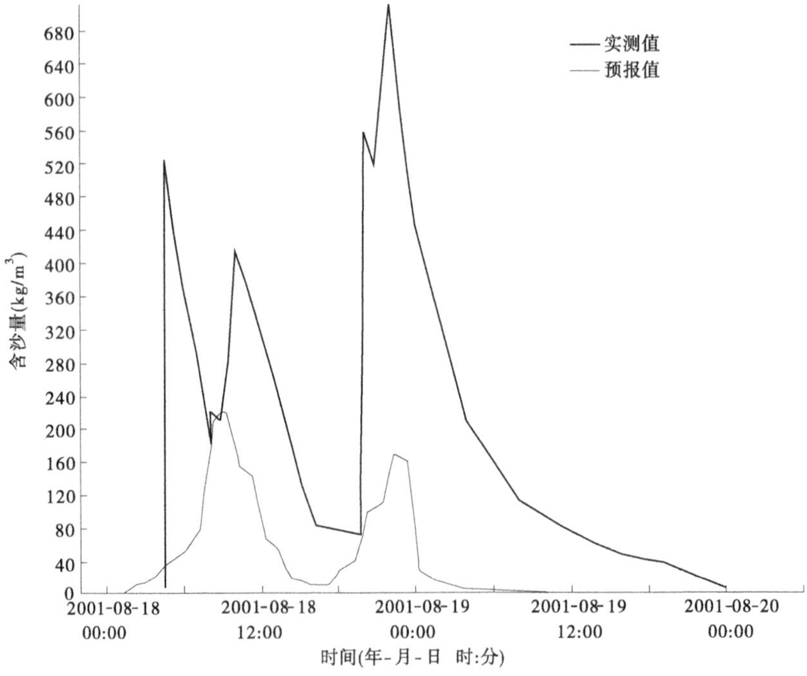

图 6-16 2001 年 8 月 18 日单位线模拟计算含沙量过程线

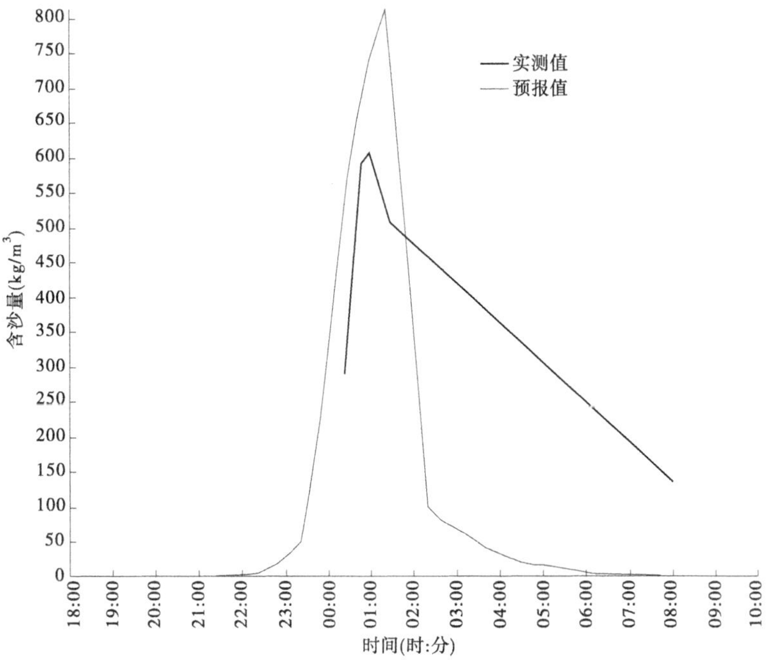

图 6-17　2004 年 7 月 25 日单位线模拟计算含沙量过程线

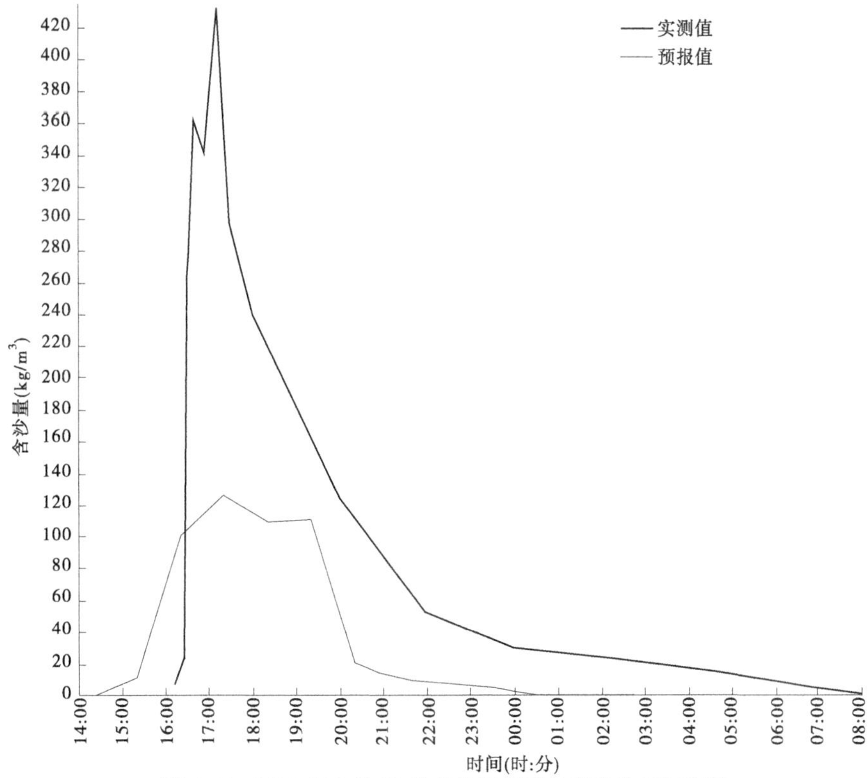

图 6-18　2006 年 8 月 12 日单位线模拟计算含沙量过程线

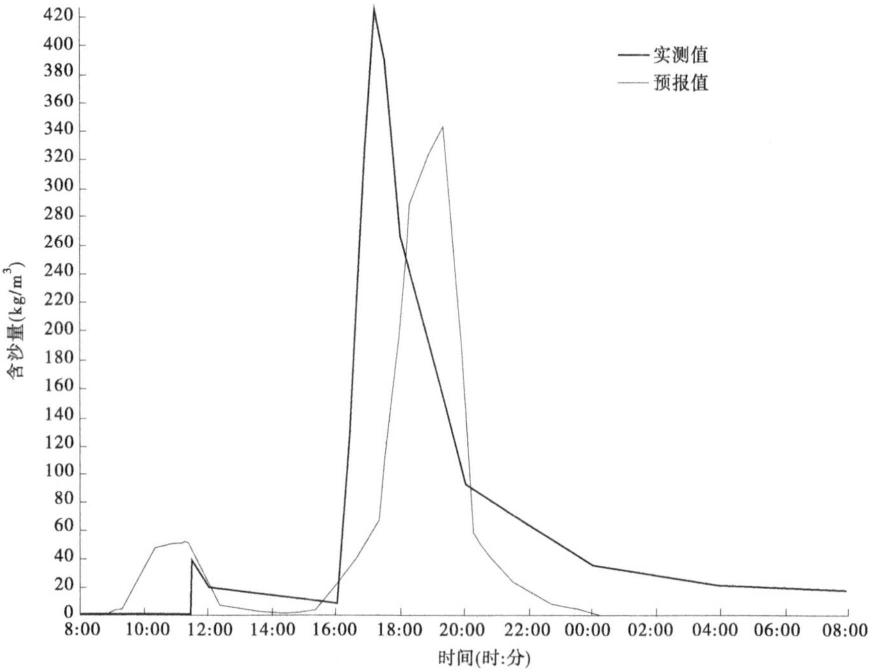

图 6-19　2006 年 8 月 25 日单位线模拟计算含沙量过程线

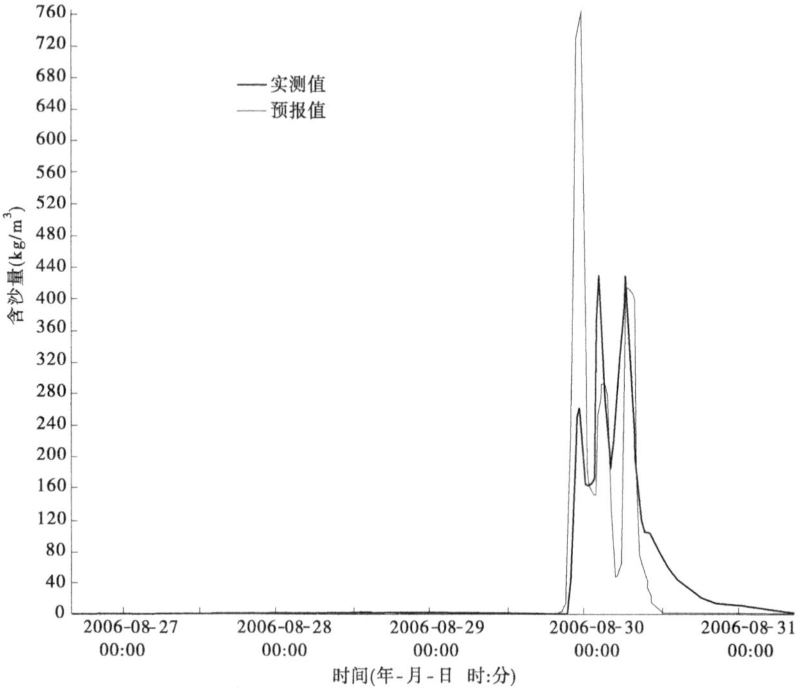

图 6-20　2006 年 8 月 30 日单位线模拟计算含沙量过程线

通过以上模拟分析，可以得出以下几点认识：

(1)从计算结果看出，洪峰流量、径流量和沙量有相对较好的精度；但沙峰计算误差较大，尚待进一步改进和提高。

(2)从理论和应用成果上看，产汇流计算有相应的计算成果和方法。而产沙模型因涉及下垫面以及河道水力特性等因素，不确定性很大，且目前成果较少，应用时必须对流域特性和下垫面情况以及降雨特性具有充分的认识和掌握，才能取得较好成果。

(3)岔巴沟流域治理从1970开始，1972形成规模。可见前期治沟措施较为配套和完整，拦沙、蓄水、淤地较为明显。表现在水沙关系上，1972年之前是一种水沙关系，1972年之后是另一种水沙关系。

(4)从现有资料分析，20世纪90年代减水减沙较80年代明显偏小。

从目前的各种计算方法的计算结果情况看，无论是各项水土保持措施的措施量的确定，还是相应指标的选取，仍带有很大的任意性，即使同一流域，不同的研究者所取数值往往相差较大。显然，指标的正确选取相当困难，不仅受到模型方法本身选取状况的影响，同时受到水文、气象等边界条件以及时间尺度的影响。目前，对这些问题都采用比较简单的方法加以处理，以此反映水文因素影响等。实际上，有些方法并不能真正消除人为因素造成的随意性，并未完全剔除诸如时段降雨分配以及次暴雨特性变化对水利水保措施减水减沙作用的影响等。因此，今后的研究一定要深入现场，加强试验观测研究，使得作业预报成果真正建立在可靠的基础资料之上，考虑到时间因子及水文效应的影响，利用降雨因子对坡地产洪产沙和水土保持减水减沙指标进行修正，从而可以提高作业预报的计算精度。

第7章 实时报汛软件设计及开发

7.1 设计依据及设计原则

本软件开发依据中华人民共和国水利行业标准《水情信息编码标准》(SL 330—2005)、《实时雨水情数据库表结构与标识符标准》(SL 323—2005)和中华人民共和国水利行业指导性技术文件《实时水情交换协议》(SL/Z 388—2007)等现行技术规范。

软件的设计满足我国水文报汛规范,该软件与水利部的水情译电软件相匹配,完成水情信息的译电,并且进入水文局的水情库。同时要求,性能稳定可靠,使用方便,界面友好,尽量减轻人员的劳动强度。

软件系统采用模块化结构,具有很强的灵活性、适用性、通用性和可扩充性。

7.2 软件开发工具和运行环境

7.2.1 系统开发及运行环境

系统在 Windows 9X 或 Windows XP 操作系统环境下,基于 Micosoft Access 数据库管理系统,采用 Bland Delphi 7.0 编程语言工具开发而成。

7.2.2 系统软、硬件及其他配置

软件:系统需要安装 Micosoft Access 数据库管理系统。

硬件:信息发送、接收计算机;CPU:Pentium III 800 MHz;内存:128 M。

其他配置:GSMART 短信收发模块及报汛手机,Internet 网络,局域网络。

7.3 软件需求分析及系统结构

现行的水情报汛工作流程为:

报汛站拟水情报文→水情报文校核→发送→水情信息中心接收报文→放在指定目录的指定文件中→译电系统译电纠错→入库→传输至黄委水文局→进入黄委水情数据库,如图 7-1 所示。

因此,该软件应当主要包括中心站水情信息接收软件和测站水情信息发送软件两部分。

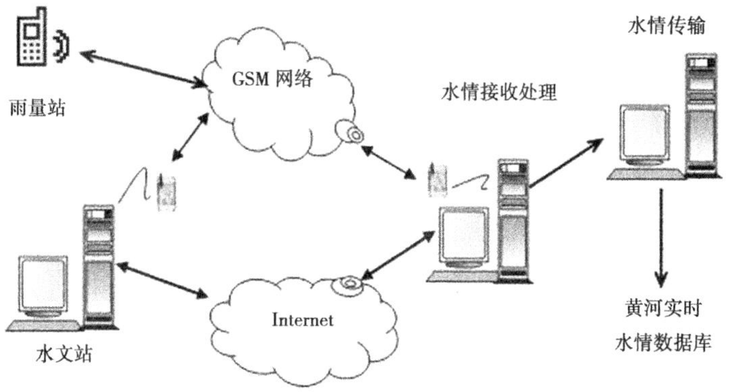

图 7-1 实时水情报汛工作流程

7.3.1 中心站水情信息接收软件

中心站水情信息接收软件是本程序开发的重点，要完成信息三种通信方式的接收与发送、接收信息的入库、对入库水情信息的旬月报的校核、人工输入报文、接收数据处理生成译电入库文件、人工输入报文等功能。该软件主要包括的功能模块及各个模块应完成的功能如下：

(1)GSM 接收发送功能模块：对 GSM 模块与计算机接口的监测，检测是否有接收的信息，若有将其读进来，收到信息后，根据设定是否需要回执的判定，向来信息的报汛站发送收到信息的"回执"，该模块还可以将中心站的文字通知等信息以短信的形式通知各个报汛站或有关的个人。

(2)E-mail 接收发送功能模块：对设定的 E-mail 的监测，检测是否有接收的信息，若有将其读进来，收到信息后，根据设定是否需要回执的判定，向来信息的报汛站发送收到信息的"回执"，也可以向指定的 E-mail 地址发送信息。

(3)IP 接收发送功能模块：对设定的 IP 的监测，检测是否有接收的信息，若有将其读进来，收到信息后，根据设定是否需要回执的判定，向来信息的报汛站(IP)发送收到信息的"回执"，也可以向指定的 IP 地址发送信息。

(4)信息输入编辑功能模块：主要是对测站发送的通知等的内容进行输入编辑修改等。

(5)接收数据入库功能模块：将通过 GSM/E-mail/IP 接收的水情信息数据写进"水情信息接收"库表中，同时也写进"水情信息旬月报校核"库表中。

(6)发送数据入库功能模块：将通过 GSM/E-mail/IP 发送的信息写进"水情信息接收"库表中，以备日后查询。

(7)旬月雨量校核功能模块：将"接收数据库"中的各站每个月三旬的旬雨量值相加，与月雨量值相减，用相减的结果来确定旬月报是否有误差。

(8)人工输入报文功能模块：人工接收测站发来的水情报文时，人工从此输入使其进入"水情信息接收"库表中，和"水情信息旬月报校核"库表中。

(9)接收数据处理生成译电入库文件功能模块：将 GSM/E-mail/IP/人工接收的水情

信息数据经过处理添加流水编号、时间标记后生成译电入库所需要的格式,并将其送入译电入库软件读取的文件夹内。

中心站水情信息接收软件的结构和数据流程见图7-2。

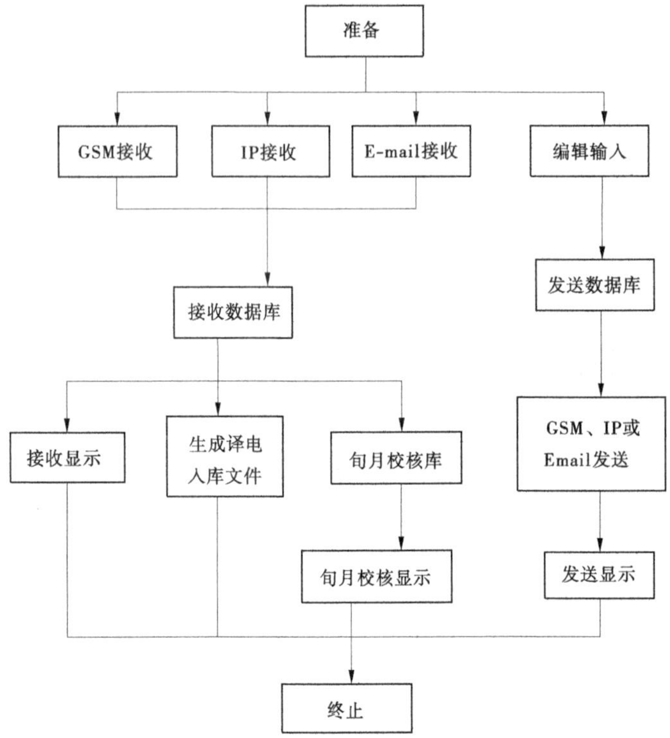

图7-2　中心站实时水情接收软件结构和数据流程

7.3.2　测站水情信息发送软件

测站水情信息发送软件主要包括的功能模块及各个模块应完成的功能如下:

(1)GSM接收发送功能模块:主要接收输入编辑模块的水情报文和文字信息并传输到GSM模块与计算机接口,使该信息通过GSM模块发送,同时检测是否有"回执"或者其他信息,若有将其读进来,放入"接收数据入库模块",同时发送的信息写进"水情信息发送"库表中。

(2)E-mail接收发送功能模块:主要接收输入编辑模块的水情报文和文字信息并通过本地E-mail发送到水情中心的E-mail,同时监测本地E-mail,检测是否有"回执"接收的信息,若有将其读进来,放入"接收数据入库模块",同时发送的信息写进"水情信息发送"库表中。

(3)IP接收发送功能模块:主要接收输入编辑模块的水情报文和文字信息并通过IP发送到水情中心,同时监测本地IP,检测是否有"回执"接收的信息,若有将其读进来,放入"接收数据入库模块",同时发送的信息写进"水情信息发送"库表中。

(4)信息输入编辑功能模块:主要是对测站发送的通知等内容进行输入编辑修改等。

(5)接收数据入库功能模块:该模块的作用是将通过GSM/E-mail/IP接收的"回执"

或水情信息数据写进“水情信息接收”库表中。

(6)发送数据入库功能模块:该模块的作用是将通过 GSM/E-mail/IP 发送的水情信息等数据写进“水情信息接收”库表中,以备日后查询。

测站水情信息发送软件的结构数据和流程见图 7-3。

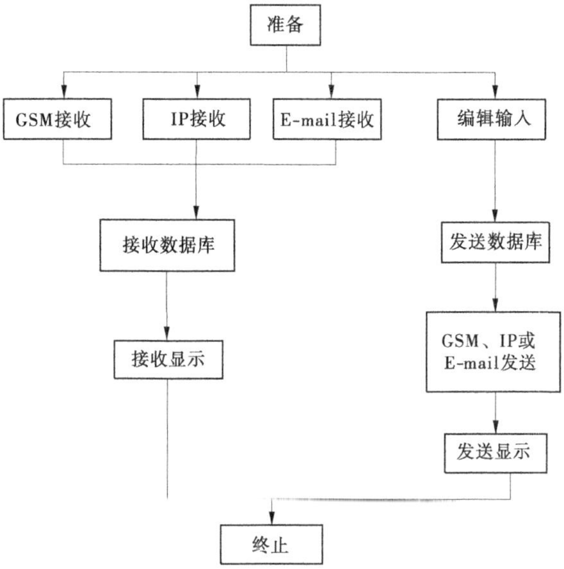

图 7-3 测站实时水情发送软件结构和数据流程

7.4 水情编码一般规定

水情传输处理是将实时水情信息通过自动或人工的方式在基层报汛站完成采集,然后按照《水情信息编码》(SL 330—2005)编制报文,遵循《实时水情交换协议》(SL/Z 388—2007),利用实时水情传输系统软件,通过网络、电话或微波方式进入国家防汛抗旱指挥系统计算机骨干网,将实时水情信息通过水情分中心、省(流域)级水情中心,最后汇集到水利部中央节点,经过解码校验,将实时水情信息存人数据库的过程。

7.4.1 水情编码

1964 年底,水利电力部颁发了《水文情报预报拍报办法》(简称《办法》),该《办法》是按照邮电部门传送电报要求编制的水情电报代码格式,水情电报代码包括水情站码(站号)全部采用 5 位数字码。《办法》经过 40 多年的使用,在水情信息报送中发挥了重要作用。随着我国经济建设和通信、计算机、网络、数字信息技术的快速发展,水情信息的采集、传输、处理方式发生了根本变化;由于全社会对水情信息的要求越来越高,水情报汛站点及报汛内容不断增加,报汛要求也不断提高,原《办法》已经不能满足水情业务发展的需要。为及时、准确、有效地传输实时水情信息,更好地为防汛抗旱、水资源管理和国民经济建设服务,统一水情信息传输的编码标准,实现科学管理,2005 年水利部颁布了新的

《水情信息编码标准》(SL 330—2005)。本节重点介绍水情信息编码的主要原则和基本要求。

水情信息编码应包括编码格式标识符、水情站码、观测时间码、水文要素标识符及与水文要素相对应的数据(值)、结束符“NN”六个部分,各部分由空格分隔。水情信息编码格式的基本组成见图7-4。

编码格式标识符	水情站码	观测时间码	水文要素标识符	数据(值)	NN

图7-4　水情信息编码格式的基本组成

编码格式标识符应由格式码与水情信息编码分类码(见表6.1)组成,格式码在前,编码分类码在后。格式码A、B、C与10类水情信息编码分类码组合,分别构成A、B、C三种不同类别水情信息的编码格式标识符,编码格式标识符应列在编码的首组,其中格式码“A”可缺省(本书主要采用A格式)。

需要修正或删除已报送的信息时,采用A格式编报,应执行下列规定:

(1)需要修正已报送的信息时,在原编码格式标识符前加符号“R”,组成修正编码的编码格式标识符,其他部分的编码型式不变。

(2)编报修正信息时,应列出原编码中与错误信息同类的全部内容。

(3)需要删除已报送的信息时,在原编码格式标识符前加符号“D”,组成删除编码的编码格式标识符,再编列原编码中的全部内容,编码型式不变。

(4)原编码中的水情站码和观测时间错误时,应编发删除编码,并同时编发正确的编码。

(5)原编码中漏编某组信息时,修正编报执行第(2)款。

(6)编码中出现错误信息时,与之相关联的全部内容应单独采用A格式编发修正或删除编码,并执行第(1)~(5)款规定。

A格式应由编码格式标识符、水情站码、观测时间码、要素标识符、数据和结束符“NN”组成。

(1)A格式的基本组成型式见图7-5。

编码格式标识符	水情站码	观测时间码	水文要素标识符	数据(值)	NN

图7-5　A格式基本组成型式

(2)在同一编码中编报不同观测时间的水情信息时,可由时间引导标识符“TT”引导后续各观测时间码,“TT”和观测时间码之间由空格分隔。A格式不同观测时间编码型式见图7-6。

(3)需要采用A格式编码型式同时编报多个水情站的信息时,可重复编写水情站码、观测时间、要素标识符和数据。从第2个水情站开始,前面由水情站码引导符“ST”引导,中间由空格分隔。但在一份信息编码中,最多可连续编列20个水情站的信息。A格式多个水情站编码型式见图7-7。

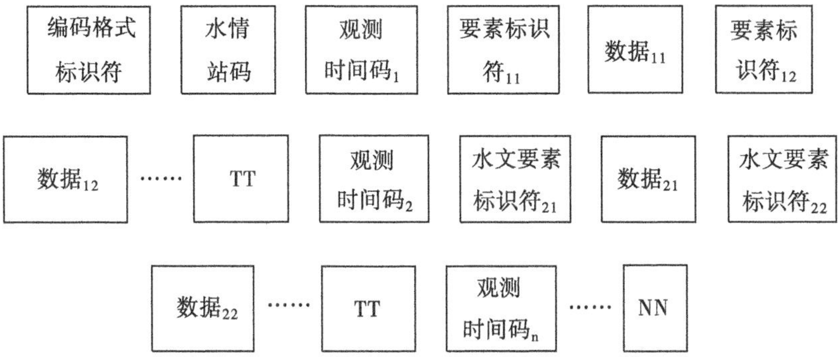

图 7-6　A 格式不同观测时间编码型式

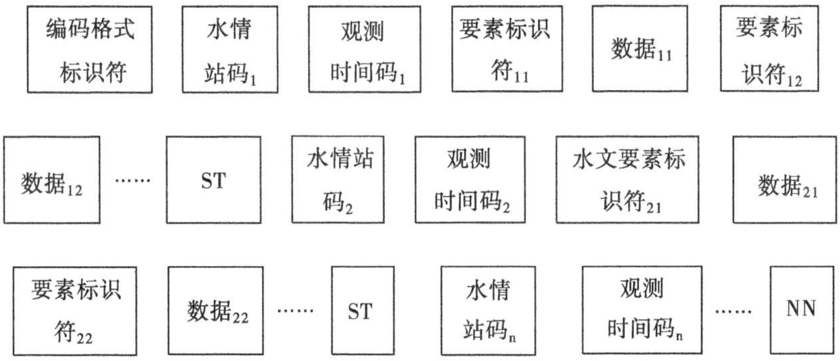

图 7-7　A 格式多个水情站编码型式

7.4.2　编码原则

7.4.2.1　水情信息编码分类码

根据水情站站类和水情信息的特性，水情信息编码可分为降水、河道、水库（湖泊）、闸坝、泵站、潮汐、墒情、地下水、特殊水情、水文预报等 10 类。本书主要应用到降水、河道、水文预报等。水情站有多个编报项目时，在同一份编码中，各类信息编码可编报的水情信息及编列顺序见表 7-1。

表 7-1　水情信息编码分类码、可编报的水情信息及编列顺序

序号	水情信息编码类别	编码分类码	可编报的水情信息及编列顺序
1	降水	P	①降水；②蒸发
2	河道	H	①降水；②蒸发；③河道水情；④沙情；⑤冰情
3	水库（湖泊）	K	①降水；②蒸发；③水库水情；④冰情
4	闸坝	Z	①降水；②蒸发；③闸坝水情；④沙情；⑤冰情
5	泵站	D	①降水；②蒸发；③泵站水情
6	潮汐	T	①降水；②蒸发；③潮汐水情
7	土壤墒情	M	①降水；②蒸发；③土壤墒情
8	地下水情	G	①降水；②蒸发；③地下水情
9	特殊水情	Y	特殊水情
10	水文预报	F	水文预报

7.4.2.2　**水情站码**

水情站码(简称站码或站号)是水情站的标识。水情站与其站码应一一对应,具有唯一性。

水情站码应采用国家统一编定的站码。

7.4.2.3 **观测时间码**

观测时间码表示水文要素值的发生时间。对于时段平均值或时段累计值,对应的观测时间为时段末的时间。对于旬、月平均值或累计值,以旬、月终了后的次日(即11日、21日和下月1日)8时作为观测时间。

观测时间码应由月、日、时、分组成。

(1)编码格式:MMDDHHNN。

(2)说明:

MM:表示月份,2位数字,取值01~12;

DD:表示日期,2位数字,取值01~31;

HH:表示小时,2位数字,取值00~23;

NN:表示分钟,2位数字,取值00~59。

编码中需要编写多组观测时间码时,可从第2个观测时间码开始,由时间引导标识符“TT”引导。

7.4.2.4　**时间步长码**

时间步长码表示某组等时段水文数据之间的时间间隔。

时间步长码应由标识符、时间类型和时间间隔组成。

(1)编码格式:DRxnn。

(2)说明:

DR:时间步长码标识符;

x:一个字母,表示时间类型,由M、X、D、H和N分别表示月、旬、日、小时、分钟;nn:由2位数字组成,表示与x对应的时间长。时间步长码取值范围应按表7-2的规定确定。

表7-2　时间步长码取值范围

代码	单位	nn范围
DRMnn	月	01~12
DRXnn	旬	01~03
DRDnn	日	01~31
DRHnn	小时	00~23
DRNnn	分钟	00~59

7.4.2.5　**要素标识符**

要素标识符应由主代码、副代码、时段码与属性码四部分组成。各类水情信息的编码要素及标识符见《水情信息编码标准》(SL 330—2005)中附录B。

(1)编码格式:主代码[副代码][时段码][属性码]。

(2)说明。

主代码:水文要素类型码,1 位;

副代码:对主代码作补充说明,1 位;

时段码:水文要素所涉及的时段长,1 ~3 位;

属性码:水文要素的属性标识符,1 位。

[ ]中的内容为可缺省,下同。

主代码是水文要素类型码。其要素分类及其类型码应按表 7-3 的规定执行。

表 7-3　要素分类及其类型码

序号	要素分类	类型码	序号	要素分类	类型码
1	面积、气温	A	9	降水量	P
2	水温	C	10	流量	Q
3	密度	D	11	径流深	R
4	蒸发量	E	12	含沙量	S
5	气压	F	13	时间、历时	T
6	水深	H	14	流速、速度	V
7	距离、长度	L	15	水(径流)量	W
8	土壤含水量	M	16	水位、潮位	Z

副代码是对所要表示的水文要素主代码作补充说明,包括水文要素具有的方位属性等。部分要素及其副代码应按表 7-4 的规定执行。

表 7-4　部分要素及其副代码

序号	要素	副代码	序号	要素	副代码
1	(闸、坝)上	U	4	右	R
2	(闸、坝)下	B	5	入流	I
3	左	L	6	出流	G

时段码描述水文要素观测(或计算)值的时段长度,可按下列规定执行:

a. 如果时段码所描述的水文要素是一个连续值,如江河流量,则设定该水文要素值是时段平均值;若水文要素为累计值,如时段降水量、蒸发量,则设定该水文要素值为时段总量。

b. 报送水情信息时,年、月、旬、日的时段码分别由 Y、M、X、D 表示;24 小时以内的时段码用相应的小时数表示,小时的取值范围为 00 ~23;1 小时以内的时段码用"N"加相应的分钟数表示,分钟的取值范围为 01 ~59。

c. 对于水文要素的瞬时值,不列时段码。

属性码用于表示水文要素的最高(或最低)、最(或极)大(或最小、极小)等特征属性。水文要素的最(极)大(最高)、最(极)小(最低)等属性分别用代码"M""N"表示。

要素标识符应与相应水文要素观测(或计算)值关联编码,不应单独出现在信息编码中。

7.4.2.6 **数据(值)编码**

在水情信息编码中,数据(值)应采用实测值或计算值。基面以下的水位值或零度以下的温度值可用负值表示。

数据(值)的单位和有效位数应以本标准的规定为准;未做规定的,可按国家有关标准规定执行。

数据(值)应填列在与所属水文要素相对应的规定位置上,由空格分隔。

对数据(位)的精度或准确性有质疑的数据(值),应在相应的数据(值)编码上加括号“()”。

7.5 容错处理

容错处理主要包括两方面的内容,即在测站的水情信息发送软件的容错处理和中心站的水情信息接收软件的容错处理。

7.5.1 标志符大小写的容错

《水情信息编码标准》(SL 330—2005)规定,水情报文中的所有英文标志符均应大写,在实际工作中,输入需要大小写转换,为此在输入编辑程序中专门设定了大小写自动转换程序,也就是说编辑报文时不需要英文字母的大小写转换了,无论大小写只要输入,程序自动将其输入的英文字母转换成大写,免去了每次输入报文时要切换大小写的麻烦,避免容易出错的可能,提高了工作效率和质量。

7.5.2 报文空格的容错

《水情信息编码标准》(SL 330—2005)规定,水情报文中的每一组数字和每一组标志符之间均要有一个空格,并且只能是一个,但在实际输入报文的过程中常常容易输成不只一个,在校核报文时还容易忽略,因而就产生了错报,为此在此软件中增加了输入报文的空格处理程序,就是在输入报文的过程中,无论你输入几个空格,只要有空格,程序就自动处理成一个空格。这样就减小了错误率,并且减轻了工作人员的劳动强度。

7.5.3 水情信息接收软件的容错处理

这一部分主要考虑使用手机报汛的问题。雨量站报汛使用手机,水文站的备用报汛办法也是使用手机,而使用手机报讯是报文以短信形式发送的,编写报文时,考虑到没有专门的报汛手机,使用的均是普通通话手机,所以在编写报文时充分考虑了报文中的符号、数字、空格等因素,在进行程序设计时,相应增加了容错和纠错方面的设计。

7.5.3.1 **英文大小写的容错**

标准的报文英文字母需要用大写,如

H 40105150 07062100 Z 93.11 ZS 4 Q 675 QS 1 PX 23.5 WS 9 NN

考虑到手机输入设备的具体情况,允许用小写字母代替大写字母,系统接收后自动处理为大写字母。

7.5.3.2 空格的容错

新编码中要求各要素值之间必须用空格分隔,因此必须输入空格,如

H 40105150 06180800 Z 91.98 ZS 4 Q 538 PD 0.8 WS 7 NN

部分手机输入空格非常困难,在程序中增加了五个可以设定的符号代替空格,如用“#”“ * ”“%”“&”等代替空格,并且接收者可自行定义代替空格的符号,系统接收后将这些符号自动处理为空格。

7.6 软件类型

7.6.1 测站水情信息发送软件

测站水情信息发送软件功能见图 7-8。

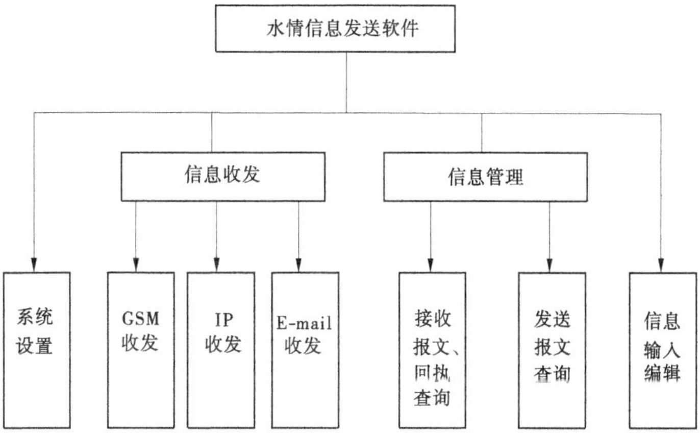

图 7-8 测站水情信息发送软件功能

单击互联网报汛软件桌面快捷方式,运行报汛软件,进入图 7-9 所示界面。

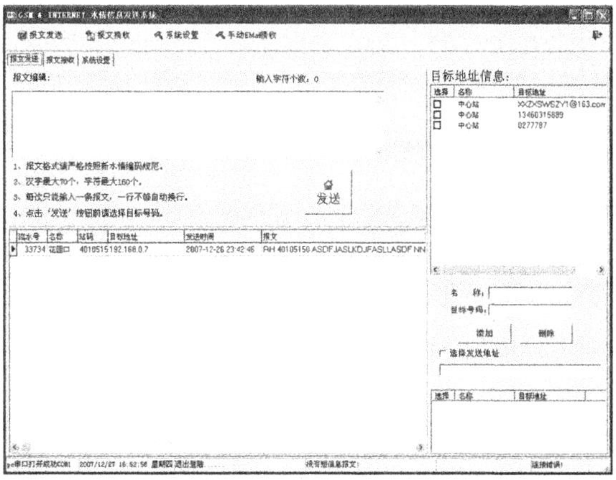

图 7-9 测站水情信息发送软件运行界面

7.6.1.1 测站水情信息发送软件运行界面介绍

测站水情信息发送软件运行界面由报汛软件名称栏，工具栏和报文发送、报文接收、系统设置组成。

报文发送主要由报文编辑区、已发送报文显示区、目标地址选择区和目标地址添加区组成。

报文编辑区用于输入和编辑水情报文，其中输入报文时可自动显示已经输入报文字符的数量，并且自动将小写英文字符转换成大写字符，自动换行，最多输入字符 160 个，汉字 70 个，超过将不能输入进去。

添加区是输入设定目标地址，包括互联网的信箱地址、内网的 IP 地址和 GSM 的号码。

7.6.1.2 报文录入与发送

发报时在报文编辑框中直接输入报文，或从水情编码软件中直接拷贝报文，粘贴到文本框里面，并在右边目标地址信息中选择目标地址，点击“发送”，如发送成功则提示“发送成功！”，否则提示“发送失败”，此时由人工重发，直到发送成功。发送成功后，在该界面的左下发送报文显示区，显示该报文的内容，该站的站号、站名，发送的时间和发送的方式等，并记入数据库以备日后查询。

发送报文成功后等 5 ~ 20 s，若中心站“回执”，则表明中心站已收到该站的水情报文；否则表明中心站没收到，需要重新发送。

7.6.1.3 测站报文及信息的查询

点击报文接收和报文发送，在该界面上可以看到已收到的“回执”和信息，其中包括收到该信息的时间、日期，发文的单位名称、站号，报文或信息的内容，如图 7-10 所示。

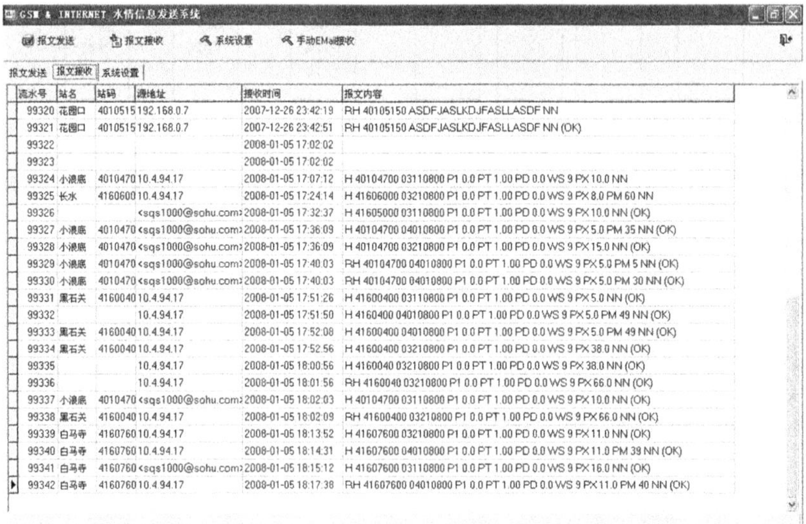

图 7-10 测站接收报文查看界面

7.6.2 中心站水情信息接收软件

中心站水情信息接收软件功能见图 7-11。

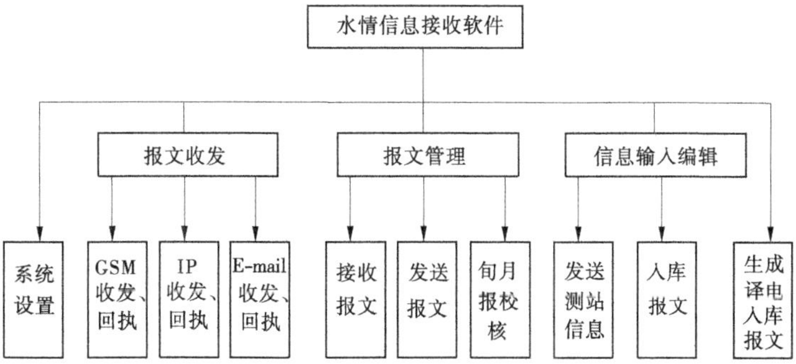

图 7-11 中心站水情信息接收软件功能

单击互联网报文接收软件桌面快捷方式，运行报文接收软件，进入如图 7-12 所示界面。

图 7-12 中心站水情信息接收软件运行界面

中心站水情信息接收软件运行界面由报汛软件名称栏、工具栏和报文发送、报文接收、旬月雨量校核、到报率统计、系统设置、入库报文的编辑处理组成。

7.6.2.1 报文接收

报文接收是接收各个报汛测站从互联网、内网或者 GSM 网络发来的水情报文。运行程序后，程序自动检测互联网、内网和 GSM 网络是否有报文，如有则接收，并直接显示在报文接收区，显示站名、站码、源地址以及报文内容、回执状态等，处理后以一定格式放入指定文件中。同时，根据设定向发来报文的该站发送收到报文的回执信息。

7.6.2.2 报文发送

该功能主要用于向测站发送一些必要的信息或者报文。

报文发送主要由报文编辑区、已发送报文显示区、目标地址选择区和目标地址的添加区组成。

添加区是输入设定目标地址,包括互联网的信箱地址、内网的IP地址和GSM的号码。

报文编辑区用于输入编辑水情报文,其中输入报文时可自动显示已经输入报文字符的数量,并且自动将小写英文字符转换成大写字符,自动换行,最多输入字符160个,汉字70个,超过将不能输入进去。

7.6.2.3 入库报文的编辑处理

报文接收界面下方文本框是入库报文的编辑处理功能,入库报文的编辑处理,就是对个别情况下由于特殊原因接收测站人工口报,由值班人员输入编辑报文进入数据库的一个入口。双击入库报文,该条报文即入到文本框中,可根据实际情况修改后点击"编辑并送入R0011.TXT"中,此功能可由中心站工作人员手工录入报文,进入指定文件后向上一级传输。

7.6.2.4 旬月雨量校核

点击界面的"旬月雨量校核"按钮,便可进入"旬月雨量校核"界面(见图7-13),根据提示选择好月份,点击"开始校核"按钮,其界面中便显示出各个测站的站名、上旬雨量、中旬雨量、下旬雨量、三旬合计、月雨量和绝对误差等,绝对误差就是校核的结果,从中及时了解各测站旬月报的报汛情况,从而减轻了工作人员的劳动强度,提高了效率和时效性。

图7-13 "旬月雨量校核"界面

7.6.2.5 系统设置

点击"系统设置"按钮或系统控制—参数配置菜单项,对软件的基本参数进行配置。

系统设置有通讯串口设置、自动回执设置、本地邮箱设置、文本储存位置设置、符号代替设置、模块初始化等,见图7-14。

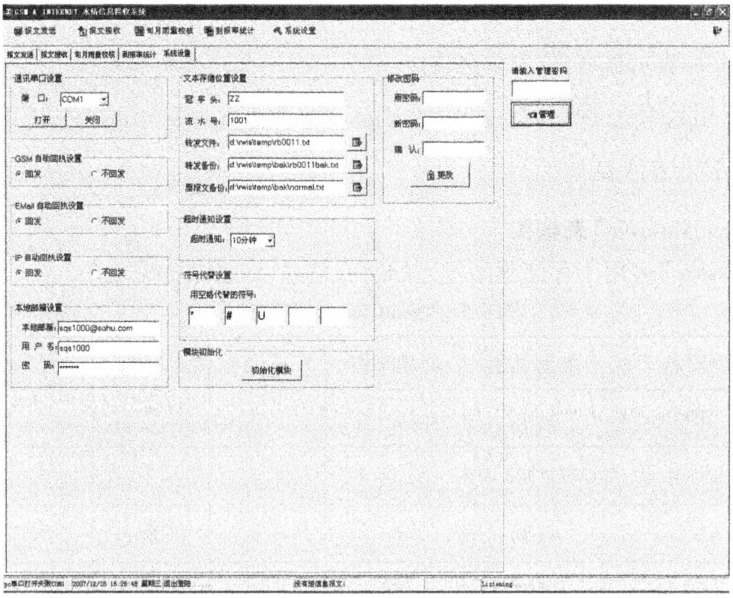

图 7-14 “系统设置”界面

7.6.2.6 工具栏

工具栏中包括报文发送、报文接收、旬月雨量校核、到投率统计、系统设置、手动E-mail接收,见图 7-15。

图 7-15 工具栏界面

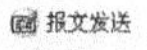

:点击进入报文发送界面;

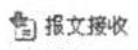

:点击进入报文接收界面;

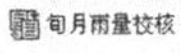

:点击进入旬月雨量校核界面;

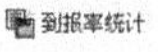

:点击进入到报率统计界面;

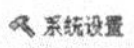

:点击进入软件系统设置界面;

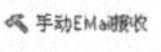

:点击接收 E-mail 报文。

7.7 系统数据库表结构

系统采用 Ms Access 数据库方式进行数据发送、接收及校核管理,库表设计原则是满足系统数据的发送存储、接收存储、旬月校核以及编报录入等各种应用的需要,同时遵照关系型数据库表结构设计的一般原则。

本系统主要包括测站发送数据库和中心站接收数据库。测站发送数据库包括 SendMessage、RecMessage、UserInfo 和 AllStationList 四个表结构,中心站接收数据库包括 SendMessage、RecMessage、UserInfo、AllStationList、XYCollate、XYStationList 和 ToStationList

七个表结构。

类型说明:N 表示数字,C 表示字符。

单位说明:mm 表示毫米。

7.7.1 测站发送数据库

7.7.1.1 “SendMessage”表结构

“SendMessage”表用于存储测站发送的所有信息,该表结构见表 7-5。

表 7-5 “SendMessage”表结构

序号	字段名	类型长度	必填字段	单位	主键	说明
1	ID	N(4)	是		是	流水号
2	SYNM	C(30)	否			站名
3	STCD	C(8)	否		是	站号
4	DestAdd	C(50)	否			目标地址
5	DateTimeStr	C(25)	否			发送时间
6	Message	C(200)	否			发送信息内容

7.7.1.2 “RecMessage”表结构

“RecMessage”表用于存储测站接收的所有信息,该表结构见表 7-6。

表 7-6 “RecMessage”表结构

序号	字段名	类型长度	必填字段	单位	主键	说明
1	ID	N(4)	是		是	流水号
2	SYNM	C(30)	否			站名
3	STCD	C(8)	否		是	站号
4	SourceAdd	C(50)	否			源目标地址
5	DateTimeStr	C(25)	否			接收时间
6	Message	C(200)	否			接收信息内容
7	IsBack	C(20)	否			是否回执标志

7.7.1.3 “UserInfo”表结构

“UserInfo”表用于存储所有测站发送信息时要发送的目标用户信息,该表结构见表 7-7。

表 7-7 "UserInfo"表结构

序号	字段名	类型长度	必填字段	单位	主键	说明
1	ID	N(4)	是		是	流水号
2	Name	C(30)	否			用户名称
3	DestAdd	C(50)	否			发送的目标地址

7.7.1.4 "AllStationList"表结构

"AllStationList"表用于存储所有测站相关信息,该表结构见表 7-8。

表 7-8 "AllStationList"表结构

序号	字段名	类型长度	必填字段	单位	主键	说明
1	ID	N(4)	是		是	流水号
2	SYNM	C(30)	否			站名
3	STCD	C(8)	否		是	站号
4	DestGsmAdd	C(15)	否			GSM 目标地址
5	DestMailAdd	C(50)	否			Mail 目标地址
6	StaTel	C(15)	否			电话号码

7.7.2 中心站接收数据库

7.7.2.1 "SendMessage"表结构

"SendMessage"表用于存储中心站发送的所有信息,该表结构与测站发送数据库的"SendMessage"表结构相同,见表 7-5。

7.7.2.2 "RecMessage"表结构

"RecMessage"表用于存储中心站接收的所有信息,该表结构与测站发送数据库的"RecMessage"表结构相同,见表 7-6。

7.7.2.3 "UserInfo"表结构

"UserInfo"表用于存储所有中心站发送信息时要发送的目标用户信息,该表结构与测站发送数据库的"UserInfo"表结构相同,见表 7-7。

7.7.2.4 "AllStationList"表结构

"AllStationList"表用于存储中心站管理的所有测站相关信息,该表结构与测站发送数据库的"AllStationList"表结构相同,见表 7-8。

7.7.2.5 "XYCollate"表结构

"XYCollate"表用于存储中心站旬月校核后校核的结果信息,该表结构见表 7-9。

表 7-9 "XYCollate"表结构

序号	字段名	类型长度	必填字段	单位	主键	说明
1	ID	N(4)	是		是	流水号
2	SYNM	C(30)	否			站名
3	STCD	C(8)	否		是	站号
4	DateTimeStr	C(25)	否			旬月时间
5	px1	C(10)	否	mm		第一旬雨量
6	px2	C(10)	否	mm		第二旬雨量
7	px3	C(10)	否	mm		第三旬雨量
8	px	C(10)	否	mm		三旬累计雨量
9	pm	C(10)	否	mm		月雨量
10	abserror	C(10)	否	mm		误差(月雨量减三旬累计雨量)
11	remark	C(10)	否			备注和说明

7.7.2.6 "XYStationList"表结构

"XYStationList"表用于存储中心站要进行旬月校核的站相关信息,该表结构与"AllStationList"表结构相同,见表 7-8。

7.7.2.7 "ToStationList"表结构

"ToStationList"表用于存储中心站进行到报率通知的测站相关信息,该表结构与"AllStationList"表结构相同,见表 7-8。

7.8 相关通信技术

水情报汛软件水情信息的收发是基于 GSM 网络的短信技术、TCP/IP 传输技术、E-mail控件封装技术开发的集成水情报汛系统,现将以上三种通信技术作一简单介绍。

7.8.1 GSM 网络原理简介

GSM(Global System for Mobile Communication)的中文是全球移动通信系统,又称全球通,最早在欧洲开发出来并成功运用。为区别早期的模拟移动通信系统,把模拟移动通信系统称为第一代(1G)移动通信系统,把 GSM 称为第二代数字蜂窝移动通信系统,简称2G。

GSM 采用的是数字调制技术,其关键技术之一是时分多址(TDMA,每个用户在某一时隙上选用载频且只能在特定时间下接收信息),因此其话音清晰,保密容易,能提供的数据传输服务较多。GSM 网能支持的用户数量为模拟网的 1.8 ~ 2 倍。由于 GSM 发展极快，在其900 MHz频段满以后，又开辟了DCS1800、PCS1900等频段，但一般的手机都工作在GSM900和DCS1800两个频段，当然也有三频段的手机。

GSM网络采用的是蜂窝式组网，因此又叫蜂窝移动通信系统。蜂房大小的上限比较明显，为35 km。

7.8.1.1 GSM的技术特性

GSM无线传输的主要特点如下：

频带有：900 MHz、1 800 MHz及1 900 MHz。

载波间隔：200 kHz。

调制方式：GMSK(高斯滤波最小频移键控)270.833 kbit/s，均衡解调，以适应复杂的地形(如多山地区)。

时分复用：同一载波用于不同速率的信道。

跳频：是使用相同频率的蜂房间实现CDMA的一种形式。

数字话音传输：从开始的13 kbit/s(每载波8个信道)发展到6 kbit/s(每载波16个信道)。

7.8.1.2 GSM功能

GSM是一种多业务系统，可依据用户要传输信息的特点，提供各种形式的通信。传统上，我们将话音业务与数据业务分开：话音业务中，信息是话音，而数据业务包括电文、图像、传真、计算机文件和消息等。另外，GSM提供了一组非传统业务，即短消息业务。

1)话音业务

GSM提供的最重要的业务是电话业务，它使GSM用户和通过普通电话网可达到的任何电话用户间能进行双向语音呼叫。根据GSM的术语，紧急呼叫是电话演变来的一项单独业务。它允许用户通过一个简单固定的步骤就可找到附近的紧急服务部门(如警察局或消防部门)。

由电话发展而来的另一项业务是话音留言。GSM规范未将该业务定义为一项单独业务，但许多运营者将其作为一项基本业务。

2)数据业务

作为ISDN的继承者，GSM从一开始设计就提供了多种数据业务。只要无线传输允许，它基本上包括了提供给固定电话用户和ISDN用户(包含一些专用网，如分组交换数据网)的绝大多数业务。数据业务的分类主要取决于可能的通信方(电话网、ISDN网或专用网用户)、端到端信息流的特性(原始数据、传真、可视图文、智能电报等)、传输方式(分组或电路交换、端到端数字传输或利用音频调制解调器同步或异步传输)，以及终端的特性等。

3)短消息业务

短消息业务包括以下两种：

第一种是GSM能传输点对点短消息，并能区分接收短消息的“移动台被呼点对点短消息业务”(SMS - MT - PP)和使GSM用户能向另一GSM用户发短消息的“移动台呼叫点对点短消息业务”(SMS - MO/PP)。

另一种短消息业务是“蜂房广播短消息业务”(SMS - CB)，它能以固定的时间间隔将一般的短消息向给定地理区域中所有用户广播。

4)MS、BSS 与 NSS 之间的关系

MS(即移动电话)、BSS(基站子系统)与 NSS(网络子系统)之间的关系见图 7-16。

图 7-16 MS、BSS 与 NSS 之间的关系

7.8.1.3 GSMART 主要技术参数

供电:CD8 ~ 30 V,电源连接器 EK500;

功耗:休眠小于 6 mA,平均 20 mA,最大 500 mA 峰值;

体积:(*L*)100 mm × (*W*)90 mm × (*H*)38 mm;

质量:130 g;

插入式微型 SIM 读卡器;

天线连接器 FME,双频 GSM900/1 800;

业务承载方式:短消息 SMS/通用无线分组业务 GPRS/无线调制解调器 MODEM 可选;

数据接口:V.24/V.28,DB9 次级型;

工作状态指示 LED;

温度范围:-20 ~ 55 ℃

自动保护温度:≥ +70 ℃。

GSMART 实物见图 7-17。

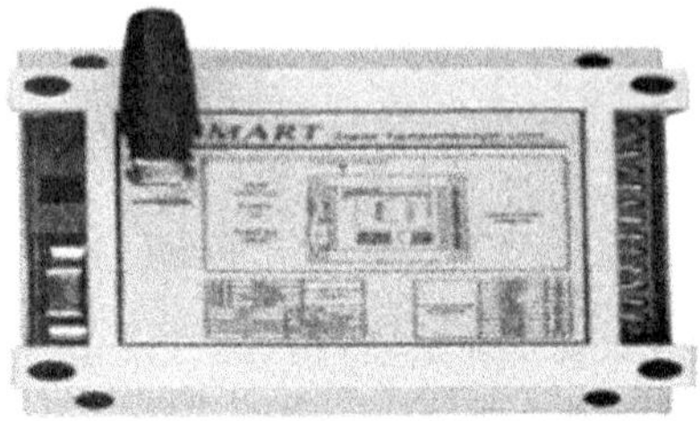

图 7-17 GSMART 实物

7.8.2 内网基于 Socket 的通信原理

Socket 套接字起源于美国伯克利大学。它方便了开发网络应用,TCP 面向连接的可靠传输协议,有数据确认和数据重传机制,保证了发送数据一定能到达通信的对方,适用于对数据完整性要求比较高的场合。UPD 协议无连接,不可靠的传输协议,不具有数据确认和数据重传机制,适用于对数据完整性要求比较低的场合。

所谓的 Socket,通常也称做“套接字”,用于描述 IP 地址和端口,是一个通信链的句柄。应用程序通常通过“套接字”向网络发出请求或者应答网络请求。IP 网络中每台主机都必须有一个唯一 IP 地址,IP 地址是个逻辑地址,因特网上的 IP 地址具有全球唯一

性,32 位,4 个字节,常用点用十进制的格式表示。

服务器使用 ServerSocket 监听指定的端口(端口可以随意指定,由于 1024 以下的端口通常属于保留端口,在一些操作系统中不可以随意使用,所以建议使用大于 1024 的端口),等待客户连接请求,客户连接后,会话产生,在完成会话后,关闭连接。

客户端使用 Socket 对网络上某一个服务器的某一个端口发出连接请求,一旦连接成功,打开会话,会话完成后,关闭 Socket。客户端不需要指定打开的端口,通常临时地、动态地分配一个 1024 以上的端口。

利用基于 TCP/IP 的 Socket 通信编程接口编写程序,目的在于 TCP/IP 所组建网络的不同机器之间利用客户/服务器模式建立通信连接。

以机器 A 通过 TCP/IP 与机器 B 进行网络通信为例,对于机器 A 来说我们需要知道如下信息:

(1)机器 B 的 TCP/IP 地址;

(2)与机器 B 中哪一个进程(或软件系统)联系。

以上两个需要的参数,第一个显然可以被大家理解,但第二个也许有人存在疑问,因为像电子邮件收发、TELNET、PING 等基本的 TCP/IP 网络应用程序,在建立连接时都只要提供 TCP/IP 地址(或者对应域名地址),根本没有必要提供第二个参数,这是为什么呢?其实原因很简单,就是它们使用的是一些标准接口,第二个参数早就定义了,这些应用系统在发出呼叫请求前,自己已经知道该与对方怎样联系,在发请求前,自动将第二个参数加入请求中。如果开发者也要开发这样的系统,就需要知道这些标准接口;对于那些需要建立专用系统网络连接的,却需要双方协商。

以上两个需要提供的参数,在套接字中分别表示为机器 B 的地址和机器 B 的通信端口。通过在同一机器的不同通信软件中定义不同端口地址,来表示机器 A 是与机器 B 中哪套系统通信。不管是利用何种协议,完全建立一个网络连接需要五个基本信息。它们分别是双方的地址、约定的通信端口和协议类型。Socket 通信编程接口并不是专门为 TCP/IP 通信提供的,因此套接字通信编程需要在参数中指明通信协议类型。套接字是利用客户/服务器模式来实现通信的,客户端软件和服务器端软件的具体实现也有所不同。

具体来说,在客户端利用基于 TCP/IP 和 Socket 通信编程的基本步骤是:

(1)声明一个套接字类型的变量,需要在该变量定义中提供本机 IP 地址和通信端口并指明协议类型,由于在此介绍的是基于 TCP/IP 的套接字通信,因此协议类型应该是 TCP/IP,在编程接口中该类型用 AF-INET 来表示;

(2)向对方发出连接请求,连接时编程者需要提供对方 TCP/IP 地址和通信端口,同时利用 Socket 实现程序自动向对方提供本机 TCP/IP 地址和通信端口;

(3)如果连接成功,会收到对方的应答信号,这以后的通信就可以通过套接字的相关操作来实现了。

利用 Socket 来实现服务器端通信软件的步骤是:

(1)同客户端程序第(1)个步骤;

(2)服务器端通信软件进入等待客户端连接的状态,如果收到连接,则从对方连接请求中获取对方的 IP 地址和通信端口,并向对方发送连接成功的应答信号。

由上面的介绍可知，客户端与服务器端通过 Socket 通信都需要知道 5 个基本信息，不同的是客户端软件开发者需要向编程接口全部提供 5 个参数，而服务器端软件开发者只需要提供 3 个。

需要注意的是，客户端和服务器端所提供的本地端口地址可以相同，也可以不同，但客户端口地址可以动态分配，而服务器端口地址必须固定，否则连接就不能建立。

7.8.3 POP3 协议及工作原理

E-mail 是 Internet 上的重要信息服务方式，它为世界各地的 Internet 用户提供了一种极为快速、简便和经济的通信以及交换信息的方法。E-mail 的传递是一个标准化的简单邮件传输协议——POP3 协议完成的，它概述了电子邮件的信息格式和传输处理方法。

POP 适用于 C/S 结构的脱机模型的电子邮件协议，目前已发展到第三版，称 POP3。脱机模型不能在线操作，不像 IMAP4（Netscape 支持 IMAP4）。

当客户机与服务器连接并查询新电子邮件时，被该客户机指定的所有将被下载的邮件都将被程序下载到客户机，下载后，电子邮件客户机就可以删除或修改任意邮件，而无须与电子邮件服务器进一步交互。

POP3 客户向 POP3 服务器发送命令并等待响应，POP3 命令采用命令行形式，用 ASCⅡ码表示。服务器响应由一个单独的命令行组成，或多个命令行组成，响应第一行以 ASCⅡ文本 +OK 或 -ERR 指出相应的操作状态是成功还是失败。

在 POP3 协议中有三种状态，即认可状态、处理状态和更新状态。

当客户机与服务器建立联系时，一旦客户机提供了自己身份并成功确认，即由认可状态转入处理状态，在完成相应的操作后客户机发出 Quit 命令，则进入更新状态，最后重返认可状态。

POP3 协议在 TCP/110 端口上等待客户连接请求。下面的命令在服务器运行后在屏幕上显示 POP3 连接及命令发送的过程：

```
#sniffit  -a  -A.  -p  110  -b  -s  192.169.11.12
```

需要注意的是，192.168.11.12 是客户机 IP 地址，需要事先安装 Sniffit 这个端口监听程序。考虑到这种情况，当客户在收取邮件时，假定为 15 封信等待接收，但由于线路问题，收到第 10 封时断线了，为什么下次接收时仍然从第一封开始，也即为什么前 10 封没有被从服务器上删除掉？这是因为任何邮件的删除都必须在 Quit 命令发出后对已标记为删除的邮件执行删除操作，由于中途断线，仍处于处理状态，没有机会执行 Quit 命令以进行状态转换。

POP3 session is locked by another session, please wait 10 minutes then try again.

由于非正常操作引起 POP3 程序内部机制锁住该次会话。

第8章　用户指南

8.1　概　述

实时水情报汛软件是为水情报汛测站和水情中心站水情报汛使用的专门软件，该软件符合《水情信息编码标准》(SL 330—2005)、《河流流量测验规范》(GB 50179—93)、《实时雨水情数据库表结构与标识符标准》(SL 323—2005)、《实时水情交换协议》(SL/Z 388—2007)等现行技术规范，满足水文系统水情报汛的需要。

该软件是集成了TCP/IP传输技术、E-mail控件封装技术和GSM短信技术三种通信技术开发的报汛软件，可选择使用三种通信方式的任意一种，并且三种通信技术在发送接收的通信手段互为备份，使水情报汛的通信更加可靠。

该系统分水情发送系统和水情接收系统两部分。

水情发送系统具有报文编辑、报文发送、已发报文记录、已发报文查询、信息接收功能、接收信息记录、接收信息查询、报汛通信方式选择等。水情接收系统的主要功能有报文接收、生成标准的译电格式、旬月报自动校核、收报文记录、收报文查询、自动"回执"信息、人工编辑输入等。

该软件报汛功能齐全、性能可靠、界面友好，还具有如下特点：

(1)集成了原来独立的三种报汛方式，系统运行更加可靠，接收的报文易于管理。

(2)具有中心站收到报汛站报文后给该站的"回执"功能，提高了报汛工作的效率。

(3)测站和中心站软件都具有发送、接收功能，所发报文存储功能，已发报文的查询功能，Internet、Intranet和GSM三种报汛方式的选择功能，使测站报汛工作更为便捷、可靠。

(4)中心站软件具有对各报汛站月雨量的自动验算功能，从而进一步降低了报汛的差错率，并提高了30 min的到报率。

(5)该软件严格按照中华人民共和国水利行业指导性技术文件《实时水情交换协议》(SL/Z 388—2007)，实现了与水情译电入库软件的完美结合，自动传入黄河水情数据库，实现了报汛的自动化。

(6)在报汛手段上，实现Internet、Intranet和GSM三种报汛方式互为备份，使水情报汛更为可靠。

(7)测站可以同时接收中心站发来的各种信息。

(8)中心站可做到无人值守，数据自动处理、传输。

(9)中心站和测站编辑报文具有自动复制功能、输入的字母自动转化为大写功能、空格自动处理功能、自动换行功能，界面美观，使操作更加人性化。

(10)E-mail 控件封装技术和 TCP/IP 通信技术实现了零费用传输水情信息，节省了报汛费用。

8.1.1 技术指标

8.1.1.1 水情报文传输时间

Internet 方式:20 s ~3 min;

Intranet 方式:5 ~10 s;

GSM 方式:10 ~20 s。

8.1.1.2 编辑本文字符数

汉字不大于 70 个，英文和数字不大于 160 个。

8.1.2 经济指标

水情报文传输所需费用:

Internet 方式:0;

Intranet 方式:0;

GSM 方式:每条水情报文 0.1 元。

8.2 水情信息接收系统

8.2.1 软件运行环境及系统配置

8.2.1.1 软件运行环境

系统在 Windows 9X 或 Windows XP 操作系统环境下，基于 Micosoft Access 数据库管理系统运行。

8.2.1.2 系统硬件配置

计算机:CPU 为 Pentium Ⅲ 800 MHz，内存为 128 M。

GSMART 短信收发模块/报汛手机。

Internet 网络/Intranet 黄河内网。

水情报汛软件的主要功能介绍和软件界面介绍见前述。

8.2.2 水情信息接收软件的操作使用

8.2.2.1 水情接收报汛软件安装

(1)点击 X:\setup. exe，键入软件安装界面(X 为水情报汛软件安装程序所在光盘盘符)，见图 8-1。

(2)点击下一步，选择水情报汛程序安装目录。

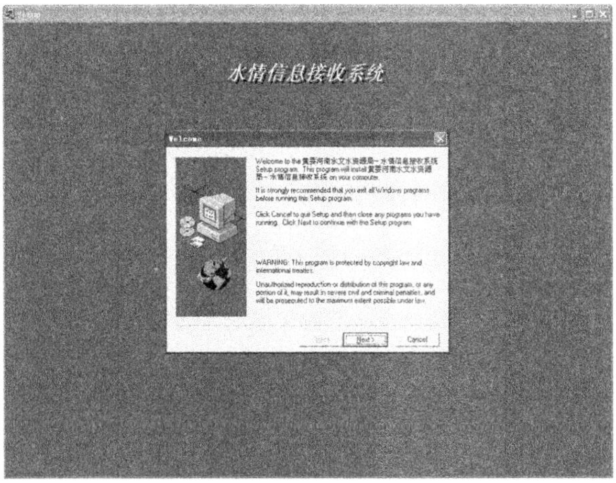

图 8-1　中心站报汛软件安装界面

(3)点击下一步,按安装程序提示完成软件安装。

安装成功后,在使用者当前桌面上产生"水情信息接收系统"快捷方式(见图 8-2),在开始菜单中生成"水情信息接收系统"程序组。

图 8-2　中心站软件快捷方式

8.2.2.2　水情接收报汛软件运行

双击桌面快捷方式或运行程序目录下可执行文件,运行报汛程序,首界面见图 8-3。

点击"进入系统"按钮,便进入系统。

图 8-3　中心站软件首界面

8.2.2.3　系统设置

点击"系统设置"按钮,进入"系统设置"界面,如图 8-4 所示。

点击"管理"按钮,进入各种"参数设置"界面,如图 8-5 所示。

"通讯串口设置"界面如图 8-6 所示。这是 GSM 通讯串口的设置,根据计算机的实际

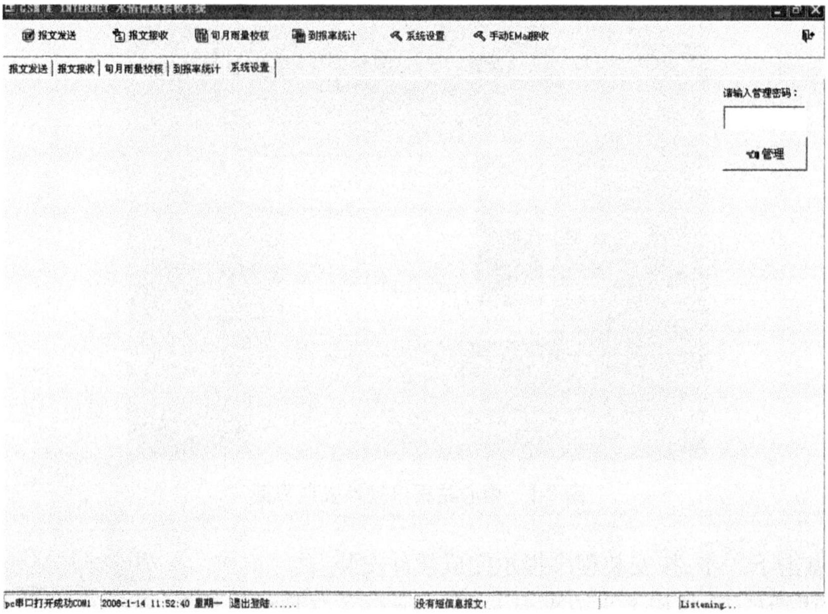

图 8-4　“系统设置”界面

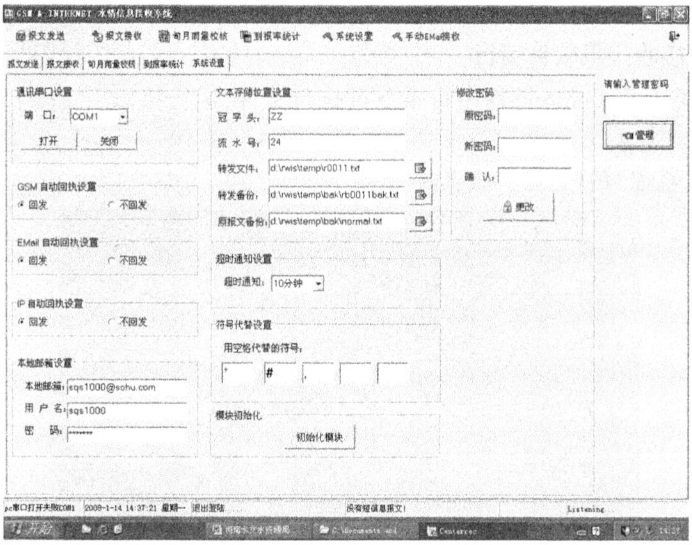

图 8-5　“参数设置”界面

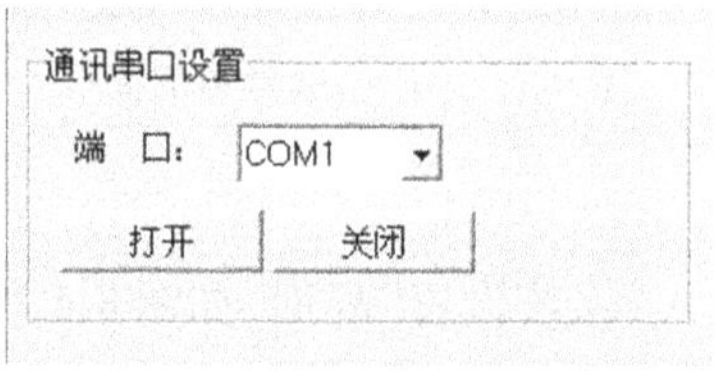

图 8-6　“通讯串口设置”界面

情况选择 COM1 或者 COM2，点击“打开”按钮，本设置成功。

“自动回执设置”界面如图 8-7 所示。本功能是对收到测站发来的水情报文是否给测站自动发送回执的设置，根据需要可以对 GSM/E-mail/IP 三种通信方式收到报文分别选择“回发”或“不回发”即可。

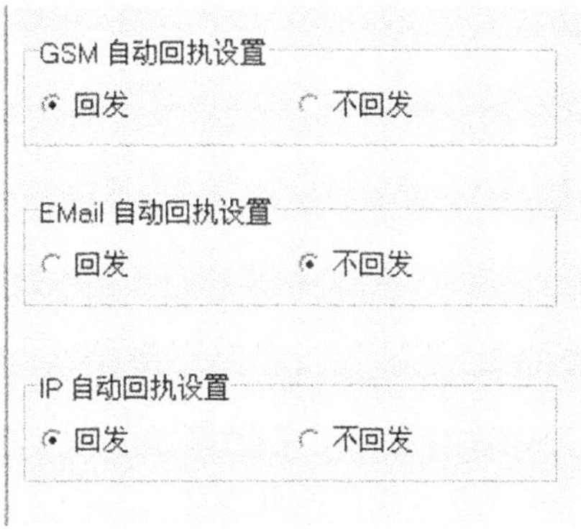

图 8-7 “自动回执设置”界面

“本地邮箱设置”界面如图 8-8 所示。本项设置是以 E-mail 通信方式传送报文，设置时按界面的提示输入提前申请的信箱地址、用户名和信箱的密码即可。

“文本存储位置设置”界面如图 8-9 所示。本项设置存储对生成的译电入库文件的冠字头、流水号、生成文件存放的目录、备份文件存放的目录，以及接收的原报文的存放目录。设置时根据实际情况填写即可。

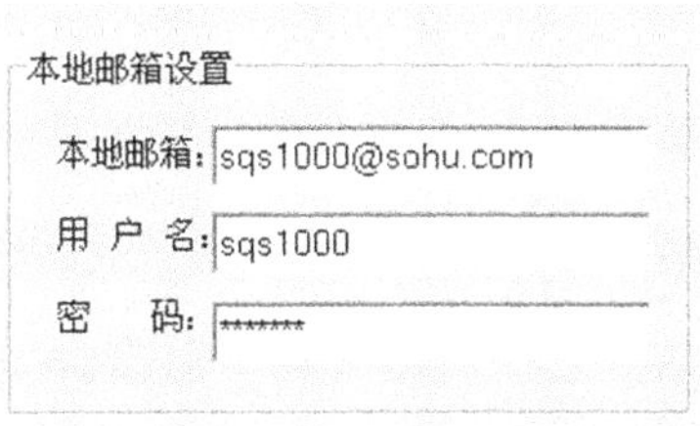

图 8-8 “本地邮箱设置”界面

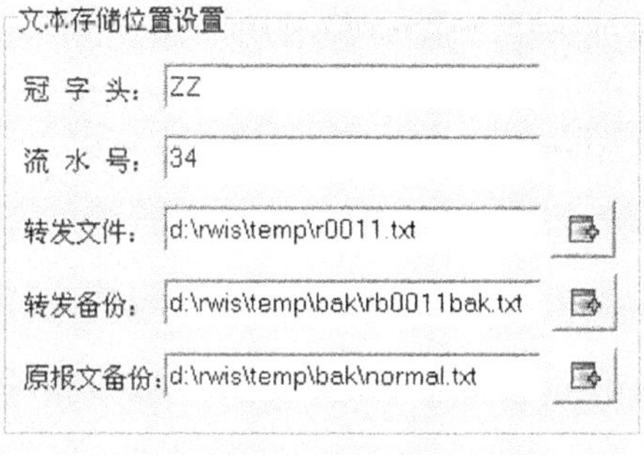

图 8-9 “文本存储位置设置”界面

“符号代替设置”界面如图 8-10 所示。本项设置是用于接收报汛手机发送来的报文，使用符号代替空格的设置。根据使用手机输入空格的方便进行设置，最多可以设置五个。

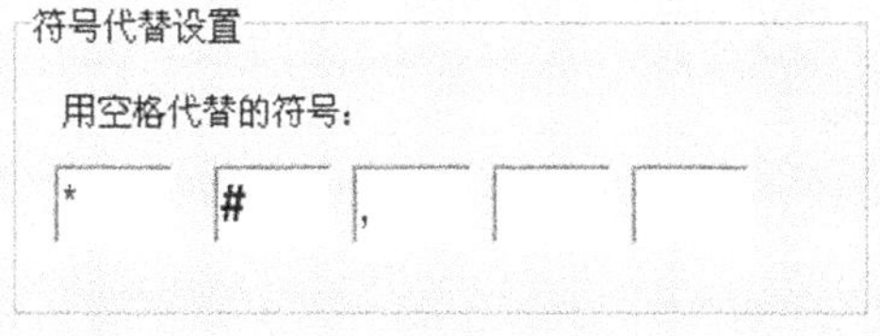

图 8-10 “符号代替设置”界面

“管理密码设置”界面如图 8-11 所示。本项设置是为了确保设置内容的安全而设定的。

“模块初始化”界面如图 8-12 所示。本项设置是第一次使用时对 GSM 通信模块的设置,以后均不再次使用。

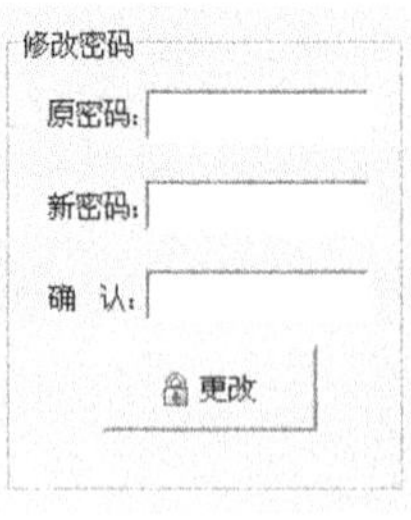

图 8-11 “管理密码设置”界面

图 8-12 “模块初始化”界面

所有设置为自动保存,即设置后便自动保存,不会丢失,无论本软件的运行、退出或者再次运行,都不会改变,直到使用者再次修改此参数。

8.2.2.4 报文接收

软件运行后,点击“报文接收”按钮,便进入报文接收状态,如图 8-13 所示。进入此状态为全自动接收并自动回复“回执”,同时自动生成供译电入库的文本文件,并经过纠错的检测自动进入水文局的水情库。

图 8-13 “报文接收状态”界面

“人工接收口报的输入”界面如图 8-14 所示。人工接收口报的输入是在“报文接收状态”的“入库报文的编辑处理”编辑框内输入编辑报文,校核后点击“编辑并送入 R0011. TXT”按钮,此项工作就完成了。

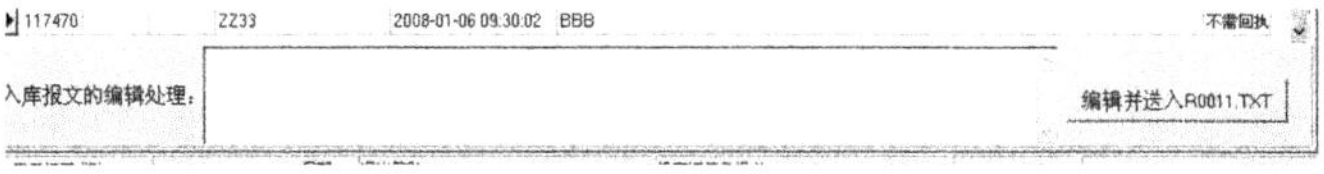

图 8-14 “人工接收口报的输入”界面

手动 E-mail 接收：此功能是为了解决平时检查信箱是否已有报文而设置的。

8.2.2.5 报文(或信息)发送

软件运行后，点击“报文发送”按钮，便进入报文发送状态。

“添加目标地址信息”界面如图 8-15 所示。添加目标地址信息也就是要填写发送信息的目标地址，包括 GSM/E-mail/IP 三种目标地址。

“报文输入编辑”界面如图 8-16 所示。在“报文编辑”框内，进行报文或者信息的输入编辑，并校核。

图 8-15 “添加目标地址信息”界面

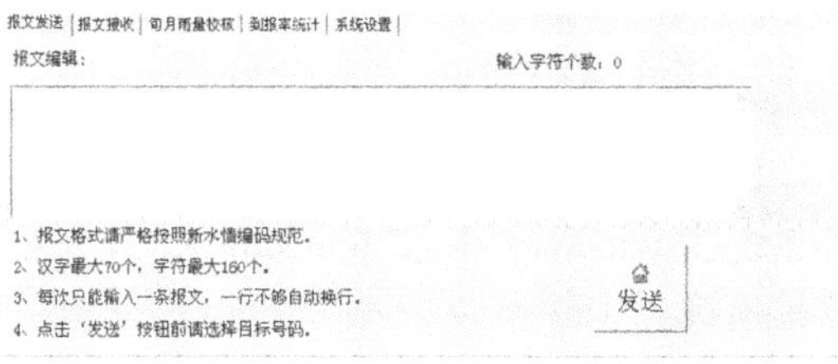

图 8-16 “报文输入编辑”界面

“报文发送”界面如图 8-17 所示。报文编辑校核后，选择发送的目标地址，点击“发送”按钮，停 1 ~5 s，显示“发送成功”，此时发送的报文或信息显示在报文发送区内。此时发送完成。

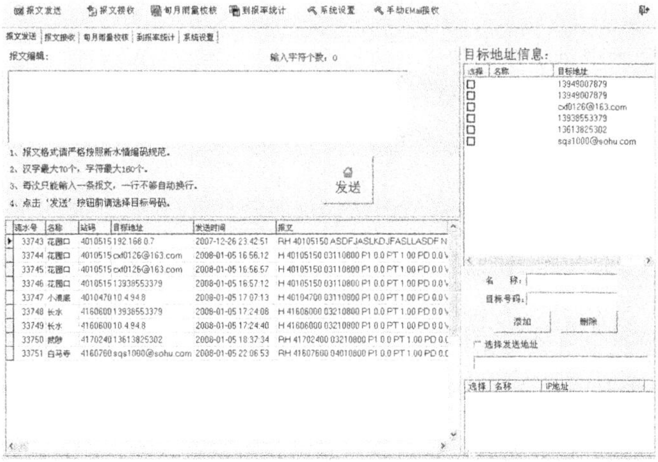

图 8-17 “报文发送”界面

8.2.2.6 **工具栏**

工具栏包括报文发送、报文接收、旬月雨量校核、到报率统计、系统设置、手动 E-mail 接收,如图 8-8所示。

工具操作说明:

报文发送:点击进入报文发送界面;

报文接收:点击进入报文接收界面;

旬月雨量校核:点击进入旬月雨量校核界面;

到报率统计:点击进入到报率统计界面;

系统设置:点击进入软件系统设置界面;

手动EMail接收:点击接收 E-mail 报文。

8.3 水情信息发送系统

8.3.1 软件运行环境及系统配置

8.3.1.1 软件运行环境

系统在 Windows 9X 或 Windows XP 操作系统环境下,基于 Micosoft Access 数据库管理系统运行。

8.3.1.2 系统硬件配置

计算机:CPU 为 Pentium Ⅲ 800 MHz,内存为 128 M。

GSMART 短信收发模块/报汛手机。

Internet 网络/Intranet 黄河内网。

水情报汛软件的主要功能介绍和软件界面介绍见前述。

8.3.2 水情信息发送软件的操作使用

8.3.2.1 水情发送报汛软件安装

(1)运行 X:\setup. exe,键入软件安装页面(X 为水情报汛软件安装程序所在光盘盘符),见图 8-18。

(2)点击下一步,选择水情报汛程序安装目录。

(3)点击下一步,按安装程序提示完成软件安装。

安装成功后,在使用者当前桌面上产生"水情信息发送系统"快捷方式(见图 8-19),在开始菜单中生成"水情信息发送系统"程序组。

8.3.2.2 水情发送报汛软件运行

双击桌面快捷方式或运行程序目录下可执行文件,运行报汛程序,首界面见图 8-20。

点击"进入系统"按钮,便进入系统。

8.3.2.3 系统设置

点击"系统设置"按钮,进入"系统设置"界面,如图 8-4 所示。

点击"管理"按钮,进入各种"参数设置"界面,如图 8-21 所示。

图 8-18　测站报汛软件安装界面

通讯串口设置如图 8-6 所示。这是 GSM 通讯串口的设置，根据计算机的实际情况选择 COM1 或者 COM2，点击“打开”按钮，本设置成功。

本地邮箱设置如图 8-8 所示。本项设置是以 E mail 通信方式传送报文，设置时按界面的提示输入提前申请的信箱地址、用户名和信箱的密码即可。

中心站 IP 地址的设置如图 8-22 所示。本项设置时将中心站的 IP 地址填写在其空格内即可。

图 8-19　测站软件快捷方式

图 8-20　测站软件首界面

符号代替设置如图 8-10 所示。本项设置是用于接收报汛手机发送来的报文，使用符号代替空格的设置。根据使用手机输入空格的方便进行设置，最多可以设置五个。

管理密码设置如图 8-11 所示。本项设置是为了确保设置内容的安全而设定的。

模块初始化如图 8-12 所示。本项设置是第一次使用时对 GSM 通信模块的设置，以后均不再次使用。

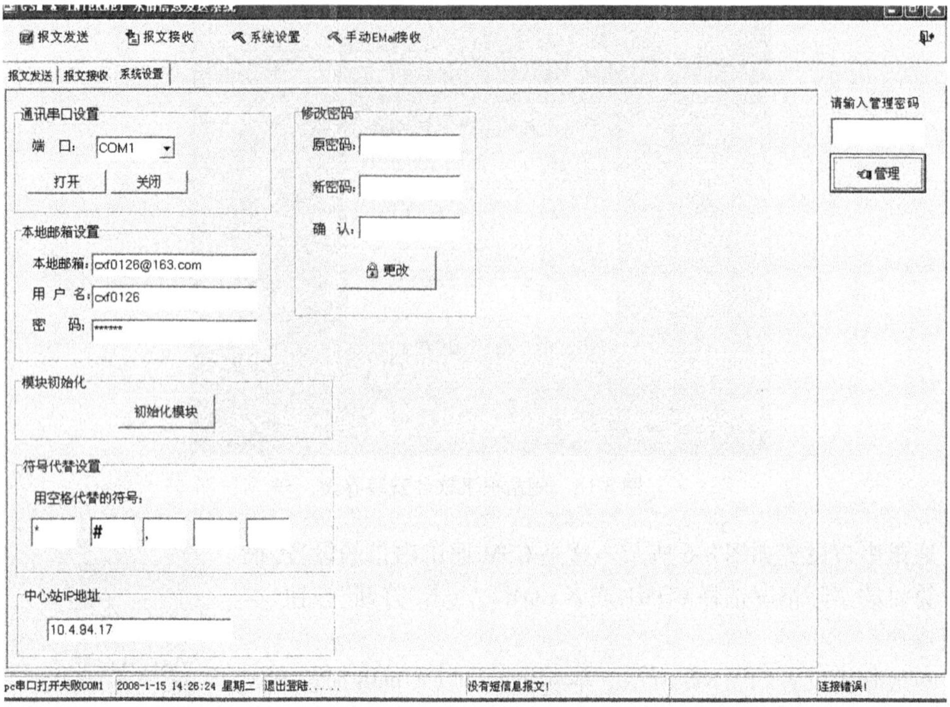

图 8-21 “参数设置”界面

图 8-22 中心站 IP 地址设置

所有设置为自动保存,即设置后便自动保存,便不会丢失,无论本软件的运行、退出或者再次运行,都不会改变,直到使用者再次修改此参数。

8.3.2.4 报文接收

软件运行后,点击“报文接收”按钮,便进入报文接收状态,如图 8-13 所示。进入此状态收到报文区显示接收中心站通过 GSM/E-mail/IP 方式回复的“回执”,或者显示收到中心站发来的信息,该内容长期保存以供以后查询。

手动 E-mail 接收:此功能是为了解决平时检查信箱是否已有报文而设置的。

8.3.2.5 报文(或信息)发送

水情信息发送软件的报文(或信息)发送操作与水情信息接收软件的相同。

8.3.2.6 工具栏

水情信息发送软件的工具栏操作与水情信息接收软件的相同。

第 9 章　实时水情编译软件

为配合新《水情信息编码标准》(SL 323—2005)的推广,黄委"水情译码软件"的设计与开发工作在 2003 年正式开始。期间经过多次试验与修改,本次"黄委水情译码软件"的设计与开发思路于 2009 年 3 月最终完成实时水情编译软件,经最终测试通过,该软件已投入正式应用。

9.1　软件环境及结构

实时水情信息编译软件的开发和运行环境的主要技术指标如下:

(1)微机工作站或微机服务器一台:主频大于等于 1 GHz,内存大于等于 256 M(推荐 512 M),硬盘大于等于 20 G,光驱一台,以太网网卡一块。

(2)安装有 SYBASE、SQL SERVER、ACCESS 或 ORACLE 等数据库管理系统。

(3)开发和运行的操作系统有 Windows ME/XP/2000/NT。

(4)开发工具为 VB 6.0 语言。

实时水情信息编译软件为水情接收软件与实时水情数据库间的一个处理软件,主要是将接收到的水情报文进行处理,并完成各水文要素值的入库工作。它从接收软件获取处理的信息文件,经过本身的一系列处理,形成可完成要素信息入库的 SQL 语句,并执行这些语句,完成数据入库,其流程见图 9-1。

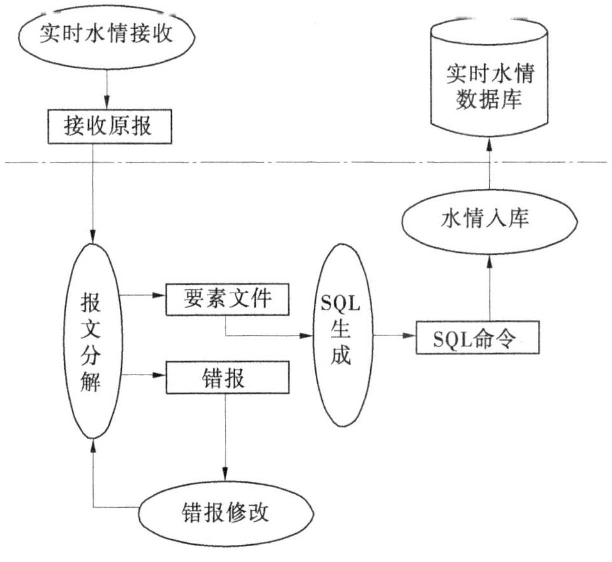

图 9-1　编译软件信息交换流程

9.2 软件概述

译码软件为水情接收软件与实时水情数据库间的一个处理软件，使用 VB 6.0 语言开发，可以运行于 Windows ME/XP/2000/NT 等多种操作系统平台，支持 SYBASE、SQL SERVER、ACCESS 或 ORACLE 四类数据库管理系统。软件的主要功能是将接收到的水情报文进行处理，并完成各水文要素及其测报值的入库工作。软件由运行控制模块、报文分解模块、SQL 生成模块、错报修改模块、报文删除模块、信息入库模块、SQL 转换模板等组成。通过各个模块的运作，实现从接收软件获取需处理的报文信息文件，加工处理后，形成可完成对数据库进行操作的 SQL 语句，以及执行这些语句，完成水情数据入库与数据库内信息的删除。

9.2.1 运行控制模块

运行控制模块为使用者提供一个设置界面，同时也是系统运行的监控界面。使用者可在此模块设置运行间隔时间、水情报文来源、水情数据库的有关参数等信息，为软件的运行设定一个使用环境。

9.2.2 报文分解模块

报文分解模块主要完成水情报文中各要素的分离，即根据《水文信息编码标准》（SL 330—2005）的规定，将接收到的水情报文分离成独立的要素，并提取各要素与数据库表的对应关系，按指定的格式形成输出文件，供 SQL 生成模块进行处理。

9.2.3 SQL 生成模块

SQL 生成模块完成入库 SQL 语句的创建。SQL 生成模块从报文分解模块获取信息，并根据数据库表结构特性，将各要素根据一定规则进行组合，形成完成报汛信息入库的 SQL 语句，供信息入库模块调用。

9.2.4 信息入库模块

信息入库模块主要是定时运行生成由 SQL 生成模块创建的 SQL 语句，将处理形成的各类信息填入实时数据库的相应数据表中。此处入库的信息主要是实时水情报汛信息与预报信息。

9.2.5 错报修改模块

错报修改模块为使用者提供一个修改错误报文的界面。该模块从错报文件中读取报文，并在错报显示窗口进行显示，供使用者修改。在该界面，可以根据错误编号查询错误说明信息。错报修改完成后，由报文分解模块进行处理。

9.2.6 报文删除模块

当报汛信息出现严重错误(如站号错或时间错)时,测站可以用删除报文与重新编报的形式完成信息的修改。从安全角度考虑,删除报文的命令不能自动执行,需要由值班人员确认后方可进行。本功能为值班人员提供一个确认删除命令的界面,并执行值班人员确认的删除命令。

9.2.7 SQL 转换模块

SQL 转换模块具有将标准数据库表结构向国家防汛指挥系统项目办制定的水情数据库表结构(2000 版、1998 版)转换的功能,以便将收到的水情信息正确写入以该表结构为基础的实时水情数据库。

各模块中,运行控制模块管理系统的设置与启动;报文分解模块、SQL 生成模块、报文删除模块、信息入库模块相配合,组成报文处理与入库的一个完整过程,其间相互独立,但后一模块需要前一模块的输出作为信息输入,报文删除模块从 SQL 生成模块获取删除命令,并调用信息入库模块执行;错报修改模块则是对上述模块的补充,利用该模块的修改功能(人工修改),保证所有信息均能正确进入数据库;SQL 转换模块是为了保证实时水情数据库的连续性的一个功能模块,由入库模块根据条件进行调用。

译码软件的各模块间的信息交换采用数据文件方式进行。

9.3 设计与实现

根据《水文信息编码标准》(SL 330—2005)的规定,在水情报文中,每一个观测值均应有相应的要素标识符引导,另外,在实时水情数据库中,均有一个字段与要素相对应,用于存储该要素的观测值。根据这个特点,同时便于软件开发工作的并行开展,于是将报文处理分成了三部分,各部分完成相应的工作,各部分间采用数据文件进行信息传递,处理时采用依次调用的方式进行。

软件的运行控制由运行控制模块完成。

9.3.1 运行控制

运行控制模块主要完成对软件运行参数的设置,同时也是整个软件的运行监控界面。通过该界面,可以调用报文分解模块启动报文处理过程,调用错报修改模块完成错误报文的修改与转储,保证软件的正确运行。

运行控制模块的运行界面如图 9-2 所示。

9.3.1.1 运行控制界面的主要信息

(1)系统当前时间;

(2)软件重启处理时间设置;

(3)处理时间的方式设置;

(4)时间戳选择;

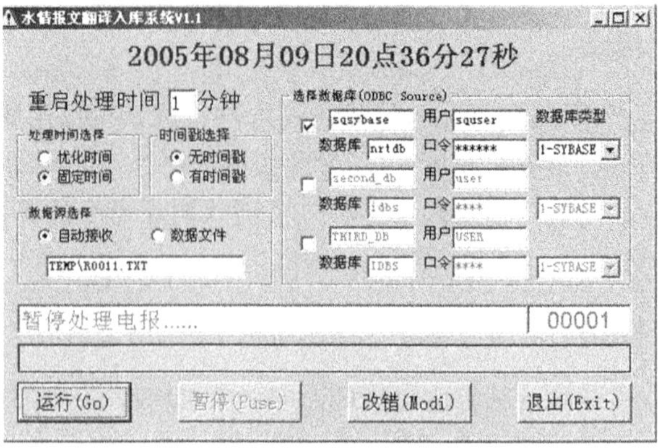

图 9-2　运行控制模块的运行界面

(5)数据源选择;

(6)数据库选择;

(7)命令按钮组;

(8)状态条与信息提示条。

9.3.1.2　运行控制基本流程

运行控制模块的流程由两个主要计时器控制,第一个计时器完成系统当前时间的显示,第二个计时器则用于控制模块的调用时间。当计时器运行时间达到设定的重启动时间时,运行控制模块就对模块调用的其他条件进行判断,当条件满足时,调用报文分解模块进行报文处理,否则进入下次等待循环。运行控制模块流程见图 9-3。

9.3.2　报文分解

报文分解模块主要完成报文的要素分解。其分解依据是《水文信息编码标准》(SL 330—2005),输出成果中包括各要素的标识符、要素值和对应数据库中相应字段的信息,为此制作了一个水文要素与数据库表结构的对应关系文件(element. txt),该文件中记录了每类报文中的各要素与数据库表结构中的字段对应关系,对于一个要素对应多个字段的,给出最常用的字段,其他情况由 SQL 生成模块根据报文的上下文进行特殊处理。

报文分解模块从运行控制模块中设定的数据源中读取报文,输出成果包括正确报文的分解成果文件、错报文件。

在报文分解模块中,对信息时间、要素标识符、要素报汛值分别进行有效性判断,对包含有不在规则许可范围内信息的报文,均作为错报处理。

9.3.2.1　有效性判断规则

1)时间有效性

除预报报文外,认为报文中的信息时间不能超过计算机的当前时间。

除修正报文外,认为报文中的信息时间与当前时间的间隔不能超过 180 d。

预报报文中,若信息时间(不含年值)超过当前时间,则将本年或下一年(根据信息时间判断)作为其年值。

修改报文中,超过当前时间的信息,作为上一年信息处理,即认为修正报文不能修改

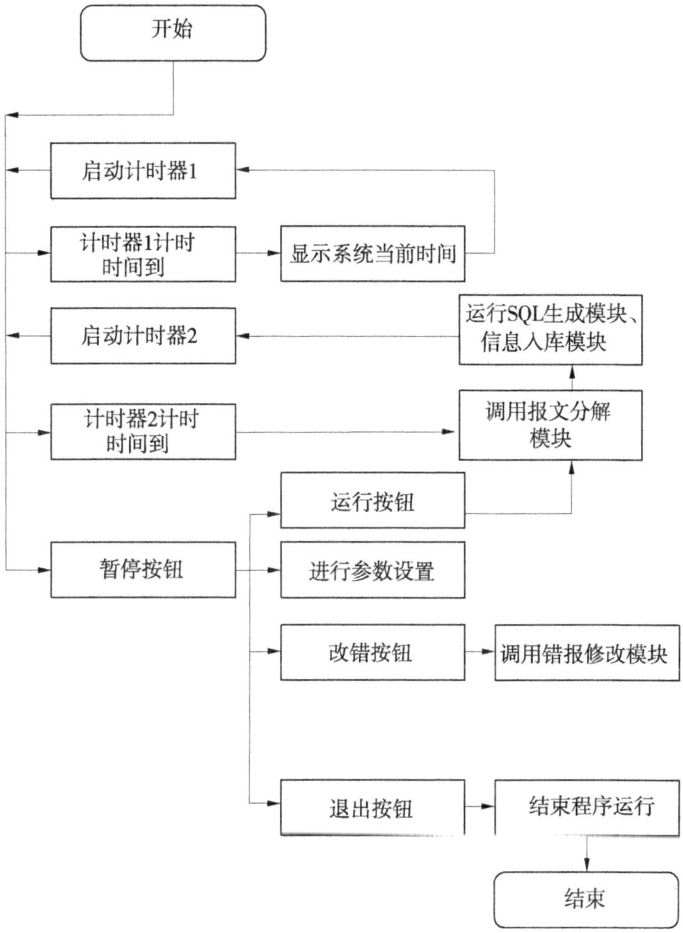

图 9-3　运行控制模块流程

与当前时间相隔一年以上的资料(若有此要求,应通过修改计算机系统时间达到目的)。

2)要素标识符有效性

对于在《水文信息编码标准》(SL 330—2005)中未规定的标识符,均按无效标识符处理。

3)要素值有效性

对于《水文信息编码标准》(SL 330—2005)中明确规定有取值范围的(如水势、流量测法、特殊水情编号等),按其规定执行;超出取值范围的报汛值,均认为是无效值。

对于《水文信息编码标准》(SL 330—2005)中没有规定取值范围的,按目前水情工作中可能出现的最大值进行控制;超出范围的,认为是无效值。

包含有无效信息的报文,均作为错报处理,给出错误及错误位置,存储于错报文件中,供使用者修改错报时参考。

9.3.2.2　**报文源文件结构及错误处理**

源文件中报文的存储结构为:

冠字流水号 ␣ 报文 ␣ 入网时间 ␣ 次数 ␣ 收到时间

(1)冠字流水号:长度为6字节,前两字节(或三字节)为字母和“ $ ”,其余为数字串。

(2)报文:按《水文信息编码标准》的规定编制的水情报文。

(3)入网时间:信息首次交换的上网时间,时间格式为 YYYY/MM/DD_HH:MM:NN。

(4)次数:该报文自上网交换到本地收到间的转发次数。

(5)收到时间:本地收到时间,时间格式同(3)。

错报修改模块提供全屏编辑方式对错误报文进行修改,修改后点击“解码”按钮,保存修改后的报文并进行解码和生成 SQL 语句。

9.3.2.3 流程描述

报文分解主要包括以下几个步骤:

(1)原报的读取与备份。

(2)存储数组初始化。

(3)报文提取。从原报备份文件中一次读取一份报文进行处理。程序读到“GOOTM”认为一份结束,一般地,一行为一份报(应回车分隔)。

(4)报文编码格式标识符识别。

(5)报文管理信息读取。包括冠字流水号、站号、处理时间、上网时间、上网交换次数、收到时间等。

(6)报文正文处理。根据报文的编码格式码(A、B 或 C)调用相应的处理模块,其间对信息时间、要素标识符、要素值进行有效性检查。对每种格式报文,均首先统计报文中要素个数,然后顺序分解报文。

(7)输出成果。一份报文处理工作完成后,调用输出模块,将处理成果输出到指定的文件中。一般输出处理成果文件(output. tmp)、错报文件(error. txt,若为错报)。若设置程序为调试期,则同时输出测试文件(testout. txt)与正确报文文件(normal. txt)。

(8)若整个文件中原报均处理完毕,则结束处理,转入 SQL 生成模块;否则转至(2)继续处理。

总之,报文分解模块完成报文中各要素的独立,建立报文中各水文要素与实时水情数据库中数据表的关系,便于后续模块的处理。报文分解模块形成的成果,将由 SQL 生成模块处理,形成入库 SQL 语句。

9.3.3 SQL 生成

SQL 生成模块处理报文分解模块的输出,经过一系列处理之后,形成可写入数据库的 SQL 语句。

SQL 生成运行中,需要进一步了解各数据库表结构(主要是作为关键字的时间字段名,以及控制多条具有相同时间信息存储的扩展关键字的字段名),为此制作了一个配置文件 riws. ini,其中存储了 SQL 生成模块需要的参数,以及运行控制模块产生的参数信息。

SQL 生成模块中,主要的处理包括以下几类。

9.3.3.1 报汛值修正类

在 SQL 生成模块,对《水文信息编码标准》(SL 330—2005)与《实时水雨情数据库表结构及标识符标准》(SL 323—2005)中取值不一致的地方进行修正。类似修正类操作主要包括：

（1）蒸发量观测方法、水流特征的某一值不对应。

（2）波浪高度由于单位不一致，需对报汛值进行换算。

9.3.3.2 要素存储数据表与字段指定

在水情报文中，存在着这样的要素，要素所处的报类或在报文中的位置不同，对应的数据表与字段也不同，如ZS、DT等，需根据报类及报文内容进行判断处理，并对其数据表与字段名进行指定。此类操作主要有：

（1）水势：库（闸、泵）上（下）水势。

（2）历时：降水历时、径流历时、流量计算历时等。

（3）特征值发生时间：在类特征值报文中。

（4）特征值、均值。

（5）引排水量。

（6）暴雨加报中的天气状况。

（7）时段平均水位、流量。

9.3.3.3 字段补充

数据表中的某些字段，在水情报文中并没有明确的编码，需要根据报文中的要素标识符进行分析、确定，如降水报中的报汛时段长。类似操作的有以下标识符：

（1）降水量报汛时间长。

（2）含沙量特征。

（3）预报报文中的预报根据信息与预报发布信息。

（4）高低潮标识信息。

（5）地下水位注解。

（6）流冰量属性、冰厚属性。

9.3.3.4 流程描述

（1）信息源文件的转储与打开。

（2）存储数组及中间数组初始化。

（3）读取一份报文的所有信息。

信息读取：以读到下一份报文的冠字流水号为该份报文信息的结束。

特殊情况处理：包括预报水情发生日、地下水开采量、暴雨加报信息、时段平均水位与流量信息（非日、旬、月、年平均信息）、引排水字段信息、水势、流量测法、定量冰情代码。

（4）对读取的信息进行补充处理。

信息删除：对读到的信息，若表名、字段名、要素值、字段类型中有一个或一个以上为空，则删除该要素。

对潮位的时间进行修改与补充，主要是TM引导的日特征潮位。

闸门总泄流与其测法的同一表处理：测法有可能不与总泄流为同一表，需修改为存储于同一数据表中。

对预报水情中的预报根据信息与预报发布信息进行补充，确保每个表中均有其需要的预报根据信息与预报发布信息。

(5)根据数据表结构组织记录。

首先对读取记录按站号、时间、表名及字段时间属性排序。

接着按测站、时间、表名进行记录组织。特征值的数据表字段名指定、降水量报汛时段长、地下水注解等的操作在此过程中处理。

对于同一条记录中，出现相同的要素或出现有不同时间属性的标识符时，将把本记录分拆成两条或多条处理（数据表中已进行多条存储设计的除外）。

(6)组织 SQL 语句。

本过程中的特殊处理包括：

相同时间属性字段或同一字段重复出现，或者不同时间属性字段在同一条记录中出现时，分拆本条记录；

对于有扩展关键字的数据表，增加时间关键字；

对高低潮水位，形成高低潮标识字段；

确定泵站的引排水性质；

含沙特征字段处理。

(7)成果输出。

将一份报文中的要素形成的所有 SQL 语句输出到成果文件（VG_WDB.SQL）中。

(8)若源文件中的信息已全部处理完毕，退出本模块，输入信息入库模块；否则，转到本流程描述的(2)，继续后续报文处理。

9.3.4 信息入库

信息入库模块负责将 SQL 生成模块形成的 SQL 语句填入实时水情数据库中。

9.3.4.1 特殊处理

若用户建设的实时水情数据库要求时间戳（即需要在数据库中，针对每条记录，均存储其入库时间，则需要将运行软件设置为有时间戳方式），信息入库软件会自动增加上该字段（数据库中各表的时间戳字段名必须为 ENTERDATE）。若本单位的任何一个数据库需要时间戳，则所有采用同一运行软件进行报文译码的数据库均应有时间戳字段。

信息入库最多支持同时对三个数据库进行操作。三个数据库可以是同一类型，也可为不同类型。数据库类型应该为 SYBASE、SQLSERVER、ACCESS、ORACLE 四种中的一种或几种。数据库类型与参数（服务器名、用户名、口令等）由运行控制模块设置。

对于不能入库的 SQL 语句，将分别存储于两个文件中。由于库已有关键字相同的记录，存储于 vg_wdb.ebk 中；由于其他原因不能入库的，存储于文件 vg_wdb.err 中。

9.3.4.2 流程描述

(1)打开 SQL 语句文件。

(2)若需要，进行时间戳处理。

(3)数据分发。根据服务器个数，进行 SQL 语句源文件的拷贝。

(4)依次连接数据库，读取 SQL 语句，执行 SQL 语句。对有错误的 SQL 语句做存储处理，删除对应本服务器的 SQL 语句文件。

(5)设置运行控制参数。

9.3.5 错报修改

错报修改主要为使用者提供一个修改错报的界面(见图9-4),协助完成对错误水情报文的修改,通过解码并形成入库的SQL语句。

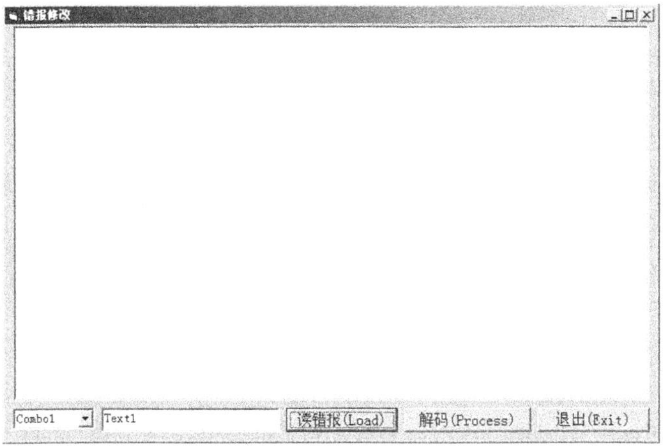

图9-4 错报修改运行界面

错报修改包括报文显示与修改区、错误信息提示区和命令按钮区。

报文显示与修改区显示错误报文,并接受使用者对报文的修改操作。需要注意的是,每份报文前段的处理时间、错误信息代码和错误位置指示部分不能修改,同时报文尾部的入网和落地时间也不能修改。用户修改的内容必须是冠字流水号以后的报文部分。

错误信息提示区会根据使用者的选择,提供与指定错误代码相匹配的错误原因描述,便于使用者分析错误。

命令区中的"读错报",完成从错报文件中读取错报,并显示出来;"解码"按钮对修改后的报文进行格式处理,形成入库的SQL语句;"退出"按钮会退出错报修改程序。

9.3.6 功能特点

9.3.6.1 时间间隔设定

为提高使用效率,译码软件采用定时启动方式对接收到的实时水情进行译码和数据入库。处理时间的选择有两种,即优化时间和固定时间。

在优化时间状态下,软件启动的时间间隔全部由软件本身根据来报量自动设置,来报量比较大的时候,间隔就较短,来报量比较小时,间隔就比较长。时间间隔最长为5 min,最短为1 min。

固定时间的工作方式后,用户可以修改上面文本框中的数据,达到修改启动处理软件运行时间间隔的目的。修改时间间隔的单位是分钟,最小时间单位是1 min。

9.3.6.2 数据源可选择

译码软件可选择两个数据源,分别是和实时水情接收软件联合使用的文件及用户指定的任意文件。

当选择和实时水情接收软件联合使用的文件时,原报文件名是固定的,用户不能改变。当选择用户指定的任意文件时,报文格式应与实时水情接收软件形成的报文文件具有相同的结构与编报方法,用户还必须为系统提供一个正确的文件名。

9.3.6.3 数据库可选择

译码入库软件提供的数据库选择用来通知软件将处理好的数据写入数据库。软件提供最多三个可选的数据库,即可以同时将数据写入三个具有相同的时间戳的相对独立的数据库中。所能操作的三个数据库可以是不同的数据库管理系统与表结构,也可以是相同的数据库管理系统与表结构。

软件在将数据写入数据库时采用分发原则,即根据数据库选择,将软件形成的SQL语句文件分别形成相应的入库文件,对应至上而下的三个数据库。当选择的某一数据库暂时不能完成信息写入时,将保存其对应的入库SQL文件,一旦数据库正常时,即可完成信息入库。

9.3.6.4 报文分解、译码、入库自动完成

正常业务中,正确的报文可以自动通过本译码软件实现自动分解、译码、入库,大大减少使用人员的工作量。错误编号查询功能简化了对于错报的判断,可有效提高对错误报文判断的准确性。

第 10 章　典型流域次暴雨产洪产沙预报系统

10.1　系统建设

根据岔巴沟流域产洪产沙预报项目的整体技术要求，以计算机网络为平台，以全国统一实施的实时雨水情数据库及历史水文数据库、洪水泥沙预报模型库为支撑，采用面向对象软件开发技术，初步开发岔巴沟流域次暴雨产洪产沙作业预报系统。

岔巴沟流域次暴雨产洪产沙作业预报系统的开发主要包括软件体系结构的构建，软硬件环境的确定，历史洪水数据库、预报专用数据库设计开发，洪水预报、泥沙预报各功能模块设计与开发等。

10.2　系统结构

根据研究内容，岔巴沟流域次暴雨产洪产沙作业预报系统由实时数据查询、次洪模拟、含沙量过程模拟、结果显示、实时预报等部分组成，各部分均由系统主界面驱动。岔巴沟流域次暴雨产洪产沙作业预报系统总体结构如图 10-1 所示。

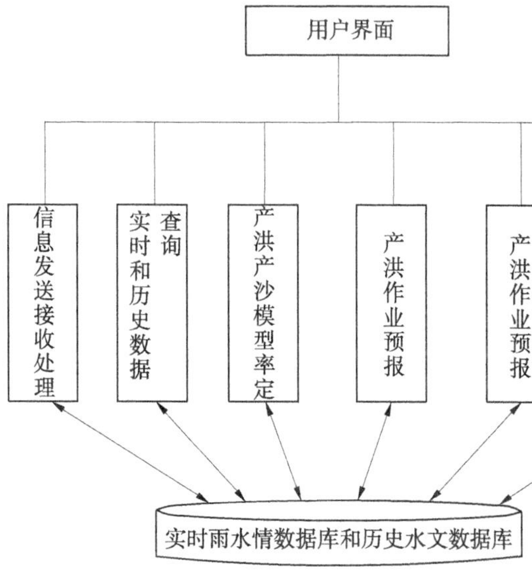

图 10-1　预报系统总体结构

10.3 系统功能

岔巴沟流域次暴雨产洪产沙作业预报系统有如下功能：

(1)实时数据查询，与实时数据库连接，可分别查出实时数据库中所有的本流域雨量站的日降雨、时段降雨信息及本流域中水文站的水位、流量、含沙量等信息，并以列表的形式形象、直观地表现出来。

(2)数据处理，即从数据库或数据文件输入雨水情，将数据处理成预报模型需要的格式。由于本流域产流产沙均具有陡涨陡落的特点，点据如果太稀则不能如实反映实际洪水过程及含沙量过程的特点，故加入了将本流域的降雨、含沙量、流量等过程处理成可插值成任意分钟的功能。

(3)历史洪水模拟，可根据指定的洪水预报模型及给定的模型参数，对历史洪水进行模拟。

(4)含沙量过程模拟，可根据指定的含沙量过程预报模型及给定的模型参数，对历史洪水的含沙量过程进行模拟。

(5)模拟结果显示，对洪水模拟含沙量过程的结果进行显示。在次洪模拟显示图中，分别有降雨、实际洪水过程、模拟洪水过程等信息；含沙量过程模拟结果显示中有实际含沙量过程、模拟含沙量过程等信息。根据显示的结果，可进行人机交互，做相应的修改，调整参数，直至得到满意的结果。

(6)进行洪水预报模型及含沙量预报模型等的参数率定。由系统应用人员假定一组模型初始参数，对历史洪水进行模拟计算，对模拟的径流过程与实测的径流过程作目估对比分析，而后调整参数重新计算，直至模拟结果满意。

(7)洪水实时作业预报，即从实时数据库中提取实时雨水情等数据，将数据处理成预报模型需要的格式，而后进行预报。

(8)含沙量过程作业预报，即从实时数据库中提取实时雨水情等数据，将数据处理成预报模型需要的格式，而后进行预报。

(9)模型状态变量、参数校正。

任何预报模型只是水文规律的概括，不能完全反映复杂的流域水文现象，且模型率定得出的参数是一个各种洪水的平均情况，因此系统提供了交互环境，当预报结束后，显示预报结果图及模型参数值，预报人员可根据当次洪水的特性和预报经验修正模型状态变量、参数。实现预报过程的交互修正，使预报人员的经验和预报系统能够有机地结合，达到最佳预报效果。

在进行交互修正时，系统提供足够的文本和图形信息，显示要修改的参数名和参数值，供预报人员修改。参数修正后，调用实时预报模块重新计算。这样的交互，在一次洪水预报期间可以重复多次，以得到满意的结果。

以上所述的参数修改只是针对当次预报的临时修改，不修改预报参数库中的数据。

预报系统软件结构见图 10-2。

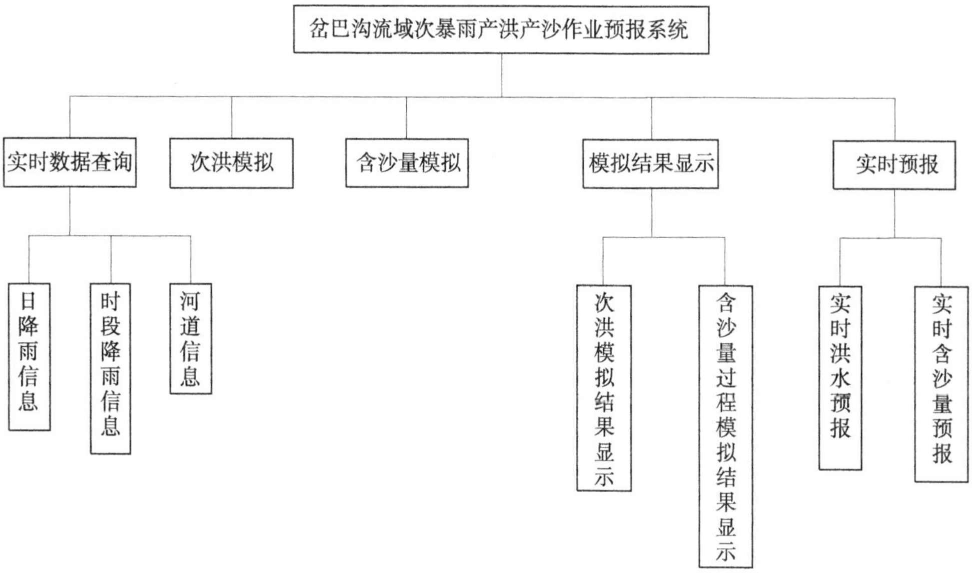

图 10-2 预报系统软件结构

10.4 系统软硬件环境

10.4.1 软件环境

Windows 2000 Advanced server 中文版；
Windows Office 2003；
Sybase 数据库管理系统服务器端软件；
Sybase 客户端软件；
MS SQL Server 2000 中文版；
MS Visual Basic 6.0 中文版；
TeeChart5 控件；
数据库服务器 IBM 360；
光纤交换机；
客户端台式机 DELL OPTIPLEX GX 270。

10.4.2 硬件环境

岔巴沟流域次暴雨产洪产沙作业预报系统硬件环境包括客户端和服务器端软硬件环境。预报系统以 Visual Basic 和 ARCGIS 为系统开发工具，实现实时信息和预报信息的客户/服务器环境，可在任何一台联网的微机上预报作业。系统硬件体系结构见图 10-3。

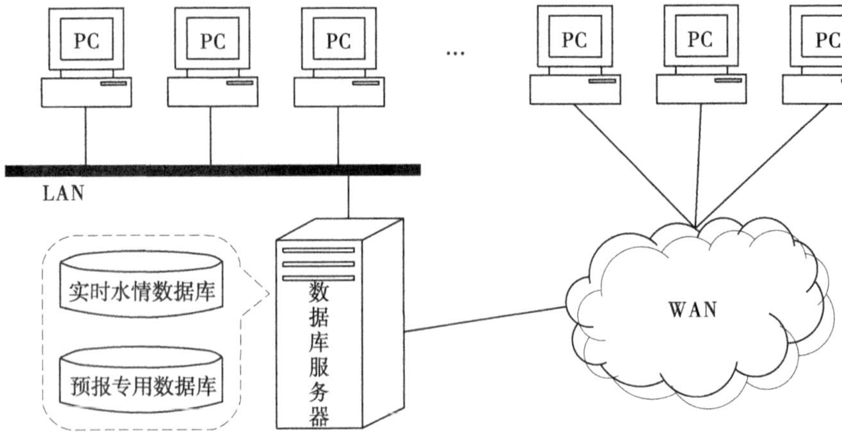

图 10-3　系统硬件体系结构

10.5　数据库设计及数据流程

系统服务器端逻辑上有三个数据库,即实时雨水情数据库、历史水文数据库及水沙预报专用数据库等,物理上可构建在一台或多台服务器上。

10.5.1　实时雨水情数据库

服务器端的实时雨水情数据库,采用水利部行业标准《实时雨水情数据库表结构与标识符标准》(SL 323—2005),主要有降水量表、河道水情表、含沙量表、日蒸发量表等。各表结构如下。

10.5.1.1　降水量表

降水量表用来记录时段降水量和日降水量以及积雪深度和密度(见表 10-1)。该表中的数据可以使用相应的信息处理系统自动将报汛资料写入数据库中。

表 10-1　降水量表

表标识:ST_RNFL_R

字段名	标识符	类型及长度	有无空值	单位	主键	索引序号
报汛站码	STCDT	C(5)	无		Y	2
年月日时分	YMDHM	T	无		Y	1
时段降水量	DTRN	N(5,1)		mm		
降水历时	RNTM	N(3,1)		min		
日降水量	DYRN	N(5,1)		mm		
天气状况	WTH	C(1)				
降水量类型	RNTYPE	C(1)				

10.5.1.2 河道水情表

河道水情表用来记录河道水文(水位)站测报的河道水情信息,如水位和流量等(见表10-2)。该表中的数据可以使用相应的信息处理系统自动将报汛资料写入数据库中。

表10-2 河道水情表

表标识:ST_RIVER_R

字段名	标识符	类型及长度	有无空值	单位	主键	索引序号
报汛站码	STCDT	C(5)	无		Y	2
年月日时分	YMDHM	T	无		Y	1
水位	ZR	N(7,3)		m		
流量	Q	N(9,3)		m^3/s		
测流面积	XSA	N(9,3)		m^2		
河水特征	ZRCHAR	C(1)	无			
水势	ZRTEND	C(1)				
测流方法	QMES	C(1)				
测积方法	XMES	C(1)				

10.5.1.3 含沙量表

含沙量表用来存储随河道水文(水位)站报汛列报的水中的含沙量(见表10-3)。该表中的数据可以使用相应的信息处理系统自动将报汛资料写入数据库中。

表10-3 含沙量表

表标识:ST_SAND_R

字段名	标识符	类型及长度	有无空值	单位	主键	索引序号
报汛站码	STCDT	C(5)	无		Y	2
年月日时分	YMDHM	T	无		Y	1
含沙量	SAND	N(9,3)	无	kg/m^3		
含沙特征	SDCHAR	C(1)	无			
含沙测法	SDMES	C(1)	无			

10.5.1.4 日蒸发量表

日蒸发量表用来记录实时的测站日蒸发量资料(见表10-4)。该表中的数据可以使用相应的信息处理系统自动将报汛资料写入数据库中。

表10-4 日蒸发量表

表标识:ST_DAYEV_R

字段名	标识符	类型及长度	有无空值	单位	主键	索引序号
报汛站码	STCDT	C(5)	无		Y	2
年月日时分	YMDHM	T	无		Y	1
蒸发器类型	ETYPE	C(1)	无			
日蒸发量	E	N(4)	无	mm		

10.5.2 历史水文数据库

为方便软件开发及数据管理,历史水文数据库亦采用《实时雨水情数据库表结构与标识符标准》(SL 323—2005)。常用的表有降雨量表、河道水情表、含沙量表、日蒸发量表、河道多日平均值表、旬月输沙总量表、旬月降水量表、特征值表等。其中降雨量表、河道水情表、含沙量表、日蒸发量表等表结构与实时雨水情中相应的表结构相同。河道多日平均值表、旬月输沙总量表、旬月降水量表、特征值表等表结构如下。

10.5.2.1 河道多日平均值表

河道多日平均值表用来存储河道水文(水位、闸坝)站一日、三日、候、旬、月等水位和流量的平均值(见表10-5)。该表中的数据可以使用相应的信息处理系统自动将报汛资料写入数据库中。

表10-5 河道多日平均值表

表标识:ST_RVAV_R

字段名	标识符	类型及长度	有无空值	单位	主键	索引序号
报汛站码	STCDT	C(5)	无		Y	2
年月日时分	YMDHM	T	无		Y	1
均值标志	DAYS	C(1)	无		Y	3
平均水位	ZA	N(7,3)		m		
平均流量	QA	N(9,3)		m^3/s		

10.5.2.2 旬月输沙总量表

旬月输沙总量表用来存储河道水文站测报的旬、月通过测验断面的总水量和水中的含沙总量(见表10-6)。该表中的数据可以使用相应的信息处理系统自动将报汛资料写入数据库中。

表10-6 旬月输沙总量表

表标识:ST_GSAND_R

字段名	标识符	类型及长度	有无空值	单位	主键	索引序号
报汛站码	STCDT	C(5)	无		Y	2
年月旬别	YMTD	C(7)	无		Y	1
输水总量	GW	N(11,3)		百万 m^3		
输沙总量	GS	N(11,3)	无	万 t		

10.5.2.3 旬月降水量表

旬月降水量表用来存储雨量站(含测报雨量的其他站)测报的每旬或每月的累计降

水量(见表10-7)。该表中的数据可以使用相应的信息处理系统自动将报汛资料写入数据库中。

表10-7 旬月降水量表

表标识:ST_TMRN_R

字段名	标识符	类型及长度	有无空值	单位	主键	索引序号
报汛站码	STCDT	C(5)	无		Y	2
年月旬别	YMTD	C(7)	无		Y	1
旬月降水量	TMRN	N(5)	无	mm		

10.5.2.4 特征值表

旬月特征值表用来存储测站(水文、水位、闸坝和水库等)列报的一旬或一月内有关水文要素的最大值、最小值及其发生的时间(见表10-8)。该表中的数据可以使用相应的信息处理系统自动将报汛资料写入数据库中。

表10-8 特征值表

表标识:ST_CHAR_R

字段名	标识符	类型及长度	有无空值	单位	主键	索引序号
报汛站码	STCDT	C(5)	无		Y	2
年月旬别	YMTD	C(7)	无		Y	1
最高水位	HZ	N(7,3)		m		
最低水位	LZ	N(7,3)		m		
最大流量	MXQ	N(9,3)		m^3/s		
最小流量	MNQ	N(9,3)		m^3/s		
最大蓄水量	MXV	N(9,3)		百万 m^3		
最小蓄水量	MNV	N(9,3)		百万 m^3		
最高水位时间	TMHZ	T				
最低水位时间	TMLZ	T				
最大流量时间	TMMXQ	T				
最小流量时间	TMMNQ	T				
最大蓄量时间	TMMXV	T				
最小蓄量时间	TMMNV	T				

10.5.3 产洪产沙预报专用数据库

水沙预报专用数据库根据系统需要自行设计,并参考"黄河洪水预报系统"中的预报专用数据库，主要包括模型索引表、模型参数表、预报成果表等。其表结构如下。

10.5.3.1 模型索引表

模型索引表主要存储模型代码、模型类型、模型说明和修改日期（见表 10-9），便于对模型的了解和运用。

表 10-9 模型索引表

表标识：F_M_INDEX

字段名	标识符	类型及长度	有无空值	单位	英文	主键	索引序号
模型代码	MDCD	C(15)	无		Model name code	Y	1
模型类型	MDTP	C(20)	无		Model type		
模型说明	MDTXT	C(250)	无		Model comments		
修改日期	MODDT	DATETIME	无		Modified datetime		

10.5.3.2 模型参数表

模型参数表主要存储模型参数值（见表 10-10）。

表 10-10 模型参数表

表标识：F_M_PARAMETER

字段名	标识符	类型及长度	有无空值	单位	英文	主键	索引序号
预报站号	STCD	C(8)	无		Station code	Y	1
方案代码	PLCD	C(10)	无		Plan code	Y	2
输入代码	ARCD	C(10)	无		Area code	Y	3
模型代码	MDCD	C(15)	无		Model code	Y	4
参数行号	NOROW	INT	无		No. Of row	Y	5
模型参数	PARAMETER	C(250)			Model parameter		

10.5.3.3 预报成果表

预报成果表用来存储最终预报成果（见表 10-11）。

表 10-11 预报成果表

表标识：F_FORECAST

字段名	标识符	类型及长度	有无空值	单位	英文	主键	索引序号
预报站号	STCD	C(8)	无		Station code	Y	1
预报日期	FYMDH	DATETIME	无		MM/DD/YR HH:MM:SS	Y	4
日期	YMDH	DATETIME	无		MM/DD/YR HH:MM:SS	Y	6
预报水位	Z	F(7.2)		m	Z		
预报流量	Q	F(10.3)		m^3/s	Q		
预报含沙量	S	F(10.3)		kg/m^3	S		

10.5.4 数据流程

(1)历史雨水情数据:历史降雨、水位、流量、蒸发、含沙量等数据。降雨数据包括暴雨摘录数据,日、月降雨量。水位、流量、含沙量数据包括洪水摘录数据,日、月平均值。蒸发数据为日、月蒸发量。

(2)流域参数:预报断面情况,本流域雨量站和水文站及所处位置等信息。

(3)实时雨水情数据:实时降雨、水位、流量、含沙量等数据。降雨数据包括时段降雨量,日、月降雨量。水位、流量数据包括瞬时值,日、月平均值。含沙量数据包括瞬时值。

以上三类数据,均可从数据库中输入,也可人机交互输入。

实时预报系统输出洪水流量过程、含沙量过程等数据。

10.6 预报系统介绍

岔巴沟流域次暴雨产洪产沙作业预报系统的详细设计在系统功能方面要实现功能全面、操作简便,以便高效地完成各类水文预报预测业务及含沙量过程预报预测业务;在软件开发上实现规范化、标准化,具有很强的通用性,易于推广。

岔巴沟流域次暴雨产洪产沙作业预报系统采用模块化结构,实现了预报模型和方法与系统软件、预报站点等完全独立,规范化和标准化了预报模型和方法的输入输出文件格式,建立了常用的预报模型和方法库,并可方便地增加新的预报模型和方法,可任意选择和组合模型构建预报方案。

预报模型和方法是预报系统的核心,其模块化、结构化的程度是整个系统设计好坏的基础。

在系统设计过程中,为了实现系统的扩展性,建立了两个全新的概念,即预报模型和预报方案。预报模型是指在各种假设条件下对暴雨洪水产汇流现象的算法或代码,它的初始参数或默认参数并没有特定流域的特征,并独立于预报系统、预报方案和预报站点。预报方案是指应用于特定流域的预报模型,包括模型参数和流域下垫面信息。

为实现预报模型的标准化、规范化,在基于大量传统的预报模型理论基础上,对预报模型软件接口进行了标准化设计。

岔巴沟流域次暴雨产洪产沙作业预报系统是人机交互式预报。可通过表格和图形交互处理技术对预报过程中的信息(模型参数状态、模型参数值等)进行人工干预,为提高水沙预报精度创造了作业软件环境。

该系统可从实时水情数据库和专用数据库中获取预报,根据站点实时信息、数据预处理、预报模型参数状态,完成预报方案各输入的模型计算,得到预报结果,并可根据预报经验通过干预预报进程和修改预报方案属性进行综合分析,提高预报结果精度。

10.7 系统主要功能

系统主界面如图 10-4 所示,主要功能有实时信息查询、历史洪水模拟、含沙量过程模拟、模拟结果显示、实时预报等。

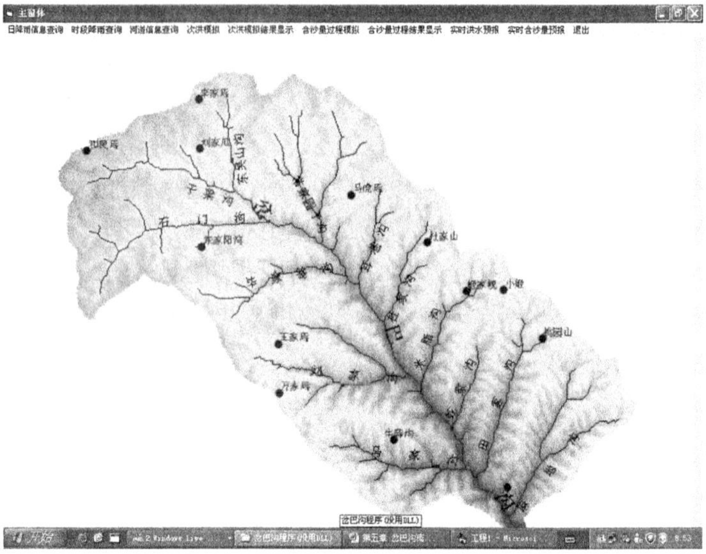

图 10-4　**系统主界面**

10.7.1　实时信息查询

实时信息查询有日降雨信息查询、时段降雨信息查询、河道信息查询。其中河道信息包括所查询水文站的水位、流量、含沙量等信息。日降雨信息查询界面如图 10-5 所示。在活动窗口的左面输入要查询的开始日期和结束日期后，单击“确定”按钮，查询结果会出现在活动窗口右边的表中，如图 10-6 所示。

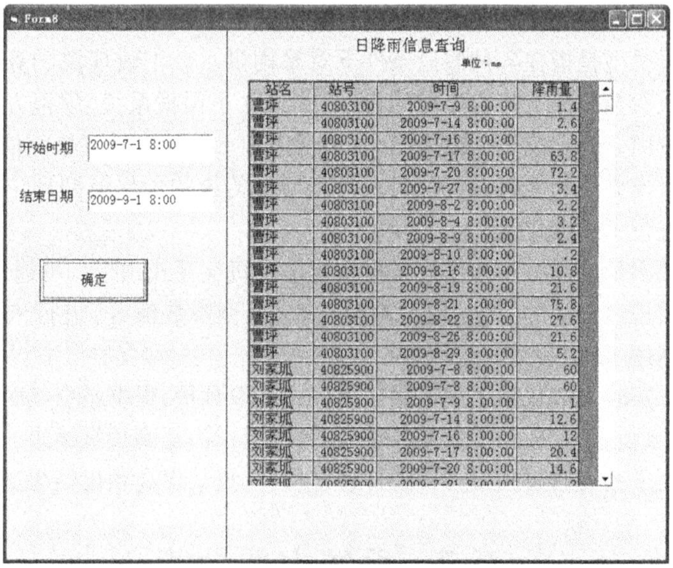

站名	站号	时间	降雨量
曹坪	40803100	2009-7-9 8:00:00	1.4
曹坪	40803100	2009-7-14 8:00:00	2.6
曹坪	40803100	2009-7-16 8:00:00	8
曹坪	40803100	2009-7-17 8:00:00	63.8
曹坪	40803100	2009-7-20 8:00:00	72.2
曹坪	40803100	2009-7-27 8:00:00	3.4
曹坪	40803100	2009-8-2 8:00:00	2.2
曹坪	40803100	2009-8-4 8:00:00	3.2
曹坪	40803100	2009-8-9 8:00:00	2.4
曹坪	40803100	2009-8-10 8:00:00	.2
曹坪	40803100	2009-8-16 8:00:00	10.8
曹坪	40803100	2009-8-19 8:00:00	21.6
曹坪	40803100	2009-8-21 8:00:00	75.8
曹坪	40803100	2009-8-22 8:00:00	27.6
曹坪	40803100	2009-8-26 8:00:00	21.6
曹坪	40803100	2009-8-29 8:00:00	5.2
刘家坬	40825900	2009-7-8 8:00:00	60
刘家坬	40825900	2009-7-8 8:00:00	60
刘家坬	40825900	2009-7-9 8:00:00	1
刘家坬	40825900	2009-7-14 8:00:00	12.6
刘家坬	40825900	2009-7-16 8:00:00	12
刘家坬	40825900	2009-7-17 8:00:00	20.4
刘家坬	40825900	2009-7-20 8:00:00	14.6

图 10-5　**日降雨信息查询一**

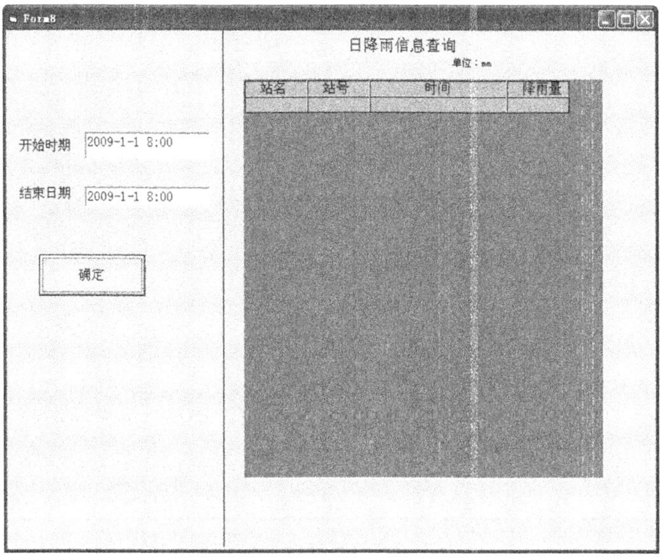

图 10-6　日降雨信息查询二

时段降雨信息查询与日降雨信息查询操作相同,操作结果如图 10-7 所示。在查询结果表中有站名,站号,降雨开始时间、结束时间,降雨量等信息。

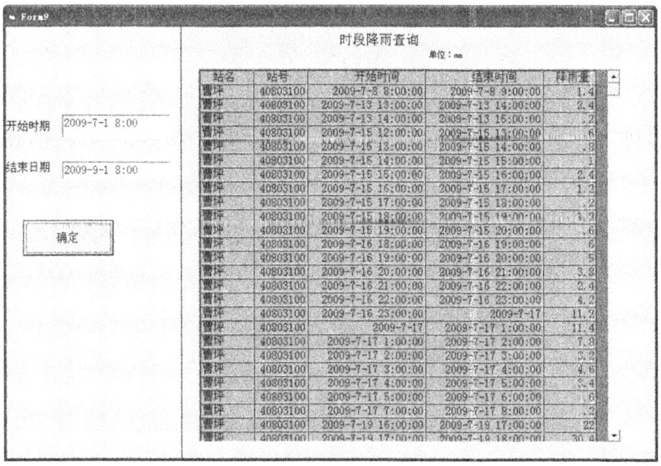

图 10-7　时段降雨信息查询

河道信息查询与日降雨信息查询操作过程相同,在河道信息查询结果表中有所查询水文站的站名,站号,水位,流量,含沙量等信息,如图 10-8 所示。

10.7.2　次洪模拟及其结果显示

如图 10-9 所示,在"开始日期"后边的下拉列表中已列出要参加模拟的所有场次洪水的开始日期,可任选一场进行模拟,当"开始日期"选定后,相应的结束时间会自动出现在"结束日期"下边的文本框中,在"时段长"后边的文本框可输入要进行插值的时段长。由于岔巴沟流域洪水多陡涨陡落,时段长如果太长了,控制不了整个洪水过程,因此这里特

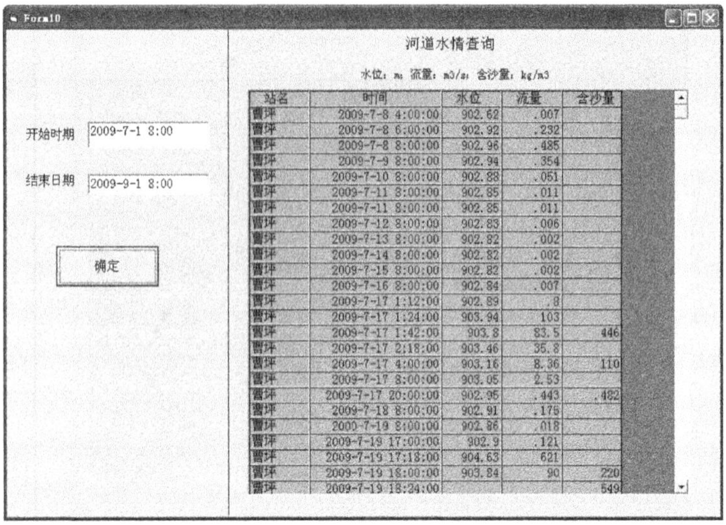

图 10-8　河道信息查询

图 10-9　次洪模拟

意加了“min”为时间长，可输入“20”min 或“40”min 作为时段长。当这些要素确定后，点击“确定”按钮，则系统会从历史数据库中提取这个时段的降雨、流量等信息，然后按照指定的时段长进行插值计算，并将插值的结果保存在一个文件中，以备以后需要。然后进行模拟计算，计算结束后，系统会弹出如图 10-10 所示的次洪模拟结果显示窗口。

从图 10-10 中可以看到，窗口左侧最上边是洪水实测过程与模拟过程的一些特征值，分别有实测峰值及峰现时间、模拟峰值及峰现时间、预报误差等。窗口左侧中间模拟过程中所用模型的一些参数。窗口右侧是实测洪水过程、模拟过程、降雨过程等的图片显示，更形象直观。如果操作者对模拟结果不太满意，可以修改窗口左侧的模型参数，然后点击“重新计算”按钮，则系统会按照修改之后的参数进行重新模拟。由于首次计算时已经将插值结果保存到文件中,这次可直接去文件中读取,不必重新计算,节约了计算时间。重新计算之后,系统会将刚刚计算后的结果显示在图上。可反复这样操作,直到满意。

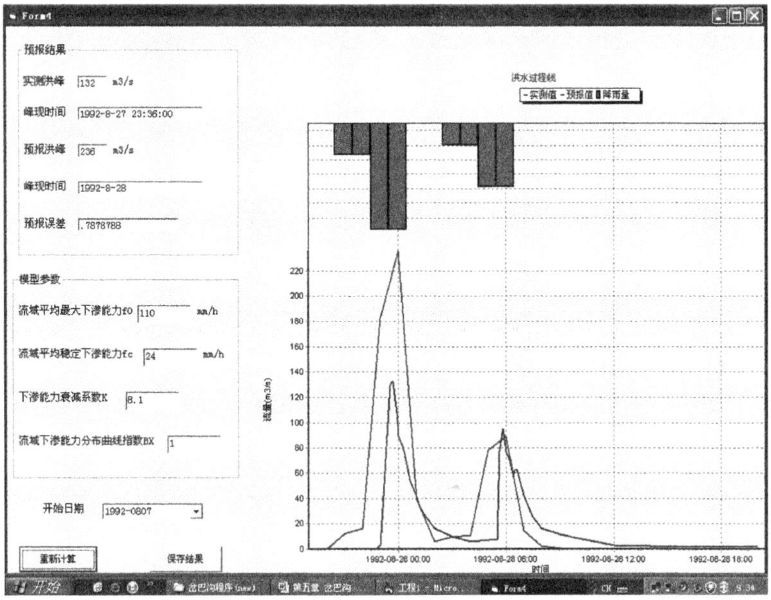

图 10-10　次洪模拟结果显示

如果对所模拟的结果已经满意,可点击"保存结果"按钮,会弹出如图 10-11 所示画面,则系统已将修改后的参数保存到参数表中,点击"确定"按钮,出现如图 10-12 所示的画面,操作者可选择图片所要保存的格式,对图片进行保存。

图 10-11　次洪模拟结果保存

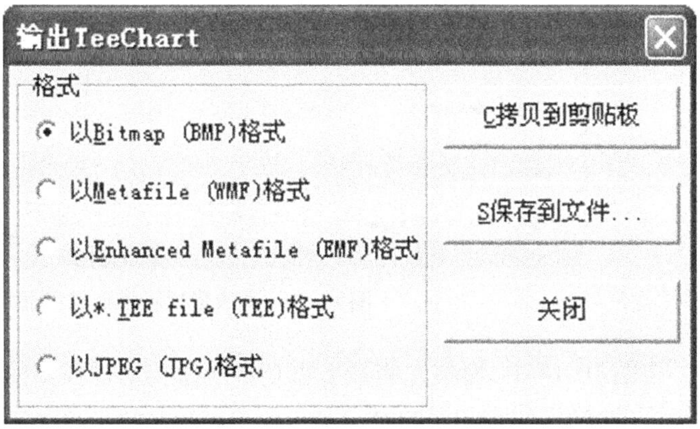

图 10-12　次洪模拟结果图片保存

10.7.3　含沙量过程模拟及其结果显示

含沙量过程模拟如图 10-13 所示,其操作过程与次洪模拟过程相同,操作结束后点击"确定"按钮,系统会从历史数据库中提取这个时段的降雨、含沙量等信息,然后按照指定的时段长进行插值计算,并将插值的结果保存在一个文件中,进行模拟计算。之后,系统会弹出如图 10-14 所示的含沙量过程模拟结果显示窗口。

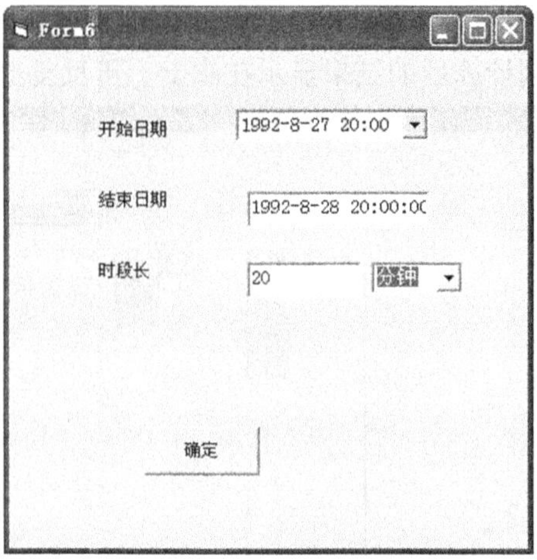

图 10-13　含沙量过程模拟

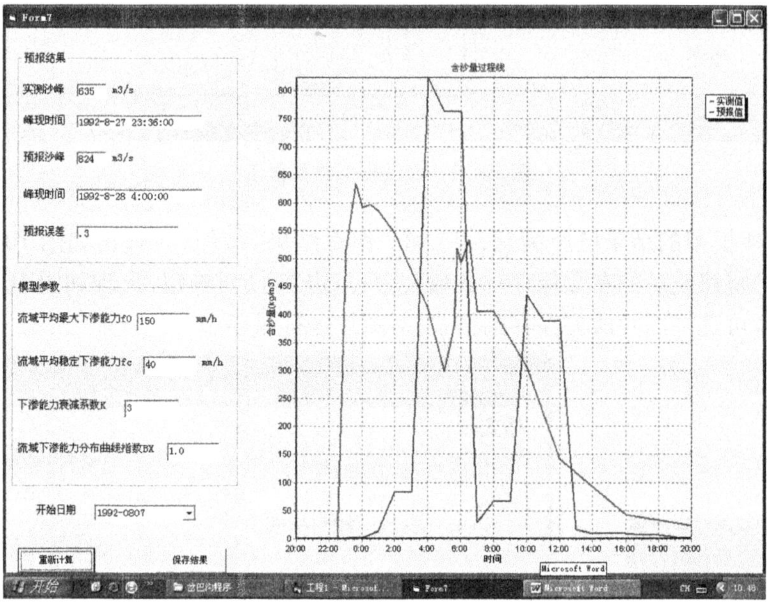

图 10-14　含沙量过程模拟结果显示

在图 10-14 中，窗口左侧最上边是含沙量实测过程与模拟过程的一些特征值，分别有沙峰值、沙峰出现时间、沙峰模拟值、模拟沙峰峰现时间、预报误差等。窗口左侧中间模拟过程中所用模型的一些参数。窗口右侧是实际含沙量过程线、模拟含沙量过程线显示。从图片显示中，操作者可以更直观地发现模拟结果是否满意，如果不太满意，可以修改窗口左侧的模型参数，然后点击“重新计算”按钮，则系统会按照修改之后的参数进行重新模拟。同样，由于首次计算时已经将插值结果保存到文件中，这次可直接去文件中读取，不必重新计算。重新计算之后，系统会将刚刚计算后的结果显示在图上。可反复这样操作，直到满意。

如果对所模拟的结果已经满意，可点击“保存结果”按钮，其保存过程和次洪模拟结果保存过程类似。

10.7.4 实时预报

实时含沙量预报与实时洪水预报类似，这里以实时洪水预报为例进行介绍。

实时洪水预报窗口如图 10-15 所示，操作者可输入预报时间、时段长、预热期和预见期，之后点击“确定”，则系统会从实时库中读入预报时段已有的降雨、流量等信息，按指定的时段长进行插值计算，之后将插值结果保存到一个文件中。再运用模型进行预报计算。计算结束后，弹出如图 10-16 所示的预报结果显示窗口。

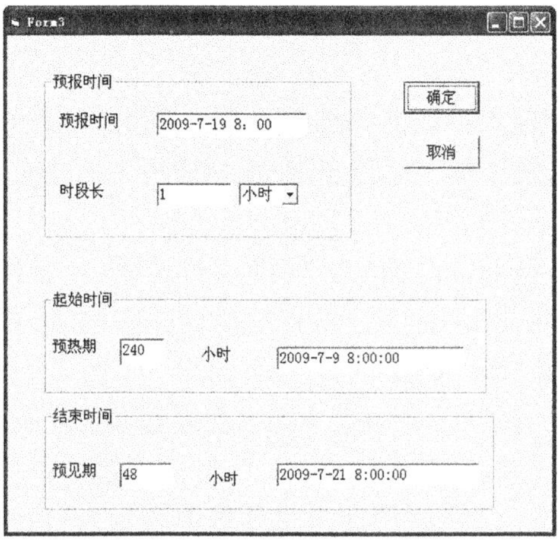

图 10-15　实时洪水预报窗口

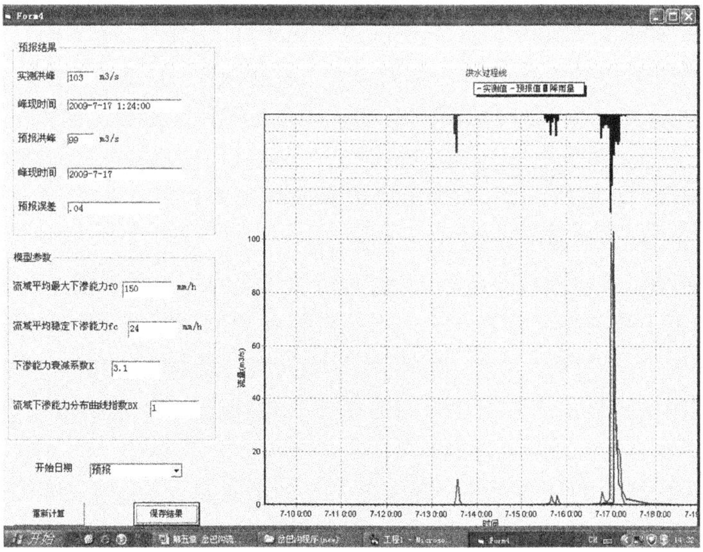

图 10-16　实时预报结果显示

预报结果如图 10-16 所示，操作者可以从右边的过程图看到预报过程及实际过程，可根据自己的经验对左边的参数作适量的调整。结束后，可对预报结果进行保存。

第 11 章 预报系统应用

11.1 降水观测及其信息采集

11.1.1 降水的观测

降水是大气中的水汽凝结后以液态水或固态水降落到地面的现象。降水是重要的气象要素,同时是重要的水文要素。降水是地表水和地下水的来源,是水文循环的重要环节。

一定时段内从大气中降落到地面的液体降水与固体(经融化后)降水,在无渗透、蒸发、流失情况下积聚的水层深度,称为该地该时段内的降水量,单位为 mm。单位时间内的降水量称为降水强度,常用单位是 mm/d、mm/h。

根据不同的物理特征,降水可分为液态降水和固态降水。液态降水又有雨、雾、露等,固态降水包括雪、雹、霜、冰粒、冰针等降水物。实际降水过程中有时也会出现液态固态混合的(如雨夹雪)降水形式。降水除用降水量的数值表示外,也常根据其强度进行分类。通常情况下,对降雨的分类方法是按降雨强度的大小,将降雨分为小雨、中雨、大雨、暴雨、大暴雨和特大暴雨 6 种。

测定降水量和降水强度的方法,有使用各种雨量计、雪量计、量雪测具等测量的直接测定方法,以及使用雷达、卫星云图估算的遥感间接测定等方法。使用雨量器(计)测量降水,雨量站网必须有一定的空间密度、观测频次并及时传递资料。而雷达测雨具有覆盖面积大的优点,其有效半径一般为 200 km 以上,可提供一定区域上降雨量和降雨时空分布的资料。20 世纪 70 年代以来,天气雷达观测的降水资料已在很多国家的洪水预报警报和水资源管理上发挥了重要作用。

气象卫星观测以其瞬时观测范围大,资料传递迅速的优点胜于雷达观测。20 世纪 70 年代初期,曾根据卫星云图照片并与天气雷达资料相比照,估计长历时和短历时降雨量,之后,欧洲和美洲的一些国家,对卫星云图可见光波段的反射辐射和红外波段的辐射强度进行数字化,利用增强显示的数字化云图估算,降雨量取得了一定的成效,估算的降雨量精度明显提高。

降水观测是按统一的标准对各个降水量站点的降水量、降水量强度等进行系统的观测,并按规定的方法进行整理计算,获得各站点的降水资料。水文测验中降水量观测项目,主要有测记降水的类型和降雨、降雪、降雹的水量。一般情况下,单纯的雾、露、霜可不测记(有水面蒸发任务的测站除外)。必要时,部分站还要测记雪深、冰雹直径、初霜和终霜日期等特殊观测项目。

开展降水量观测,目的是要系统地观测和收集降水资料,并将实时观测的降水资料及时送至有关部门，直接为防汛抗旱、水资源管理等服务。通过长期的观测，可以分析测站的降水在时间上的规律，通过流域内降水观测站网，可分析研究降水在地区上的分布规律，以满足工业、农业、生产、军事和国民经济建设的需要。

降水是地表水和地下水水资源的来源，了解流域水资源状况，必须有足够的降水资料；农业、林业、牧业、交通运输、军事等需要掌握降水资料，研究降水规律，并需要及时了解实时的降水情况；水利、交通、城市、工矿建设中常需要降水资料推求径流和设计洪水、设计枯水；根据降水资料可做出径流和洪水预报，增长预见期，为防洪抗旱和水资源调度管理服务；降水资料也是水资源分析评价中的重要资料，一个地区的降水规律，是其生态环境重要标志，对经济发展有重要作用。

11.1.2 降水观测的一般要求

降水量的计量单位是 mm，其观测记载的最小量应符合以下规定：

(1)需要控制雨日地区分布变化的雨量站必须记至 0.1 mm。

(2)蒸发站的降水量观测记录精度必须与蒸发观测的记录精度相匹配。

(3)不需要雨日资料的雨量站，可记至 0.2 mm。

(4)多年平均降水量大于 800 mm 的地区，可记至 0.5 mm；多年平均降水量大于 400 mm，小于 800 mm 的地区，如果汛期雨强特别大，且降水量占全年 60% 以上，亦可记至 0.5 mm。

(5)多年平均降水量大于 800 mm 的地区，也可记至 1 mm。

雨量站选用的仪器，其分辨力不应低于该站规定的记录精度，在观测记录和资料整理中，不能因采用估读或进舍的办法降低精度，而应和仪器的分辨力一致。

降水量的观测时间以北京时间为准（不随夏时制改变）。记起止时间者，观测时间记至分；不记起止时间者，记全小时。每日降水以北京时间 8 时为日分界，即从昨日 8 时至今日 8 时的降水为昨日降水量。观测员观测所用的钟表或手机的走时误差每 24 h 不超过 2 min，并应每日定时利用有关权威部门授时进行校正。

11.1.3 降水观测仪器

11.1.3.1 仪器分类

降水量观测仪器主要指观测液体降水的雨量计和观测以雪为主的固态降水的雪量计。可以同时观测降雨和降雪的降水观测仪器称为雨雪量计。测定液体降水量的仪器有雨量器和雨量计两种。

降水量观测仪器按传感原理分类，可分为直接计量雨量器、液柱测量（主要为虹吸式或浮子式）、翻斗测量等传统仪器，还有采用新技术的光学雨量计、超声波雨量计和雷达雨量计等。

降水量观测仪器按记录周期分类，可分为日记和长期自记。

11.1.3.2 雨量器

雨量器是最简单的观测降水量的仪器，它由雨量筒与量杯组成，见图 11-1。雨量筒用来承接降水物，它包括承水器（承雪口）、储水筒、漏斗、筒盖、储水瓶等组成。我国采用直径为 20 cm 的正圆形承水器，其口缘镶有内直外斜刀刃形的铜圈，以防雨滴溅失和筒口变形。承水器有两种：一种是带漏斗的承雨器，另一种是不带漏斗的承雪器。外筒内放储水瓶，以收集降水量。量杯为一特制的有刻度的专用量雨筒，量杯刻画为 100 分度，每 1 分度等于雨量筒内水深 0.1 mm。

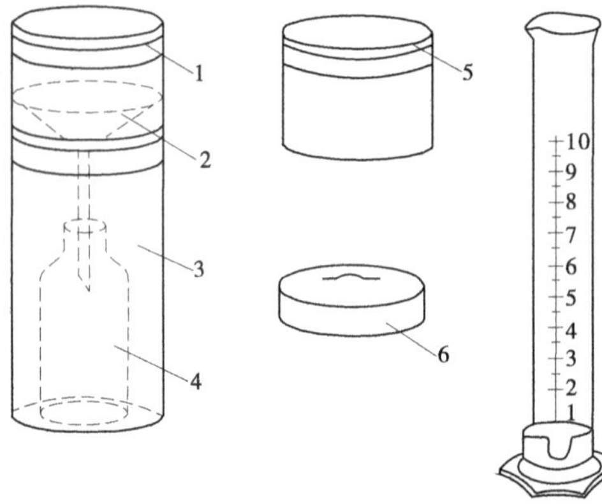

1—承雨器；2—漏斗；3—储水筒；4—储水瓶；5—承雪器；6—器盖

图 11-1　雨量器及量杯

专用量杯直径 40 mm，截面面积是承雨器口截面面积的 1/25，承雨器接得 1 mm 的降雨水量在量杯内高 25 mm，量杯壁上的刻度高将实际降雨量放大了 25 倍。量杯内的刻度是降雨量的直接读数，可以读到 0.1 mm 降雨量。雨量筒口直径的精确度要求较高，应为 200 +0.600 mm，雨量器中与雨水直接接触的零件表面应光滑，尽量少吸附雨水。

11.1.3.3　虹吸式雨量计

1）组成及技术指标

虹吸式雨量计主要由承水部分、虹吸部分和自记部分等组成，见图 11-2。

承水部分由一个内径为 200 mm 的承水器口和大、小漏斗组成。虹吸部分包括浮子室、浮子、虹吸管等。自记部分主要由自记钟、记录纸、记录笔及相应的传动部件组成。虹吸式雨量计的记录是利用浮子室水位上升，引起虹吸现象发生，排空浮子室内降水，使记录笔下降，从而反复记录降雨量。虹吸式雨量计的技术指标为：

（1）承水口内径为 2 000 +0.60 mm，刃口角度为 45° ~ 50°。

（2）连续降水强度记录范围为 0.01 ~4 mm/min。

（3）记录纸分度范围为 0.1 ~10 mm。

（4）记录误差为 ±0.05 mm。

（5）零点和虹吸点的不稳定性，不得超过 0.1 mm 降水量；虹吸时间不得超过 14 s。

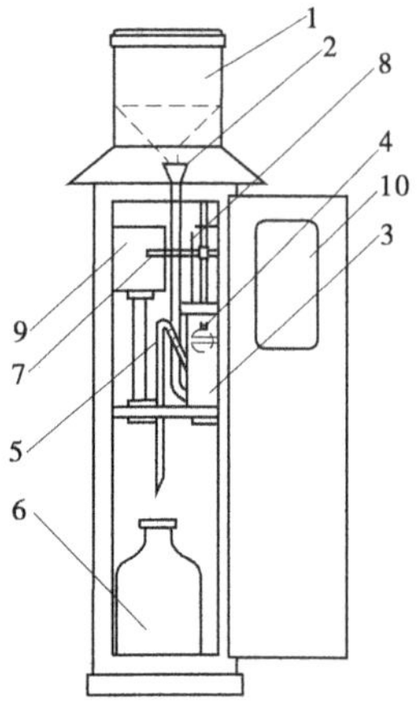

1—承雨器；2—漏斗；3—浮子室；4—浮子；5—虹吸管；6—储水瓶；7—自记笔；8—笔挡；9—自记钟；10—巡视窗

图 11-2　虹吸式雨量计

2)虹吸式雨量计的工作原理

虹吸式雨量计使用历史悠久,是我国目前使用最普遍的雨量自记仪器。其特点是测量精度较高,性能也较稳定。但由于其原理的限制,不便于将降雨量转换成可供处理的电信号输出,不便于用于自动化记录和遥测系统,客观上限制了它的发展。

虹吸式雨量计是利用虹吸原理对雨量进行连续测量,降雨由承水器收集,经大、小漏斗和进水管进入浮子室,持续的降水引起浮子室内水位升高,浮子室内的浮子亦因受浮力作用而随之升高,并带动浮子杆上的记录笔在记录纸上运动,作出相应记录。当降雨量累计达 10 mm 时,浮子室内水位恰好到达虹吸管弯头处,启动虹吸,浮子室内的雨水从虹吸管流出,排空浮子室内降水。在虹吸过程中,浮子随浮子室内的水位下降而下降,虹吸结束时,浮子降落到起始位置。若继续降雨,则浮子室中浮子重新升高,再虹吸排水,从而保持循环工作。雨量计中的自记钟通过传动机构带动记录纸筒旋转,从而使记录笔在记录纸上作出相应的时间记录。根据记录曲线,可以判断降水的起迄时间、降雨强度和降雨量。

3)虹吸式雨量计的特点

虹吸式雨量计是我国应用时期最长、应用最普遍的自记雨量计。它是长期批量生产的产品,所以产品性能可靠,测量准确性也较好。

它能记录一天的降雨过程,不能用于无人值守的站点。有些国家的水文站基本无人值守,故基本不用虹吸式雨量计。它不能用于自动化记录和传输,也就不能用于自动化系统和长期自记。

11.1.3.4 翻斗式雨量计

翻斗式雨量计的类型分为单(层)翻斗雨量计、双(层)翻斗雨量计和三层翻斗雨量计。

翻斗式雨量计由筒身、底座、内部翻斗结构三大部分组成。筒身由具有规定直径、高度的圆形外壳及承雨口组成。筒身和内部结构都安装在底座上,底座支承整个仪器,并可安装在地面基座上。我国使用较多的是雨量分辨力为 0.2 mm、0.5 mm、1 mm 的单翻斗雨量传感器,以及雨量分辨力为 0.1 mm 的双层翻斗雨量计。水文自动测报系统应用较多的 DY1090A 型遥测雨量传感器,见图 11-3。

降水进入筒身上部承雨口,首先经过防虫网,过滤清除污物,然后进入翻斗。翻斗一般由金属或塑料制成,支承在刚玉轴承上。翻斗下方左右各有一个定位螺钉,调节其高度,可改变翻斗倾斜角度,从而改变翻斗每一次的翻转水量。翻斗上部装有磁钢,翻斗在翻转过程中,磁钢与干簧管发生相对运动,从而使干簧管接点状态改变,可作为电信号输出。仪器内部装有圆水泡,依靠 3 个底脚螺丝调平,可使圆水泡居中,表示仪器已呈水平状态,使翻斗处于正常工作位置。

翻斗式雨量计的输出是干簧管簧片的机械接触通断状态,接出两根连接线形成开关量输出。一次干簧管通断信号代表一次翻斗翻转,就代表一个分辨力的雨量。相应的记录器和数据处理设备接收处理此开关信号。翻斗雨量计传感器本身无须电源,但作为整体雨量计使用时要产生、处理、接收信号,记录或传输雨量信号,就必须要有电源。翻斗式雨量传感器配以相应的雨量显示记录器,组成自记雨量计或远传雨量计。

翻斗式雨量计由筒身、底座、内部翻斗结构三大部分组成,雨量计量装置是雨量翻斗。

图 11-3　翻斗式雨量计

降水进入筒身上部承雨口，首先经过防虫网，过滤清除污物，然后进入翻斗。翻斗一般由金属或塑料制成，支承在刚玉轴承上。当斗内水量达到规定量时，翻斗即自行翻转。翻斗上部装有磁钢。翻斗在翻转过程中，磁钢与干簧管发生相对运动，从而使干簧管接点状态改变，可作为电信号输出。

翻斗式雨量计的主要技术指标如下：

使用环境条件：工作环境温度 0 ~ +50 ℃；工作环境湿度 40 ℃（凝露）时 95% RH。

雨量分辨力：可以有 0.1 mm、0.2 mm、0.5 mm、1.0 mm 等 4 种。

适用降雨强度范围：0 ~ 4 mm/min。

翻斗计量误差：-4% ~ +4%。

11.1.3.5　浮子式雨量计

浮子式雨量计是将承雨口收集到的雨水全部汇集到浮子室，再用一浮子感测浮子室内的雨水水面位置，转化为降雨量。这种计测方式没有翻斗翻转计量误差，对降雨强度的反应不敏感，避免了翻斗雨量计的弱点。由于浮子室内一般只能积存 10 mm 雨量，到达 10 mm 雨量时要排空存水，故排空所需历时中的降雨也会造成类似于翻斗翻转（也是在排水）历时中降雨造成的误差。在应用中，要采取措施减少或消除此误差。

1）工作原理及指标

浮子式雨量计从外型上看和其他雨量筒相似。但其计量部分是一个浮子式水位测量系统及排水和进水控制部分。其原理示意见图 11-4。

从图 11-4 可以看出，降雨从承雨口通过滤网及承雨口管嘴进入进水开关部件，然后进入浮子室。浮子室是个圆柱形容器，其横截面面积与承雨口横截面面积呈确定的比例关系。一定的降雨量进入浮子室后被转换放大成相应倍数的水面（水位）升高。用浮子感应此水位变化，带动编码器旋转，通过相应信号线输出水位编码值，就能知道水位值，也就是降雨量。

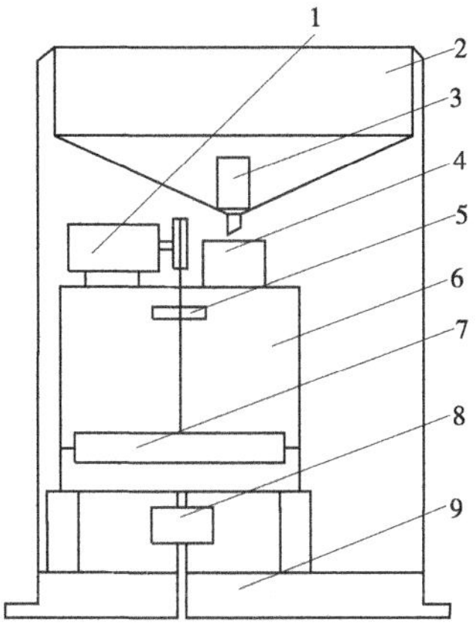

1—水位编码器;2—承雨口;3—滤网;4—进水开关部件;5—平衡锤;
6—浮子室;7—浮筒;8—排水控制部件;9—底座

图 11-4　浮子式雨量传感器示意图

浮子室在测得一定量的降雨后必须全部排空,再对重新流入的雨水进行计量。因此,要在浮子室上下进出水处,分别安装进水开关和排水控制部分。排水控制部分的工作原理是当浮子室内的雨水水位上升到额定高度时,编码器及仪器控制部分测得此数值后会发出讯号,打开排水控制阀(同时关闭进水阀),雨水自流排出。经一定时间或排空后,排水控制阀又关闭,进水阀打开,浮子室继续计测降雨。而控制部分会将这次排水的时间、水量(恒定值)记录下,同时使以后的降水从编码器新的起点(排水后,浮子已降回零点)开始计测。这样反复运行就达到长期自记雨量的目的。

浮子式雨量计的主要技术指标如下:

浮子室排水量:相等于 50 mm、100 mm 雨量。

雨量分辨力:0.1 mm。

适用降雨强度范围:0.01 ~ 10 mm/min。

雨量计量准确度(浮子室排水量为 50 mm 时):≤ ±0.5 mm(≤50 mm 雨量时),≤ ±1%(>50 mm 雨量时)。

电磁阀排水时间:25 s(50 mm 雨量)。

2)浮子式雨量计的特点

浮子式雨量计的优点是克服了翻斗式雨量计的弱点。单从设计上讲,可以达到 0.1 mm 的分辨力,它能适应各种降雨强度。雨量计量误差和降雨强度没有关系。但它结构复杂,包括了翻斗式雨量计和浮子式水位计两部分,还有自动控制的降雨进入和排水控制器。结构复杂不但使价格增高,而且可靠性降低,使用调试不便。

11.1.3.6　容栅式雨量计

容栅式雨量计也称为电容栅式雨量计,其基本原理是使用容栅传感器对承接的雨水进行计测。容栅传感器是一种先进的线位移传感器,是在光栅、磁栅后发展起来的新型位移传感器,它利用高精度的电容测量技术测得因位移而改变的电容,从而测得位移量。它的准确度很高,在量程为 10 ~ 20 cm 时,一般产品很容易达到 0.03 mm 的准确度,能满足

0.1 mm 雨量计的要求。容栅式雨量计结构见图 11-5。

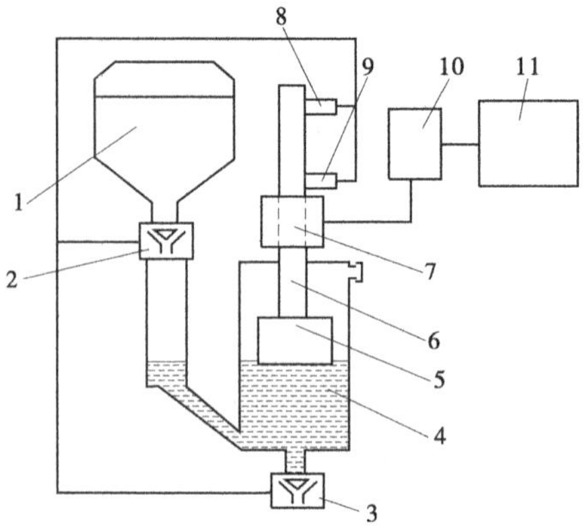

1—承水器;2—进水电磁阀;3—排水电磁阀;4—浮子室;5—浮子;6—感应尺;
7—位移传感器;8—上限位开关;9—下限位开关;10—控制板;11—显示器

图 11-5　容栅式雨量计结构示意图

典型产品的技术指标如下:

(1)承雨口直径:$\phi200_{0.0}^{0.6}$mm,要求刃口角 45°。

(2)雨量准确度: ±0.2 mm(≤10 mm 降雨时); ±2%(≥10 mm 降雨时)。

(3)适用降雨强度范围:0 ~5 mm/min。

(4)工作环境:0 ~60 ℃。

(5)电源:12 V,静态功耗 0.006 W。

(6)输出:RS232。

(7)传输距离:150 m。

11.1.4　降水信息采集

11.1.4.1　段次划分

用雨量器观测降水量,可采用定时分段观测,时段次及相应时间见表 11-1。各雨量站的降水量观测段次,一般少雨季节采用 1 段次或 2 段次,遇暴雨时应随时增加观测段次;多雨季节应选用自记雨量计观测降水量,否则应选择 4 段或更多段次观测。

表 11-1　降水量的观测段次

段次	每日观测时刻(时)
1	8:00
2	20:00、8:00
4	14:00、20:00、2:00、8:00
8	11:00、14:00、17:00、20:00、23:00、2:00、5:00、8:00
12	10:00、12:00、14:00、16:00、18:00、20:00、22:00、24:00、2:00、4:00、6:00、8:00
24	从本日 9:00 至次日 8:00,每小时观测 1 次

规定观测降水起止时间的雨量站，除按规定时段观测降水量外，还应加测降水起止时间，并统计1次降水量。当降水中间有间歇时，若间歇时间大于15 min，间歇前后作为两次降水进行观测记载；若间歇时间不大于15 min，则作为一次降水进行观测记载。

11.1.4.2 液态降水量观测

(1)观测员应在规定的观测时间之前携带备用储水器到观测场，在观测时间若有降雨，则取出储水筒内的储水器，放入备用储水器，然后到室内用量雨杯测记降水量。如降水很小或已停止，可携带量雨杯到观测场测记降水量。

(2)为减少蒸发损失，无论是否观测降水起止时间的雨量站，应在降水停止后及时观测降水量，并记录在“降水量观测记载簿”中与降雨停止时相应的时段降水量栏。

(3)使用量雨杯，应使量雨杯处于铅直状态，读数时视线与水面凹面最低处平齐，观读至量雨杯的最小刻度，并立即记录，然后校对读数1次。降水量很大时，可分数次量取，并分别记在备用纸上，然后累加得其总量并记录。

(4)用累积雨量器观测液态降水量，应按以下规定进行：

①按月累积观测，即每月1日8:00观测1次，作为上月的月降水量。

②预先向储水筒加水，注满底部锥体部分，然后注入防蒸发油，油层深度为5～10 mm，水和油的注入量，均应用量雨杯精确量测，并记在观测记载簿的备注栏。

11.1.5 降水信息的编报

11.1.5.1 降水量编码

降水信息可编报的信息类基本格式见图11-6。

编码格式标识符	水情站码	观测时间码	降水信息类	NN

图11-6 降水信息可编报的信息类基本格式

11.1.5.2 降水量信息编码示例

(1)编报时段降水量的示例。

某雨量站40803100，采用三级标准编报，降水量的起报标准为有雨即报。6月18日8～14时降水量为1.4 mm。14时天气阴，则该时段降水量编码采用A格式编写为：

P ⊔* 40803100 ⊔ 06181400 ⊔ P6 ⊔ 1.4 ⊔ WS ⊔ 8 ⊔ NN

*：“⊔”表示空格符，下同。

(2)编报日旬月降水量的示例。

某雨量站40803100，采用一级编报标准。6月30日8时至7月1日8时日降水量2.6 mm，8时天气晴；6月下旬降水量58 mm，6月月降水量269 mm，其编码为：

P ⊔ 40803100 ⊔ 07010800 ⊔ PD ⊔ 2.6 ⊔ WS ⊔ 9 ⊔ PX ⊔ 58 ⊔ PM ⊔ 269 ⊔ NN

(3)编报降水历时的示例。

某雨量站40803100，采用三级拍报，起报标准为20 mm，并要求编报时段降水量的历时。9月6日8～14时降雨26.8 mm，实际降水历时3时28分，14时天晴，则14时降水量的编码为：

P ⊔ 40803100 ⊔ 09061400 ⊔ P6 ⊔ 26.8 ⊔ DT ⊔ 3.28 ⊔ WS ⊔ 9 ⊔ NN

(4)一日内各个时段降水量均未达到起报标准，除编报日降水量外，还应编报各时段降水量。示例如下：

某河道站40803100，采用四级拍报标准，降水量的起报标准为10 mm。8月19日8～11时降水量1.2 mm，11时天气雨，由于未达到起报标准，可不编报；11～14时降水量8.2 mm，14时天气雨，未达到起报标准不编报；14～17时降水量4.5 mm，天气阴，未达到起报标准还是不编报；17～20时降水量0.1 mm，天气阴，未达到起报标准不编报；20～23时无雨；23时至20日2时也无雨；20日2～5时降水量6.1 mm；5时天气雨，未达到起报标准不编报；5～8时降水量7.9 mm，8时天气晴。已到日分界，日降水量为28 mm。由于各时段降水量均未达到起报标准，故在编报日降水量时，应同时编报各时段降水量。其编码采用A格式编写：

H ⊔ 40803100 ⊔ 08191100 ⊔ P3 ⊔ 1.2 ⊔ WS ⊔ 7 ⊔

TT ⊔ 08191400 ⊔ P3 ⊔ 8.2 ⊔ WS ⊔ 7 ⊔ TT ⊔ 08191700 ⊔ P3 ⊔ 4.5 ⊔ WS ⊔ 8 ⊔

TT ⊔ 08192000 ⊔ P3 ⊔ 0.1 ⊔ WS ⊔ 8 ⊔ TT ⊔ 08200500 ⊔ P3 ⊔ 6.1 ⊔ WS ⊔ 7 ⊔

TT ⊔ 08200800 ⊔ P3 ⊔ 7.9 ⊔ PD ⊔ 28 ⊔ WS ⊔ 9 ⊔ NN

(5)同时编报两个以上水情站的降水信息示例如下：

某水情分中心所辖的雨量站40811000、40812000、40813000，河道站40803100于8月15日8～14时降雨，降雨量及天气状况分别为78.2 mm、阴，98.5 mm、雨，102 mm、雨，87 mm、雨。

此种情况可按单站分别单独编报，也可在A格式或B格式编码中一同编报。现采用后一种方式，A格式编码为：

H ⊔ 40811000 ⊔ 08151400 ⊔ P6 ⊔ 78.2 ⊔ WS ⊔ 8 ⊔ ST ⊔

40812000 ⊔ 08151400 ⊔ P6 ⊔ 98.5 ⊔ WS ⊔ 7 ⊔ ST ⊔

40813000 ⊔ 08151400 ⊔ P6 ⊔ 102 ⊔ WS ⊔ 7 ⊔ ST ⊔

40803100 ⊔ 08151400 ⊔ P6 ⊔ 87 ⊔ WS ⊔ 7 ⊔ NN

(6)修正降雨错报的示例。

某雨量站83531123，9月6日2～8时降雨26.8 mm，日雨量为137 mm，8时天晴，编报时错将降雨量编为268 mm，原编码为：

P ⊔ 40803100 ⊔ 09060800 ⊔ P6 ⊔ 268 ⊔ PD ⊔ 137 ⊔ WS ⊔ 9 ⊔ NN

修正降雨错报时，应列出全部内容，现编码为：

RP ⊔ 40803100 ⊔ 09060800 ⊔ P6 ⊔ 26.8 ⊔ PD ⊔ 137 ⊔ WS ⊔ 9 ⊔ NN

(7)编报暴雨加报的示例。

某水情站40803100，采用三级拍报，起报标准为10 mm。规定要进行暴雨加报，加报标准为1 h降雨超过30 mm即作暴雨计。7月14日8～9时降雨31 mm，9时天气雨；9～10时又降雨42 mm，10时仍在降雨；10～11时降雨2 mm，11～13时无雨。13～14时又降雨10.1 mm，14时天气阴。8～14时时段降雨量为85.1 mm。则：

9时的暴雨加报编码为：

P ⊔ 40803100 ⊔ 07140900 ⊔ PR ⊔ 31 ⊔ DT ⊔ 1 ⊔ WS ⊔ 7 ⊔ NN

10 时的暴雨加报编码为：

P ␣ 40803100 ␣ 07141000 ␣ PR ␣ 42 ␣ DT ␣ 1 ␣ WS ␣ 7 ␣ NN

14 时时段降雨量已到编报标准，其编码为：

P ␣ 40803100 ␣ 07141400 ␣ P6 ␣ 85.1 ␣ WS ␣ 8 ␣ NN

(8)编报数据欠准或不全的降水量的示例如下：

某雨量站 40811100，采用二级发报，起报标准为 20 mm，9 月 6 日 8 ~ 20 时因雨量器损坏，估测降雨量为 40mm，20 时仍在降雨，从 20 时至次日 8 时雨量器才修好，测得降雨量为 31.2mm，7 日 8 时阴，则编码可采用 A 格式编写：

6 日 20 时的编码为：

P ␣ 40811100 ␣ 09062000 ␣ P12 ␣(40)␣ WS ␣ 7 ␣ NN

7 日 8 时的编码为：

P ␣ 40811100 ␣ 09070800 ␣ P12 ␣ 31.2 ␣ PD ␣(71.2)␣ WS ␣ 8 ␣ NN

11.2 水位观测及其信息采集

11.2.1 水位及其观测

水位是反映水体、水流变化的水力要素和重要标志，是水文测验中最基本的观测要素，是水文测站常规的观测项目。水位是指河流或其他水体（如湖泊、水库、人工河、渠道等）的自由水面相对于某一基面的高程，其单位以米(m)表示。

水位是水体的主要参数，通过水位观测可以了解水体的状态，观测的水位值可直接为工程建设、防汛抗旱等服务。水位观测资料可以直接应用于堤防、水库、电站、堰闸、浇灌、排涝、航道、桥梁等工程的规划、设计、施工等过程中。

水位是相对易于观测的重要的水文要素，不仅可以直接用于水文预报，通过观测的水位值可推求出其他水文观测项目，如流量、泥沙、水温、冰情、水库库容等，常需要通过水位推求。常用观测的水位过程，依据已建立的水位流量关系，可直接推求出流量过程，也可再通过推求的流量过程，进一步推算出输沙率过程；亦可利用观测的水位计算水面比降，进而计算河道的糙率等。

水位是防汛、抗旱、水资源调度管理、水利工程管理运行等工作的重要依据和重要资料，水位是掌握水文情况和进行水文预报的依据。由于水位常用于推求其他水文要素，这样水位观测的漏测或观测误差，可能会引起其他有关水文要素推求的困难或误差。可见水位的观测十分重要，需要认真对待。水位观测尽管看似简单，但实际工作中还是有许多技术和经验。因此，应十分重视水位观测工作。

水位观测的主要内容与基本要求：

(1)采用水尺观测。采用水尺观测时，应该按要求的测次观读记录水尺读数、观测时间，计算观读时的水位与日平均水位，或统计每日出现的最高、最低水位。

(2)采用自记水位计观测。采用自记水位计观测时，应定时校对观测值、换纸（当采用纸记录式仪器时）、读取记录资料、调整仪器，并对自记记录进行订正、摘录、计算日平均水位,或统计每日出现的最高、最低水位。

附属观测项目包括:风向、风力(风速),水面起伏度,流向,水面漂浮物,闸门开启关闭情况等。

水位观测的基本要求是可靠、连续、控制变化过程。在水位的观测过程中,发现问题应及时排除,使观测数据准确可靠。同时,要保证水位资料的连续性,不漏测洪峰和洪水过程的涨、落和转折点水位。对于暴涨暴落的洪水,应更加注意适当加密观测次数,控制洪水过程中水位的变化。

水位观测的精度要求:

(1)水位用某一基面以上米数表示,一般读记至 0.01 m。

(2)上、下比降断面的水位差小于 0.2 m 时,比降水尺水位可读记至 0.005 m。

(3)对基本、辅助水尺水位有特殊精度要求者,也可读记至 0.005 m。

11.2.2 观测基面

11.2.2.1 基面的概念

水位的高低常用高程表示,高程是地面点至水准基面(也称基准面)的铅垂距离。因此,同一点,因选取的基准面不同,高程值也会不同。水文学中一般将测量学中的水准基面简称基面。由水位的定义知,水位是以一个基本水准面作为起始面,这个基本水准面又简称基面。即基面是计算水位和高程的起始面,它可取用海滨某地的多年平均海平面或假定平面。同一点由于基本水准面的选择不同,其高程也不同,在测量工作中一般均以大地水准面作为高程基准面。大地水准面是平均海水面及其在全球延伸的水准面,在理论上讲,它是一个连续的闭合曲面。但在实际中无法获得这样一个全球统一的大地水准面,各国只能以某一海滨地点的特征海水位为准,这样的基准面也称绝对基面。另外,水文测验中除使用绝对基面外,还涉有假定基面、测站基面、冻结基面等。

11.2.2.2 水位测验中的常用基面

水文测站中常用的基面主要有绝对基面、假定基面、测站基面(冻结基面)3 种。

1)绝对基面

一般是以某一海滨地点的平均海平面的高程定为零的水准基面,称为绝对基面。绝对基面也称标准基面、基准面或高程基准,目前我国采用的标准基面是 1985 国家高程基准(也简称国家 85 高程基准、85 黄海基准、85 高程基准等)。1985 国家高程基准是根据青岛验潮站 1952 ~ 1979 年验潮资料计算确定的平均海水面作为中国的水准基面(即零高程面),于 1987 年由国家测绘局颁布,作为我国统一的测量高程基准。将特征海水面的高程定为 0.00 m,除 1985 国家高程基准外,我国曾使用和目前仍在使用的绝对基面有大连、大沽、黄海(以青岛验潮站 1950 ~ 1956 年 7 年间的潮汐资料推求的平均海水面作为高程基准面,以此高程基准面作为我国统一起算面的高程系统名谓“1956 年黄海高程系统”)、废黄河口、吴淞、珠江等基面。若将水文测站的基本水准点与国家水准网所设的水准点接测后,则该站的水准点高程就可以用某一绝对基面以上的高程数来表示。目前,大多数水文站采用绝对基面的高程数值。

2)假定基面

假定基面是为计算水文测站水位或高程而假定的水准基面。若水文测站附近没有国家水准网,其水准点高程暂时无法与全流域统一引据的某一绝对基面高程相连接,只能暂时假定一个水准基面,作为本站水位或高程起算的基准面。如:暂时假定该水准点高程为1 000.00 m,则该站的假定基面就在该基本水准点垂直向下1 000 m处的水准面上。尤其是20世纪50年代以前设立的测站,由于当时全国的水准网尚未建立,许多测站采用了假定基面。目前,西部地区还有一些水文站采用假定基面,一般情况下,假定基面的水位数值较小,也不受国家水准基点和水准网变动的影响,特别是在绝对基面采用不统一时或应急监测时仍采用。

3)测站基面(冻结基面)

冻结基面是水文测站首次使用某种基面后,即将其高程固定下来的基面。冻结基面是水文测站专用的一种固定基面。水位测站设立后,由于种种原因使用的基面可能会几经变动,同一水位在不同的时期,可采用冻结基面解决水位系列不一致问题。使用冻结基面的优点是使测站的水位资料与历史资料相连续,且与绝对基面表示的水位数字接近。有条件的测站应使用相同的基面,以便水位资料在防汛和水利建设、工程管理中使用。

测站基面是冻结基面的一种形式,是水文测站选在略低于历年最低水位或河床最低点的一种专用假定的固定基面。测站基面是假定基面的一种,一般将其确定在测站河床最低点以下0.5~1.0 m的水平面上,对水深较大的河流,可选历年最低水位以下0.5~1.0 m的水面作为测站基面。当与国家水准点接测后,即可算出测站基面与绝对基面的高差,从而可将测站基面表示的水位换算成以绝对基面表示的水位。使用测站基面的优点是水位数字比较简单,测站的水位资料连续,表示的水位可直接反映航道水深。但在冲淤河流,测站基面位置很难确定;而且不便于同一河流上、下游站的水位进行比较,这也是使用测站基面时应注意的问题。

11.2.3 水位观测设备

水位的观测设备可分为直接观测设备(也称人工观测设备)和间接观测设备两大类。

直接观测设备主要是指各种传统水尺。水尺是观测河流或其他水体水位的标尺。由人工直接观测水尺读数,加水尺零点高程即得水位。水尺是每个水位测量点必需的水位测量设备,是水位测量基准值的来源。一个水位测量点的水位约定真值都是依靠人工观读水尺取得的,所有其他水位仪器的水位校核都以水尺读数为依据。在一些不能安装自记式水位计的测量点,观读水尺更是唯一测量水位的方法。水尺设备简单,使用方便,但需要人工观读,工作量大。目前世界上使用水尺主要有立式、倾斜式、矮桩式、悬锤式、测针水尺(测针水尺即水位测针,包括直针式测针和钩形测针两类)等几种。

间接观测设备是利用机械、电子、压力等传感器的感应作用,间接反映水位变化。间接观测设备构造复杂,技术要求高,但无须人员值守,工作量小,可以实现水位自动连续记录,是实现水位观测自动化的重要条件。间接观测设备也称为自记水位计。目前世界上使用的自记水位计主要有浮子水位计、压力水位计、超声波水位计(又有液介式和气介式之分)、微波(雷达)水位计、电子水尺、激光水位计等。其中,浮子水位计、压力水位计、液介式超声水位计、电子水尺等仪器，在测量时仪器的采集器直接与水体接触，又称为接触式测量仪器。而气介式超声水位计、微波(雷达)水位计、激光水位计等仪器，测量时仪器不与水体接触，又称为非接触式测量仪器。

11.2.3.1 水尺

1)水尺及其分类

测站的水尺按性质和作用可分为基本水尺、辅助水尺、校核水尺、比降水尺等。

(1)基本水尺是水文测站用来经常观测水位，并表达该测站水位的主要水尺，设于基本断面。

(2)辅助水尺是当测验河段出现横比降或在利用堰闸、隧洞、涵洞等测流设施，有淹没出流时，在河流对岸或下游专门设立的水尺。又如基本断面与流量测验断面相距较远，水位变化剧烈时，常在测流断面设立辅助水尺，以便建立较稳定的水位流量关系，用于推求流量。这种辅助水尺也称测流断面水尺。

(3)校核水尺是为校订自记水位记录的水位数值而设置的水尺。

(4)比降水尺是为观测河流水面比降而在测验河段上、下游所设立的水尺。

测站的水尺按形式可分为直立式、倾斜式、矮桩式、悬锤式、测针式水尺(水位测针)等，也常分别称为直立水尺、倾斜水尺、矮桩水尺、悬锤水尺、测针水尺(水位测针等)：

(1)直立水尺是垂直于水平面的一种固定水尺。

(2)倾斜水尺(也称斜坡水尺)是沿稳定岸坡或水工建筑物边壁的斜面设置的一种水尺，其刻度直接指示相对于该水尺零点的竖直高度。

(3)悬锤水尺是由一条带有重(悬)锤的绳或链(或卷尺)所构成的水尺。它用于从水面以上某一已知高程的固定点测量距离水面的竖直高差来计算水位。

(4)矮桩水尺是由设置于观测断面上的一组永久性基桩(即矮桩)和便携测尺组成的水尺。将测尺直立于水面以下某一桩顶，根据其已知桩顶高程和测尺上的水面读数来确定水位。

(5)测针水尺(水位测针)是由一根针形测杆所构成的水尺。测量时将它降低直到接触水面，根据其读数来确定水位，水位测针包括直针式测针和钩形测针两类。

2)水尺的选择与刻画要求

各类水尺中直立式水尺应用最普遍，选择水尺形式时，应优先选用直立式水尺。当直立式水尺设置或观读有困难，而断面附近有固定的岸坡或水工建筑物的护坡时，可选用倾斜式水尺。在易受流冰、航运、浮运或漂浮物等冲击以及岸坡十分平坦的断面，可选用矮桩式水尺。当水位变化范围比较小(最大 1 m)以及水面稳定时可采用测针水尺。当不能安装直立式水尺和倾斜式水尺，在水面以上有安装条件的建筑物时，可采用悬锤式水尺。

断面情况复杂、水位变化大的测站，可按不同的水位级分别设置不同形式的水尺。悬锤式水尺除用于明渠水流观测水位外，也多用于地下水位测量；测针水尺除少量室外水位观测外，主要用于蒸发观测、水工试验水位观测等水位变化小、观测精度要求高的水位观测中。

水尺刻画要求如下：

(1)水尺的刻度必须清晰、精确和持久耐用,刻度应直接刻画在光滑的表面上,数字必须清楚,大小适宜,数字的下边缘应靠近相应的刻度处。

(2)刻度、数字、底板的色彩对比应鲜明,且不易褪色和剥落。

(3)水尺刻度面宽不应小于5 cm。

(4)最小刻度为1 cm,误差不大于0.5 mm。当水尺长度在0.5 m以下时,累积误差不得超过0.5 mm;当水尺长度在0.5 m以上时,累积误差不得超过尺长的1‰。

11.2.3.2 自记水位计

1)自记水位计的分类

自记水位计是能自动连续测记水位变化过程的一种水位观测仪器。自记水位计的分类如下:

(1)按感应水位方式分。自记水位计按感应水位的方式,可分为浮子式、压力式(有气泡式和投入式)、超声波式、微波(雷达)、激光水位计及电子水尺等类型。

(2)按传感距离分。自记水位计按传感距离,可分为现场自记式与遥测远传自记式两种。

(3)按水位记录形式分。自记水位计按水位记录形式,可分为记录纸划线记录式、打字记录式、固态模块存储记录等。

(4)根据记录模式分。自记水位计根据记录模式可分为模拟式和数字式两种。

(5)按记录的时间分。自记水位计按记录的时间长短,可分为日记式、周记式、月记式、季记式、半年记式、年记式等。

(6)按传感器接触水面情况分。自记水位计根据其传感器是否接触水面,分为接触式和非接触式两种。浮子式、压力式、液介式超声波水位计和电子水尺属接触式水位计,而气介式超声波和微波(雷达)水位计属非接触式水位计。

2)仪器主要技术指标与参数要求

(1)环境条件。一般情况下使用自记水位计应满足下列环境条件:

①工作环境温度:-20 ~ +50 ℃。

②工作环境湿度:95% RH,温度:40 ℃。

(2)主要技术参数:

①分辨力。根据水位精度要求不同,自记水位计的分辨力可采用0.1 cm、1.0 cm。

②测量范围。根据水位的变幅,选择的测量范围一般为0 ~ 10 m、0 ~ 20 m、0 ~ 40 m等。

③水位变率。能适应的水位变率一般情况下应不低于40 cm/min,对有特殊要求的应不低于100 cm/min。

④电源适应性。宜采用直流供电,电源电压在额定电压的 -15% ~ +20%间波动时,仪器应正常工作。

⑤防雷电抗干扰性。传感器及输出信号线应有防雷电抗干扰措施。

⑥抑制波浪情况。传感器的输出应稳定,必要时应采取波浪抑制措施。

⑦可靠性。平均无故障工作时间(MTBF)浮子式水位计应不小于25 000 h,其他类型应不小于8 000 h。

11.2.3.3 浮子式水位计

1)工作原理及其特点

浮子式水位计采用浮子感应水位,浮子漂浮在水位井内,随水位升降而升降。浮子上的悬索绕过水位轮悬挂一平衡锤,由平衡锤自动控制悬索的位移和张紧。悬索在水位升降时带动水位轮旋转,从而将水位的升降转换为水位轮的旋转。用模拟划线记录水位过程的浮子式水位计,水位轮可带动一传统的水位划线记录装置记下水位过程。

用于自动化系统或数字记录的浮子式水位计,水位轮的旋转通过机械传动使水位编码器轴转动。其结果是一定的水位或水位变化使水位编码器处于一定的位置或位置发生一定的变化。水位编码器将对应于水位的位置转换成电信号输出,达到编码目的。此水位编码信号可以直接用于水位遥测。在此同时水位轮也可带动一传统的水位划线记录装置记下水位过程,或者就用数字式记录器(固态存储器)记下水位编码器的水位信号输出。其优点包括:

(1)仪器性能稳定可靠,水位测量准确性好。浮子式水位计的性能很稳定,现有产品的可靠性很高。这是由浮子式水位感应部分的稳定可靠性和走纸机构稳定性所决定的。多年的定型生产也提高了日记型浮子式水位的可靠性。多年的使用经验证明,浮子式水位计是水位测量准确性好、很稳定的水位计。

(2)结构简单、容易掌握。浮子式水位计原理简单,机械结构直观,使用者很快就能了解其性能,能很快熟练应用。

(3)仪器型号多、价格较低。浮子式水位计类型较多,既有传统的划线记录的日记水位计,又有带编码器的浮子式遥测水位计。既可用于简单的水位自记,又可以用于先进的自动化系统。浮子感应系统测量水位准确、稳定,使用历史悠久,全世界普遍采用,产品产量大,质量稳定,产品价格较低廉。因此,凡有条件可以建造水位测井的地点,都会优先考虑使用浮子式水位计。

(4)自动削弱波浪影响。浮子式水位计安装在测井内,受到环境变化影响小,可自动削弱水位波动的影响。

(5)有的型号仪器也可实现数字化。采用浮子式水位编码器的遥测水位计以及固态存储记录器,可以实现数字化、长期存储水位记录。

影响浮子式水位计应用的主要问题有:

(1)模拟记录。普通常用的浮子式水位计多采用模拟记录,日记型浮子式水位计只能得到一天的水位记录过程线,不便于自动进行数据处理。而应用纸带记录水位的长期自记水位计,也只能在极少场合使用。

(2)需修建水位测井。修建水位测井需要较大的投资,在有些地方,修建测井很困难,甚至无法修建测井,影响了浮子式水位计的应用。

2)浮子式水位计的组成

浮子式水位计的工作原理是用浮子感应水位,如图 11-7 所示。浮子漂浮在水位井内,随水位升降而升降,浮子上的悬索绕过水位轮悬挂一平衡锤,由平衡锤自动控制悬索的位移和张紧。悬索在水位升降时带动水位轮旋转,从而将水位的升降转换为水位轮的旋转。

水位轮的旋转通过机械传动使水位编码器轴转动，水位编码器将对应于水位的位置转换成电信号输出，达到编码目的。同时水位轮也可带动一传统的水位画线记录装置记下水位过程，或者就用数字式记录器（固态存储器）记下水位编码器的水位信号输出。

浮子式水位计具有准确度高、结构简单、稳定可靠、易于使用的优点，且价格较低。尤其是全量型机械编码器，不需电源，不会受外界干扰，可以在长期运行中准确测定水位，并可方便地与各种记录、传输仪器配合应用。

应用光电编码器的浮子式遥测水位计运行阻力很小，具有很高的水位灵敏度，可以将水位准确度提高一些。光电编码器虽然需要供电才能工作，但在用于遥测时，可与遥测终端机共用电源，不必另作考虑。

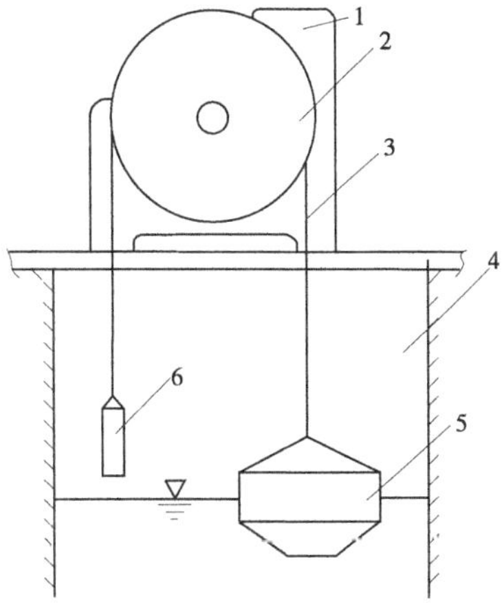

1—水位计外壳；2—水位轮；3—悬索；
4—水位井；5—浮子；6—平衡锤

图 11-7　浮子式水位计示意图

使用浮子感应水位，因而必须建设水位测井，前期的土建工程建设投资较大，这是这类水位计的一个缺点。

浮子式水位计的主要技术指标如下：

水位分辨力：应不大于 1 cm。

水位测量范围：不低于 0 ~ 10 m。

水位变率：不低于 40 cm/min。

水位允许误差：在水位变幅为 0 ~ 10 m 时，Ⅰ、Ⅱ、Ⅲ级水位计的水位允许误差分别为 0.3 cm、1 cm、2 cm。测量结果的置信水平应在 95% 以上。变幅扩大时，水位允许误差不允许超出 ±3 cm。

工作环境温度：-10 ~ +50 ℃，井内不结冰。

工作环境湿度：95% RH。

水位感应部分：水位感应部分的典型结构如图 11-7 所示，由浮子、水位轮、悬索和平衡锤组成。

水位传动部分：水位传动部分的作用是将水位轮的转动传动到水位记录部分和水位编码器，使水位的变化能和记录部分的水位坐标或水位编码器的输入准确地对应起来。按此不同要求，可以分为水位划线记录和水位编码信号输出两种类型。

水位编码器：采用编码器的浮子式水位计既可在站测量记录，又可实现遥测。

水位编码器的作用是将水位轮的旋转角度、位置转换成代表相应水位的数字信号或电信号。水位编码器的输出可以是一个模拟量，如电流、电压等，也可以是一组代表数字量的开关状态或电信号。水位轮的旋转角度通过齿轮组啮合到水位编码器输入轴，编码器又将其轴的角度转动变化转换成数字量输出。这类编码器称为轴角编码器。

3）常用浮子式水位计

（1）SW40 型日记水位计。

这种仪器是我国内使用最多的日记水位计，使用年限也最长。改型的 SW40－1 型日记水位计使用石英自记钟，水位轮和浮筒也较小。主要技术指标如下：

①记录时间：24 h。

②日时间记录误差：机械钟 5 min，石英钟 3 min。

③水位变幅：不限，记录筒可循环连续记录。

④水位比例：1∶1、1∶2、1∶5、1∶10。

⑤误差（变幅 8 m）：水位比例 1∶1、1∶2的为 ±1.5 cm，水位比例 1∶5、1∶10 的为 ±2 cm。

⑥水位灵敏阈：≤2 mm。

⑦浮筒直径：200 mm。

⑧环境温度：－10～40 ℃。

⑨水位轮周长：800 mm、400 mm。

⑩悬索：不锈钢丝绳，直径 1 mm。

改型的 SW40－I 型日记水位计使用石英自记钟，浮筒直径为 70 mm 和 100 mm 两种，水位轮周长 400 mm。

（2）WFH2 型全量机械编码水位传感器。

这种仪器可用于各种遥测站，可数字显示记录水位。在水位数据收集、存储、处理系统中，可作为长期收集水位信息的水位传感器。主要技术指标如下：

①浮子直径：15 cm（特殊 12 cm、10 cm）。

②水位轮工作周长：32 cm。

③平衡锤直径：2 cm。

④测量范围：40 m（特殊：10 m、20 m、80 m）。

⑤分辨力：1 cm。

⑥最大水位变率：100 cm/min。

⑦误差准确度：量程小于 10 m 时，不大于 ±0.2% FS（FS 为满量程，下同）；量程大于 10 m 时，不大于 ±0.3% FS。

⑧编码码制：格雷码。

⑨工作环境温度：－10～＋50 ℃（测井水体不结冰）。

⑩工作环境湿度：95% RH（40 ℃无凝露）。

11.2.3.4　压阻式压力水位计

压阻式压力水位计简称压力式水位计，是将扩散硅集成压阻式半导体压力传感器或压力变送器直接投放在水下测点处感应静水压力的水位测量装置。该水位计能用在江河、湖泊、水库及其他水密度比较稳定的天然水体中。无须建造水位测井，可实现水位自动测量和存储记录。

常用的固态压阻式压力传感器是采用集成电路的工艺，在硅基片上扩散电阻条形成一组电阻，组成惠斯登全电桥。由于硅晶体的压阻效应，当硅应变体受到静水压力作用后，其中两个应变电阻变大，另两个应变电阻变小，惠斯登电桥失去平衡，输出一个对应于静水压力大小的电压信号。常用的压力变送器是将上述压力传感器受压而产生的相应的电压信号，经放大、调理和电压/电流转换，最后输出一个对应于静水压力大小的 4 ~ 20 mA 的电流信号。这些电路和压力传感器组装在一起称为压力变送器。

实际应用的压阻式水位计由水下传感部分和水上仪器部分组成，需要供电电源。水下传感部分是一密封的压力传感器，其中的压力感应片密封在硅油中，感应测点的水压力。此压力感应片的背水面有一空腔，此空腔通过通气电缆与大气相通，使得空腔中的压强永远和水上大气压强相同。压力感应片的迎水面受到的总压强为大气压强和水下测点静水压强之和。背水面受到的是大气压强。作用在压力感应片上的是两压强之差，就是水下测点静水压强。

压阻式压力水位计是较早出现并能应用的无测井水位计。最大特点就是不需要建水位测井，可以应用于不能建水位测井和不宜建井的水位站点。它的输出是易于处理的电模拟量或数字量，适用于自动化测量和处理。不足之处是水位测量准确度不稳定，影响因素很多，要可靠地达到水位测验准确度要求较为困难。

压阻式压力水位计适用于含沙量不大的水体，水位变幅也不宜过大，不适用于河口等受海水影响盐度会变化的地点。

压阻式压力水位计的主要技术指标如下：

水位分辨力：0.1 cm、0.2 cm、0.5 cm、1.0 cm（此分辨力与准确度关系不大）。

水位测量范围：0 ~ 5 m、10 m、20 m、40 m。

水位变率：不小于 60 cm/min。

水位准确度：在 0 ~ 10 m 水位变化范围内，允许误差为 ±1 cm、±2 cm、±3 cm。

使用环境：水下温度：0 ~ +40 ℃；水上环境温度：-5 ~ +50 ℃，95% RH。

11.2.3.5 气泡式压力水位计

1）工作原理

气泡式水位计在工作过程中通过吹气管向水中吹放气泡，并通过吹气管将吹气管口的静水压强引到岸上，利用压力传感器感应（测量）到静水压强值。

气泡式水位计有一根吹气管进入水中，吹气管口固定在水下某一测点处。吹气管另一端接入岸上仪器的吹气管腔（气包）。此吹气管腔连接高压气瓶或气泵。由于在一个密封的气体容器内，各点压强相等。也就是说，如果气水分界处正好在管口，而气体又不流动，或基本不流动（只冒气泡），那么吹气管出口处的气体压强和该点的静水压强相等，又和整个吹气管腔内的压强相等。将压力传感器的感压口置于吹气的管腔内，这样压力传感器就可直接感应到出气口的静水压强值，即可换算得到该测点位置对应的水位。

要使吹气管出口处的气体压强和该点的静水压强相等，可采用两种方法：一种是仪器内部装有自动调压恒流装置，自动适应静水压力的变化，只是慢慢均匀地放出气体，一般是 1 mm 冒 10 个左右（不同仪器有不同规定）气泡。这时可以认为气体压强等于出气口的静水压强，这种方式称为恒流式气泡水位计。另一种方式是平时仪器不工作，要测量时，仪器启动气泵，使气体压强超过出气口的静水压强，然后气泵停止工作，出气口的出气很快停止，表示管内压强等于静水压强，仪器快速自动测出此压力。这种方式称为非恒流式气泡水位计。

优点为:气泡式水位计是将静水压强引入岸上进行测量,仪器与被测水体完全没有"电气"上的联系,只有一根气管进入水中,从而可以避免很多干扰、影响。仪器都在水上,所以仪器稳定性较好。气泡水位计的水下部分简单,便于安装维护。由于水下只是一根气管,在测冰下水位时,即使出现连底冻结,也不会损坏仪器。气泡水位计由于无须传输电缆,所以它的防雷和抗干扰性好。

缺点为:气泡式水位计的价格比压阻式压力水位计高,结构也较复杂。恒流式气泡式水位计由于其结构庞大,要有供气源,限制了它的应用。

2)恒流式气泡水位计

(1)仪器结构。

恒流式气泡水位计的典型组成见图11-8。恒流式气泡水位计的组成较为庞大。由高压气瓶、仪器、吹气管、电源等部分组成。还可能有辅助气泵等设备。

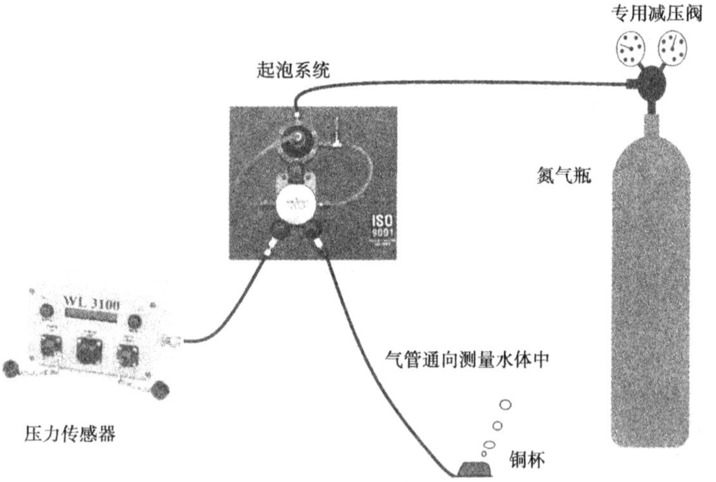

图11-8　恒流式气泡水位计组成示意图

①高压气瓶可用普通工业氮气瓶(多数仪器使用氮气),使用完毕要更换一瓶,所以可能要两个气瓶轮换使用。一般不直接使用空气的原因是空气中有水分,且在水下管口长期冒出带有氧气的空气,会形成各种水生物的干扰。由于氮气无上述缺点,且易获得,被普遍采用。

②仪器部分安装在岸上,它包括调压供气部分、恒流控制部分、压力测量部分、信号处理部分、显示记录输出部分等。各部分组成因各种仪器不同而不同。

③吹气管是一根塑料或金属管,一端接在仪器主体通气口上,一端固定在水下,外径5~10 mm,内孔孔径3~5 mm。没有任何信号线和电源线。但入水管口会有相应的水下固定设施,方便在现场水下安装时的固定。

④电源可采用交流供电,但目前多采用太阳能加蓄电池供电。

除仅使用高压气瓶供气外,也可以用高压气瓶加充气气泵供气。这种仪器压力钢瓶内的压力达到预定压力值时,自动将气泵的电源电路"接通"或"断开",保证压力气瓶内始终有一定压力的高压气源。

(2)工作过程。

仪器工作时,气体从高压气瓶内流出,经调压阀调整为所需压力,恒流阀和流量计测得和控制气体流量。如流量超过预定值,内部控制系统会调节调压阀的压力,保证有一恒定气体流量。此气体流量会将吹气管内水体推出管外。由于这气体流量只是 1 min 数十个气泡,可以认为水气界面就在管口,管内气体压强等于管口静水压强。也可解释为如果一个气泡也冒不出,那就说明管口水压强大于管内气体压强。相反,如果气体压强大于管口静水压强,气体将连续向外喷冒,不会形成断续的气泡。所以当只是冒气泡时,可以认为吹气管内气体压强等于管口的静水压强。用压力传感器测量出吹气管腔内的气体压强,就得到水下测点的静水压强。在仪器内压力传感器的背面感受大气压力,排除了大气压力变化对测量精度的影响。

3)非恒流式气泡水位计

恒流式气泡水位计存在着固有的"吹气"误差,其系统结构中调压阀、恒流阀等机械部件在野外长期运行,受季节温度的变化影响需经常调节,导致长期运行稳定性不好。又需要配用高压气瓶,使用不便。随着传感器技术的发展,研制出了非恒流式气泡水位计。

(1)仪器结构。非恒流式气泡水位计由仪器、吹气管、电源组成。仪器内有气泵、储气瓶、压力测量部分、控制及数据处理输出部分。气泵和储气瓶都可装在仪器箱内。

(2)工作过程。非恒流式气泡水位计与恒流式气泡水位计的测量原理基本相同,均是通过测量水体的静压来反映实际的水位。但最大的不同之处在于它省去了调压阀、恒流阀等机械部件,不用高压气瓶而用气泵直接压缩空气。非恒流式气泡水位计是间断工作的。有预置的时间间隔,如 15 min/次。到时间时,仪器自动工作,气泵启动,压缩空气进入储气瓶,并直接吹入吹气管。在气泵出口处装单向阀,每次测量时,由单向阀使储气罐形成高压气室,吹入气管,当气管出口外水气交换面位于气管口时,测得水体静压,并转换为水位值。

根据静水力学原理分析,只有当气水交接面位于管口时,气室内的压力才恰好等于气管口的静水压力。对于以连续测量气泡水位计高压气室中压强的变化来确定测得的压强值恰好是气水交接面位于气管管口时的压强值。

非恒流式气泡水位计的工作方式带来一些明显的优点。首先是间歇性工作提高了测压传感器的稳定和可靠性,会提高测量准确度。其次,经常高压吹通气管使吹气管不会淤塞,保证了工作可靠性。它不需要较大气瓶供气,也不需要更换高压气瓶,使用很方便。仪器自动化程度很高,具有高精度、可靠性高的特点。适用于绝大多数地区。

这类气泡式水位计使用空气,有些仪器需要对空气进行除湿过滤处理,就会多一个除湿容器。非恒流式气泡水位计的气管和恒流式气泡水位计基本相同,但所用气泵功耗很低,又是间歇短时工作,耗电少,因此可用蓄电池供电。

11.2.3.6 超声波水位计

1)超声波水位计的工作原理与特点

声波在介质中以一定的速度传播,当遇到不同密度的介质分界面时,则产生反射。超声波水位计通过安装在空气或水中的超声换能器,将具有一定频率的声脉冲波,定向朝水面发射。此声波束到达水面后被反射回来,测得了声波从传感器发射经水面反射,再由换能器接收所经过的历时,历时乘以波速,即可得到换能器到水面的距离。

无论是液介式或气介式超声波水位计,有无测井均可使用。气介式超声水位计实现了非接触式测量,测量时水位计不接触水体,所有仪器部分放在空气中。

(1)优点(气介式):非接触测量,不受流速、水深、含沙量、水质影响,不破坏水流结构,避开了水下环境的影响。既没有水下安装的麻烦,又可不考虑水下环境对仪器使用的影响。降低了对仪器的适用性要求。如密封耐压性要求、形状要求,设置参照反射体进行自动修正的限制等。有利于提高仪器性能。在空气中安放,有利于仪器将换能器和发收控制部分制作成一整体。空气中的环境也有利于提高仪器功能和准确性。气介式超声波水位计主要用于不宜建测井,也很难架设电缆、气管到水下的场合,例如河滩、浅水等地区。特别是对于流速较大、含沙量变化大的水体,非接触式水位计有一定的优势。

(2)缺点:超声测量仪器存在有盲区,这是因为超声发射脉冲具有一定的脉宽,而换能器一旦受迫振动,其机械惯性将使发射波再持续一段时间才逐渐消失,即发射波束必定有一定的时间宽度。只要回波落在发射波尚未完全消失的时间区间,并且无明显的幅度优势时,接收电路就无法将其检测出来。通常称这一测量死区为盲区,即测量范围的下限。对于液介式仪器,盲区一般小于0.5 m;对于气介式仪器,盲区一般小于0.8 m。仪器的超声工作频率越高,其盲区越小。但频率越高,超声波的穿透能力越差,能测得的水位(水深)范围会越小。超声波水位计测量精度不高,一般情况下,液介式仪器在10 m量程内其误差难以小于2 cm;气介式仪器在10 m量程内其误差难以小于3 cm。

2)超声波水位计的组成

不论是气介式还是液介式,超声波水位计都应包括换能器、超声发射(接受)控制部分、显示记录部分和电源等。

(1)换能器:液介式超声波水位计一般采用压电陶瓷型超声换能器,其频率一般在40~200 kHz选择;而气介式超声波水位计一般采用静电式超声换能器,其频率一般在数十千赫兹。两者的功能均是作为水位感应器件,完成声能和电能之间的相互转换。通常发射与接收共用一只超声换能器。

(2)超声发射(接受)控制部分:发射部分主要功能包括产生一定脉宽的发射脉冲,从而控制超声频率信号发生器输出信号。实现将一定频率、一定持续时间的大能量信号加至换能器。其接收部分主要功能包括从换能器两端获取回波信号,将微弱的回波信号放大,实现把回波信号处理成一定幅度的脉冲信号。高性能的超声发收控制部分具备自动增益控制电路,使近程、远程回波信号经处理后能取得较为一致的幅度。

(3)超声传感器:是将换能器、超声发收控制部分和数据处理的一部分组合在一起的部件。它既可以作为超声波水位计的传感器部件,与该水位计的显示记录仪相连;又可以作为一种传感器与通用型数传(有线或无线)设备相连。

典型的超声传感器除具备超声发收及控制部分的功能外,还具备声速自动补偿功能,取多次测量平均值功能,将处理后的数据传送给二次仪表(显示记录仪或通用型数传设备)的功能等。为了实现以上功能,超声传感器应是带微处理器的一种智能型传感器,使得此传感器可以接受设置、自动工作、取得水位数据。也可以受自动化系统控制,接受到遥测终端机命令信号后，即开机工作。

（4）显示记录部分：包含水位计的数据显示、存储或打印终端等。对于液介式仪器来说，由于只有换能器安装在水下，通过信号电缆与室内部分相连，所以该类仪器一般把其余部分均组合在显示记录仪中。由于换能器与其发收电路部分之间的信号电缆不宜过长（100 m之内为宜），因此常常把发收部分也并入传感器部分，这样可把传感器和显示记录仪放置在不同处，以便用于站房离水体较远的测量。

11.2.3.7 雷达（微波）水位计

1）雷达水位计测量原理

雷达水位计也称微波水位计，其工作原理与气介式超声波水位计基本一致，也是采用发射、反射、接收的工作模式，只是不再使用超声波，而是向水面发射和接收微波。雷达水位计的天线发射出电磁波，这些波经被测对象表面反射后，再被天线接收，电磁波从发射到接收的时间与到液面的距离成正比，只是要采用电磁波在空气中的传播速度计算距离。

目前市场常见的微波水位计采用的工作原理主要有连续调频（FMCW）和脉冲两种。

采用调频连续波技术的水位计，功耗大，电子电路复杂。这种水位计采用线性的调制的高频信号，一般都是采用10 GHz或24 GHz微波信号。天线发射出被线性调制的连续高频微波信号，并进行扫描，同时接收返回信号。发射微波信号和返回的微波信号之间的频率差与到介质表面的距离呈一定比例关系。

脉冲雷达水位计也是利用时差原理计算到介质表面的距离。设备传输固定频率的脉冲，然后接收并建立回波图形。雷达水位计记录脉冲波经历的时间，而电磁波的传输速度为常数，则可算出水面到雷达水位计的雷达天线的距离，即可测得水位。采用雷达脉冲波技术的水位计，功耗低，可用24 VDC供电，精确度高，适用范围更广。

雷达水位计的典型波段为5.8 GHz、10 GHz、24 GHz。通常5.8 GHz（或6.3 GHz）的频率被称为C波段微波；10 GHz的频率为X波段微波；24 GHz（或26 GHz）的频率为K波段微波。

2）雷达水位计的特点

（1）优点：雷达水位计采用一体化设计，无可动部件，不存在机械磨损，使用寿命长。雷达水位计测量时发出的电磁波可在空气和真空中传播，不受温度、湿度、蒸汽、风、雾等环境变化的影响。采用非接触式测量，不受水体的密度、浓度（含沙量）等物理特性变化的影响。测量范围大，且基本没有盲区，最大的测量范围可达0～35 m。微波在空气中的传播速度基本上是不变的，雷达水位计无须温度修正，与超声波水位计相比较，由电子电路形成的误差的估算方法也是一样的，但微波的波长远远短于超声波，所以其误差完全可以忽略。水位测量准确度较高，量程10～20 m中误差一般为1 cm。

（2）缺点：仪器发射面的凝露、空中的雨滴、雪花会影响它的测量。波浪影响、分辨力误差仍然存在。

11.2.3.8 激光水位计简介

激光水位计的工作原理和气介式超声水位计、微波水位计完全相同。但发射接收的是激光光波。工作时，安装在水面上方的仪器定时向水面发射激光脉冲，通过接收水面对激光的反射，测出激光的传输时间，即可测得水位。

激光水位计也是一种无测井非接触式水位计，具有量程大，准确性好的优点。比气介式超声波水位计精度高。与微波水位计相比较，激光水位计利用激光测量仪器到水面的距离。激光光速极为稳定，光的频率更高，传播的直线性也很好，激光水位计测量水位的准确性、稳定性都很好。

激光水位计对水面要求较高。激光发射到水面后，很容易被水体吸收，反射信号很弱，使多数激光水位计很难简单地安装在水面上方测量水位。有些仪器明确要求最好在水面上设一反射物体，才能增强激光反射信号，测得水位。此反射体可以是漂浮在水面上的任何具有反射平面的固体。在河流中设置反射物体，并要使它固定地漂浮在仪器下方水面上是很困难的。激光水位计使用中易受雨、雪影响。如果有水位测井，激光水位计很容易在井内安放漂浮物，会提高其使用的稳定性和精度。

激光水位计基本上是一体化结构。激光发送接收部分、控制部分、信号处理部分、输出部分都可能是一个整体结构。

激光的直线性、聚焦性能很好，在安装时要按仪器的要求安装垂直。也因为此特点，它可以用在小口径、大量程的水位测井内。

11.2.3.9 电子水尺

1) 电子水尺的工作原理

如果将普通尺上的刻度改为等距离设置的导电触点，一定水位淹到某一触点位置，相应的电路扫描到接触水的最高触点位置，就可判读出水位。这样的水尺称为触点式电子水尺。

触点式电子水尺由绝缘材料制作水尺尺体，尺体上每隔一定距离（一般是 1 cm）出露一个金属触点。触点间相互绝缘，每一触点都接入内部电路。电子水尺尺体和普通水尺一样一般采用固定垂直安装在水中。被水淹到的触点和大地（水体）之间的电阻或是与水尺上水中某一特定触点的电阻将大大减小。由此可由内部电路检测到所有被水淹到的触点，其中最高的就是当时的水位所在位置。

另一种触点式电子水尺的尺体是一直径较大的中空圆筒，筒壁内等间隔（一般是 1 cm）安装有多个干簧管。尺体中间是空心的，而且和水体相通。当此尺体垂直安装在水中时，尺体中间构成一个小直径的水位测井。在此尺体中的水位测井内装有一浮体，在浮体上安装一磁钢。水位变化时，此浮体连同磁钢升降，使相应位置的干簧管导通。用检测电路检测到最高位置的导通干簧管，就可测得水位。

2) 触点式电子水尺的特点

电子水尺测量水位准确度高，测量不受水位变化范围的影响，也基本不受水质、含沙量以及水的流态影响。适用于大量程水位测量和复杂水流处。可以用于很多特殊场合，如坝面、涵洞内、一些工业水体等。

电子水尺需要安装在水中，而且一部分露出水面，也可能全部露出水面。相互之间要用电缆相连接。这样就限制了它的使用范围。它虽然适用于大量程水位测量，但大量程的水位测量会有较多水尺分布在较大范围的岸坡上，很难避免不受各种因素的干扰，防护也很困难。信号传输线的防干扰、抗雷击也是其弱点之处，水体中的电磁场也会影响仪器的正常工作，电子水尺也存在水位感应和波浪造成的误差。

3)电子水尺的结构与组成

触点式电子水尺由一根或若干根水尺尺体、检测仪、信号电缆、电源组成。水尺尺体可以是圆形或矩形断面的尺体，一般长为1 m或更长一些。尺体都由合成材料制作，达到既有一定强度，又能防水、防腐蚀、绝缘的目的。触点由不锈钢制作，每隔1 cm一个，镶嵌在水尺内，表面出露。每一触点均联入电路，每根尺体的触点检测电路封装在尺体内部，有一信号电缆引出。一根尺体只能测量此尺体长度的水位变幅。实际应用时，可能要设置多根水尺尺体才能测得整个水位变化。这多根尺体要用信号电缆连接，或分别连入检测仪。检测仪安装在室内，通过信号电缆与电子水尺尺体相连，可以自动定时检测水位，具有水位显示功能，并会有输出标准接口。

在特殊地点使用时，尺体可以制作成特殊形状，如斜坡式（安装在坝、岸坡面上）、圆弧式（安装在圆形涵洞的壁上）。这些特殊形状的尺体上所有相邻触点的垂直高度距离仍必须是恒定的水位分辨力（如1 cm）。

11.2.4 水尺水位观测

11.2.4.1 水位观测的一般规定

1)观测要求

观测时间：我国规定水位观测的时制采用北京标准时。水位基本定时观测时间为8时，在西部地区，冬季8时观测有困难或枯水期8时代表性不好的测站，可根据具体情况，经实测资料分析，主管领导机关批准，可改在其他代表性好的时间定时观测。观测员应每天将使用的时钟与北京标准时间核对一次。

精度要求：水位应读记至1 cm，当上、下比降断面的水位差小于0.2 m或有其他要求时，比降水位应读记至0.5 cm。观测时间应记录至1 min。

观测频次：水位观测频次应根据河流特性及水位涨落变化情况合理分布。应能测到完整的水位变化过程，满足日平均水位计算、各项特征值统计、水文资料整编和水情拍报的要求。在峰顶、峰谷、水位过程转折处应布有测次；水位涨落急剧时，应加密测次。

2)水位（水尺）比测

当水位的涨落需要换水尺观测时，应对两支相邻水尺同时比测一次。换尺频繁时期，当能确定水尺零点高程无变动时，可不必每次换尺都比测。当比测的水位差不超过2 cm时，以平均值作为观测的水位。当比测的水位差超过2 cm时，应查明原因或校测水尺零点高程。当能判明是某种原因使某支水尺观测不准确时，可选用较准确的那支水尺读数计算水位，并应在未选用的记录数值上加一圆括号，并应详细记录选用水位数值的根据，将记录结果填入水位记载表的备注栏内。

迁移基本水尺断面时的水位比测：

(1)基本水尺断面不宜轻易迁移，当河岸崩裂、淘刷致使不能进行观测，或当河道发生较大变动，受到回水及其他影响，使原断面水位失去代表性时，经上级主管部门批准后，可迁移基本水尺断面。

(2)迁移的新断面应设在原断面附近，并应与原断面水位进行一段时间的比测。比测的水位变幅应达到平均年水位变幅的75%以上，并应包括涨落过程的各级水位，且能满足绘制的同时水位相关线的需要。

(3)当新旧断面水位变化规律不一致或比测困难时,可不进行比测,作为新设站处理。

11.2.4.2　**河道站的水位观测**

1)基本水尺水位的观测次数

(1)水位平稳时,每日8时观测1次。稳定封冻期没有冰塞现象且水位平稳时,可每2~5日观测1次,但月初月末2日必须观测。

(2)水位变化缓慢时,每日8时、20时观测2次,枯水期20时观测确有困难的站,可提前至其他时间观测。

(3)水位变化较大或出现涨落较缓慢的峰谷时,每日2时、8时、14时、20时观测4次。

(4)洪水期或水位变化急剧时期,可每1~6 h观测1次;暴涨暴落时,应根据需要增为每半小时或若干分钟观测1次,应测得各次峰、谷和完整的水位变化过程。

(5)结冰、流冰和发生冰凌堆积、冰塞的时期应增加测次,应测得完整的水位变化过程。

(6)某些结冰河流在封冻和解冻初期,出现冰凌堵塞,且堵、溃变化频繁的测站,应按本条第(4)款的要求观测。

(7)冰雪融水补给的河流,水位出现日周期变化时,在测得完整变化过程的基础上,经过分析可精简测次,每隔一定时期应观测一次全过程进行验证。

(8)枯水期使用临时断面水位推算流量的小河站,当基本水尺水位无独立使用价值时,可在此期间观测停测。

(9)当上下游受人类活动影响或分洪、决口而造成水位有变化时,应及时增加观测次数。

2)畅流期水位观测

(1)水面平稳时,直接读取水面截于水尺上的读数;有波浪时,应读记波浪峰谷两个读数的均值。

(2)采用矮桩式水尺时,测尺应垂直放在桩顶固定点上观读。当水面低于桩顶且下部未设水尺时,应将测尺底部触及水面,读取与桩顶固定点齐平的读数,并应在记录的数字前加负号。

(3)采用悬锤式或测针式水位计时,应使悬锤或测针恰抵水面,读取固定点至水面的高度,并应在记录的数字前加负号。

3)冰期水位观测

(1)封冻期观测水位,应将水尺周围的冰层打开,捞除碎冰,待水面平静后观读自由水面的水位。

(2)打开冰孔后,当水面起伏不息时,应测记平均水位;当自由水面低于冰层底面时,应按畅流期水位观测方法观测。当水从孔中冒出向冰上四面溢流时,应待水面回落平稳后观测;当水面不能回落时,可筑冰堰,待水面平稳再观测,或避开流水处另设新水尺进行观测。

(3)当发生全断面冰上流水时,应将冰层打开,观测自由水面的水位,并量取冰上水深;当水下已冻实时,可直接观读冰上水位。

(4)当发生层冰层水时,应将各个冰层逐一打开,然后观测自由水位。当上述情况只是断面上的局部现象时,应避开这些地点重新凿孔,设尺观测。

(5)当水尺处冻实时,应向河心方向另打冰孔,找出流水位置,增设水尺进行观测;当全断面冻实时,可停测,记录冻实时间。

(6)当出现本条(2)~(5)款所述冰情时,应在水位记载簿中注明。

11.2.5 自记水位计观测水位

11.2.5.1 参数设置与定期检查

应根据季节变化或测站观测任务的变化,及时对自记水位计下列参数进行设置调整:

(1)定时采集段次。

(2)加密采集测次的条件。由于测站在汛期、枯水期、高洪时期的观测要求可能不同,应根据需要对观测段次、加密采集测次的条件进行重新设置。

一般应在汛前、汛中、汛后系统地进行3次全面检查维护。定期检查时,应对系统的运行状态进行全面的检查和测试。定期检查要注意如下事项:

(1)检查遥测设备与各种电缆的连接是否完好,是否存在因漏水或沿电缆、电源线入口进水造成故障。

(2)检查蓄电池的密封性是否保持完好。

(3)测量太阳能电池的开路电压、短路电流是否满足要求,并检查接线是否正常。

(4)注意检查天线馈线设施,保证接头紧固,天线和馈线安装牢固,防水措施可靠,输出功率及系统驻波系数符合设计要求,避雷针、同轴避雷器等防雷装置的安装正确。

(5)完成一个站点的设备安装后,有条件时应使用多功能测试仪等辅助设备,对测站设备做一次全面的检查。主要包括各项参数的正确设置;模拟传感器参数变化、数据遥测终端发送数据、固态存储数据、中心站接收数据、中心站读出固态存储数据均应一致。

11.2.5.2 自记水位计的比测

自记水位计的比测要求:

(1)新安装的自记水位计或改变仪器类型时应进行比测。比测合格后,方可正式使用。

(2)比测时,可按水位变幅分几个测段分别进行,每段比测次数应在30次以上。测次应在涨落水段均匀分布,并应获得水位平稳、变化急剧等情况下的比测值。长期自记水位计应取得一个月以上连续完整的比测记录。

(3)不具备比测条件的无人值守站可只进行校测。

自记水位计的比测结果应符合下列规定:

(1)一般水位站,置信水平95%的综合不确定度不应超过3 cm,系统误差不应超过±1 cm;波浪问题突出的近海地区水位站,综合不确定度可放宽至5 cm。

(2)机械钟的走时误差不应超过普通级的规定;石英钟走时误差不应超过精密级的

规定。

（3）在比测合格的水位变幅内，自记水位计可正式使用，比测资料可作为正式资料。

11.2.6 平均水位计算

11.2.6.1 概念

水位观测结果除需要挑选最高水位和最低水位外，还需要计算平均水位。平均水位是某观测点不同时段水位的均值或同一水体各观测点同时水位的均值。前者一般要求需要计算日、旬、月、年平均水位。

日平均水位是指在某一水位观测点一日内水位的平均值。其推求原理是以观测的瞬时水位值为函数，以时间为自变量，通过积分求得（积分区间是0～24时）。实际工作中是将一日内变化的水位值与时间组成的不规则图形，概化为若干个矩形或梯形，求其面积，再除以时间，即得日平均水位。日平均水位可被直接使用，一般情况下日平均水位是旬、月、年水位计算的基础。日平均水位一般需要在观测过程中及时计算。

11.2.6.2 日平均水位计算的一般要求

计算日平均水位时，按以下要求进行：

（1）日内水位变化平稳，只观测一次水位时，该次水位观测值即为当日的日平均水位值。

（2）当一日内水位变化缓慢，且系等时距观测或摘录时，可采用算术平均法计算日平均水位。

（3）当采用算术平均法或其他方法计算的结果与面积包围法相比超过2 cm时，应采用面积包围法计算；当一日内水位变化较大，且不等时距观测或摘录时，应采用面积包围法计算日平均水位。

（4）当无自记记录和零时或24时实测水位时，应根据前后相邻水位按直线插补。

（5）在每2～5日观测一次水位的，其未观测水位各日的日平均水位可按直线插补计算。当一日内部分时间河干或连底冻结，其余时间有水时，不宜计算日平均水位，应在水位记载簿注明情况。

（6）日平均水位无使用价值的测站，可不计算日平均水位。

11.2.6.3 日平均水位的计算方法

面积包围法：实质上是利用时间加权计算日平均水位的方法，又称48加权法。它适用于水位变化剧烈且不是等时距观测的时期。计算时可将一日内0～24时的折线水位过程线下之面积除以一日内的时数得之。

算术平均法：当一日内水位变化不大，或虽变化较大但系等时距观测或摘录时，可用此法。

11.2.7 水位信息编码

11.2.7.1 水位信息编码格式

水位信息可编报的信息类基本格式见图11-9。

编码格式标识符	水情站码	观测时间码	水位信息	NN

图 11-9　河道水位信息可编报的信息类基本格式

11.2.7.2　水位信息编报示例

1)编报 8 时河道水位的示例

某河道站 40803100,7 月 17 日 8 时水位 104.72 m,水势涨,则可用 A 格式编码:

H ⊔ 40803100 ⊔ 07170800 ⊔ Z ⊔ 104.72 ⊔ ZS ⊔ 5 ⊔ NN

2)编报洪峰水位的示例

某河道站 40803100,8 月 18 日 16 时 48 分水位为 366.91 m,水势平,初步判断为洪峰水位,应立即编报,A 格式编码为:

H ⊔ 40803100 ⊔ 08181648 ⊔ Z ⊔ 366.91 ⊔ ZS ⊔ 6 ⊔ HS ⊔ 6 ⊔ NN

该站于 20 时 18 分水位又涨至 367.95 m,水势持平,应再编报一次洪峰,A 格式编码为:

H ⊔ 40803100 ⊔ 08182018 ⊔ Z ⊔ 367.95 ⊔ ZS ⊔ 6 ⊔ HS ⊔ 6 ⊔ NN

11.3　流量观测及其信息采集

11.3.1　流量测验

流量是指流动的物体在单位时间内通过某一截面的数量,在水文学中流量是单位时间内流过江河(或渠道、管道等)某一过水断面的水体体积,常用单位是立方米每秒(m^3/s)。流量是反映江河的水资源状况及水库、湖泊等水量变化的基本资料,也是河流最重要的水文要素之一。观测流量的测站一般称为流量站,既观测水位又观测流量的测站才称为水文站。无论是防洪抗旱,还是水资源的开发、利用、配置、管理、流域规划、工程设计、水利工程管理运用、航运、灌溉、供水等,都必须掌握江河的径流资料,及时了解流量的大小和变化情况。只有通过流量测验才能准确获得江河流量的大小,流量测验是泛指通过实测或其他水力要素间接推求流量的过程,一般情况下是指实测流量。实测流量(也常简称测流)是通过采用专用的仪器设备进行流速和断面面积测量,并计算出断面流量的作业过程。

流量测验的目的是要获得江河径流和流量的瞬时变化资料,但由于目前实测流量的测验方法比较复杂,单次实测流量的工作量很大,不仅需要花费较大的人力物力,而且需要一定的历时;加之江河的流量有时变化十分剧烈,仅通过大量的实测流量达到掌握江河流量的变化过程难以实现。一般情况下,河道(或渠道)水位与流量都存在相应的关系,水位的升降反映的是流量的增加或减小。水位与流量存在的这种对应关系,在水文测验中简称水位流量关系;若建立了测站的水位流量关系,就可使测站在一定时期内,仅需通过水位观测,便可推求出任何时刻的流量。但由于受到糙率、比降、过水断面冲淤等因素变化的影响,水位与流量的关系大多数情况下并非严格意义上的函数关系,而是一种相关关系,这种相关关系有时还会发生一定的变化。因此,大多数水文测站需要经常进行实测流量,建立或及时修正水位流量关系,并通过水位观测值,利用建立的水位流量关系推求逐时流量值,进一步计算逐日流量、各种流量特征值和径流资料。因此,流量测验的主要目的是用来建立水位流量关系。同时,实测流量也可以用来分析水深、流速、水面宽度、河道冲淤等变化情况,也可直接为涉水工程设计、防汛、航运、水利科学研究服务。

如前所述,流量随时间的变化过程十分复杂,特别在汛期,变化十分剧烈,为了比较全面地掌握流量变化过程,必须获得一系列特殊时刻的流量,如起涨时刻的起涨流量,洪峰出现时刻的洪峰流量,洪水降落至谷底时刻的流量等。在一次洪峰过程中科学地安排几次包括特征时刻在内的实测流量,不仅可以完整地描述洪水流量过程,而且有助于建立有效的水位流量关系。因此,流量测验不仅要研究流量测验方法,还要研究流量的测验次数、时机以及流量测验过程中水位的观测等问题。

11.3.2 流量测验方法分类

由于流量测验在水文测验中占有重要地位,因此国内外采用的流量测验方法和手段很多,主要分为以下几类:

(1)根据测验时河流流量的大小,分为洪水流量测验、平水流量测验、枯水流量测验。

(2)根据测量时水流是否有冰情,分为畅流期流量测验、流冰期流量测验、封冻期流量测验。

(3)按流量测验原理,分为流速面积法、水力学法、化学(稀释)法、直接法等。

11.3.2.1 流速面积法

流速面积法(也称面积流速法)是通过实测断面上的流速和过水断面面积来推求流量的一种方法,此法应用最为广泛。根据测定流速的方法不同,又分为流速仪法、测量表面流速的流速面积法、测量剖面流速的流速面积法、测量整个断面平均流速的流速面积法。其中,流速仪法是指用流速仪测量断面上一定测点流速,推算断面流速分布。使用最多的是机械流速仪,也可以使用电磁流速仪、多普勒点流速仪。

1)*流速仪法*

根据流速仪法测定平均流速的方法不同,又分为选点法(也称积点法)和积分法等。

(1)选点法是将流速仪停留在测速垂线的预定点即所谓测点上,测定各测点流速,计算垂线平均流速,进而推求断面流量的方法。目前,普遍用它作为检验其他方法测验精度的基本方法。

(2)积分法是流速仪以运动的方式测取垂线或断面平均流速的测速方法。根据流速仪运动形式的不同,积分法又可分为积深法和积宽法。

①积深法是流速仪沿测速垂线匀速提放测定各垂线平均流速推求流量的方法。积深法具有快速、简便,并可达到一定精度等的优点。

②积宽法是利用桥测车、测船或缆道等渡河设施设备拖带流速仪,并将其置于一定水深处,渡河设施设备沿选定垂直于水流方向的断面线匀速横渡,边横渡边测量,连续施测不同水层的平均流速,并结合实测或借用的测断面资料来推求流量的方法,该法可连续进行全断面测速。积宽法又根据使用积宽设备仪器的不同分为动车、动船和缆道积宽法等。

积宽法适用于大江大河(河宽大于 300 m、水深大于 2 m)的流量测验,特别适用于不稳定流的河口河段、洪水泛滥期，以及巡测或间测、水资源调查、河床演变观测中汉道河段的分流比的流量测验。积分法过去在流量测验中有少量使用，由于 ADCP 的出现，目前使用更少。

2）测量表面流速的流速面积法

测量表面流速的流速面积法有水面浮标测流法（简称浮标法）、电波流速仪法、光学流速仪法、航空摄影法等。这些方法都是通过先测量水面流速，再推算断面流速，结合断面资料获得流量成果。

（1）浮标法：是通过测定水中的天然或人工漂浮物随水流运动的速度，结合断面资料及浮标系数来推求流量的方法。

一般情况下，认为浮标法测验精度稍差，但它简单、快速、易实施，只要断面和流速系数选取得当，仍是一种有效可靠的方法，特别是在一些特殊情况下（如暴涨、暴落、水流湍急、漂浮物多），该法有时是唯一可选的方法，也有些测站把它作为应急测验方法。

（2）电波流速仪法：是利用电波流速仪测得水面流速，然后用实测或借用断面资料计算流量的一种方法。电波流速仪是一种利用多普勒原理的测速仪器，也称为微波（多普勒）测速仪。由于电波流速仪使用电磁波，频率高，可达 10 GHz，属微波波段，可以很好地在空气中传播，衰减较小，因此其仪器可以架在岸上或桥上，仪器不必接触水体，即可测得水面流速，属非接触式测量，适合桥测、巡测和大洪水时其他机械流速仪无法实测时使用。

（3）光学流速仪法：有两种类型仪器，一种是利用频闪效应，另一种是用激光多普勒效应。

①频闪效应原理制成的仪器是在高处用特制望远镜观测水的流动，调节电机转速，使反光镜移动速度趋于同步，镜中观测的水面波动逐渐减弱；当水面呈静止状态时，即在转速计上读出摆动镜的角度。如仪器光学轴至水面的垂直距离已知，用三角关系即可算得水面流速。

②激光多普勒测速仪器是将激光射向所测范围，经水中细弱质点散射形成低强信号，通过光学系统装置来检测散射光，通过得到的多普勒信号，可推算出水面流速。

（4）航空摄影法测流是利用航空摄影的方法对投入河流中的专用浮标、浮标组或染料等连续摄像，根据不同时间航测照片位置，推算出水面流速，进而确定断面流量的方法。

3）测量剖面流速的流速面积法

测量剖面流速的流速面积法又有声学时差法、声学多普勒流速剖面仪法等。

（1）声学时差法是通过测量横跨断面的一个或几个水层的平均流速流向，利用这些水层平均流速和断面平均流速建立关系，求出断面平均流速。配有水位计测量水位，以求出断面面积，计算流量。国际上时差法仪器较成熟可靠，精度较高，较为常用。时差法有数字化数据、无人值守、常年自动运行、提供连续的流量数据、适应双向流等特点。

（2）声学多普勒流速剖面仪法也称 ADCP 法，ADCP 是自 20 世纪 80 年代初开始发展和应用的新的流量测验仪器。按 ADCP 进行流量测验的方式可分为走航式和固定式。固定式按安装位置不同可以分为水平式、垂直式。垂直式根据安装方式又分为坐底式和水面式。

11.3.2.2 水力学法

测量水力因素，选用适当的水力学公式计算出流量的方法，叫水力学法。水力学法又分为量水建筑物测流法、水工建筑物测流法和比降面积法3类。其中,量水建筑物测流又包括量水堰、量水槽、量水池等方法,水工建筑物又分为堰、闸、洞(涵)、水电站和泵站等。

1)量水建筑物测流法

在明渠或天然河道上专门修建的测量流量的水工建筑物叫量水建筑物。它是通过试验按水力学原理设计的,建筑尺寸要求准确,工艺要求严格,因此系数稳定的建筑物测量精度较高。

根据水力学原理知,通过建筑物控制断面的流量是水头和率定系数的函数。率定系数又与控制断面形状、大小及行近水槽的水力特性有关。系数一般是通过模型试验给出,特殊情况下也可由现场试验,通过对比分析求出。因此,只要测得水头,即可求得相应的流量(当出现淹没或半淹没流时除需要测量水头外,还需要测量其下游水位)。

量水建筑物的形式很多,外业测验常用的主要有两大类:一类为测流堰,包括薄壁堰、三角形剖面堰、宽顶堰等;另一类为测流槽,包括文德里槽、驻波水槽、自由溢流槽、巴歇尔槽和孙奈利槽等。

2)水工建筑物测流法

河流上修建的各种形式的水工建筑物,如堰、闸、洞(涵)、水电站和抽水站等,不但是控制与调节江河,湖、库水量的水工建筑物,也可用作水文测验的测流建筑物。只要合理选择有关水力学公式和系数,通过观测水位就可以计算求得流量(当利用水电站和抽水站时,除观测水位,还常需要记录水力机械的工作参数等)。利用水工建筑物测流,其系数一般情况下需要通过现场试验、对比分析获得,有时也可通过模型试验获得。

3)比降面积法

比降面积法是指通过实测或调查测验河段的水面比降、糙率和断面面积等水力要素,用水力学公式来推求流量的方法。此法是洪水调查估算洪峰流量的重要方法。

11.3.2.3 化学法

化学法又称为稀释法、溶液法、示踪法等。该法是根据物质不灭原理,选择一种合适于该水流的示踪剂,在测验河段的上断面将已知一定浓度量的指示剂注入河水中,在下游取样断面测定稀释后的示踪剂浓度或稀释比,由于经水流扩散充分混合后稀释的浓度与水流的流量成反比,由此可推算出流量。

化学法根据注入示踪剂的方法方式不同,又分为连续注入法和瞬时注入法(也称突然注入法)两种。稀释法所用的示踪剂,可分为化学示踪剂、放射性示踪剂和荧光示踪剂。因此,稀释法又可分为化学示踪剂稀释法、放射性示踪剂稀释法、荧光示踪剂法等。使用较多的是荧光染料稀释法。

化学法具有不需要测量断面和流速、外业工作量小、测验历时短等优点。但测验精度受河流溶解质的影响较大,有些化学示踪剂会污染水流。

11.3.3 流量测验的原理

11.3.3.1 河道的流速分布和特征

1)流速脉动现象

水体在河槽中运动,受到许多因素影响,如河道断面形状、坡度、糙率、水深、弯道以及风、气压和潮汐等，使天然河流中的水流大多呈紊流状态。从水力学知，紊流中水质点的流速，不论其大小、方向都是随时间不断地变化着，这种现象称为流速脉动现象。

紊流中通常满布着紊动旋涡，紊动旋涡与脉动流速是密切相关的。脉动流速大处，紊动旋涡尺度也大。相反，旋涡尺度也小。通常大尺度紊动旋涡的脉动频率低，小尺度旋涡的脉动频率高。大尺度旋涡从时均水流中取得了紊动能量，然后向次一级旋涡发送能量，最低级的小旋涡取得能量后，通过黏性作用，又把这些能量转化为热能而消耗掉，因此紊动旋涡起了传递能量的作用。而大尺度旋涡挟带泥沙离开河底进入高流速（主流）区，是泥沙悬浮的主要动力。

2）平均流速

一般情况下，对流量测验影响最大的是沿水流方向的流速变化，以下不加特别说明就是指该方向流速。水流中某一点的瞬时流速是时间的函数，流速随时间不断变化着，但它的时段平均值是稳定的，这是流速脉动的重要特性。即在足够长的时间内有一个固定的平均值，称为时段平均流速或平均流速。

垂线平均流速沿河宽的变化与断面形状有关。在窄深河道上，垂线平均流速分布曲线的形状与断面形状相似，水深的地方流速也大，水浅的地方流速也小。

11.3.3.2 流量测验的方式

流量测验的方式有多种，大致可以按其运行管理和渡河设施分类。

根据测站的运行管理情况，水文测站的测验方式主要有驻测、巡测、遥测、间测、检测、校测、委托观测等方式。

（1）驻测。是水文专业人员驻站进行水文测报的作业方式。驻测是目前我国采用的主要测验方式，而发达国家几乎不采用驻测，以巡测和遥测为主。

（2）巡测。是水文专业人员以巡回流动的方式定期或不定期地对一个地区或流域内各观测点的流量等水文要素进行的观测作业。

（3）遥测。是以有线或无线通信方式，将现场的水文要素的自动观测值传送至室内的技术和作业。

（4）间测。是水文测站资料经分析证明两水文要素（如水位流量）间历年关系稳定或其变化在允许误差范围内，对其中一要素（如流量）停测一段时期后再行施测的测停相间的测验方式。

（5）检测。是在间测期间对两水文要素稳定关系所进行的检验测验。

（6）校测。是按一定技术要求对水文测站基本设施的位置高程控制点及水位流量关系等所进行的校正测量作业。

（7）委托观测。是为收集水文要素资料委托当地具有一定业务素质的兼职人员所进行的观测作业。

根据测站的渡河设施情况，流量测验方式可分为缆道测验、测船测验、测桥测验、吊船测验、涉水测验。

（1）缆道测验。是利用专门架设水文缆道进行的测验。水文缆道是为把水文测验仪器运送到测验断面内任一指定起点距和垂线测点，以进行测验作业而架设的可水平和铅直方向移动的跨河索道系统。水文缆道又分为悬索缆道、悬杆缆道、水文缆车和浮标缆道

(也称浮标投掷器)。悬索缆道是用柔性悬索悬吊测量仪器设备的水文缆道。悬杆缆道是用刚性悬杆悬吊测量仪器设备的水文缆道。水文缆车是悬吊在水文缆道行车上,用来承载人员设备并能在测量断面任一垂线水面附近进行测验作业的设备。水文缆道根据其采用的驱动力,又分为电动缆道、机动缆道和手动缆道。

(2)测船测验。利用测船为主要渡河和运载工具进行的测验,简称船测。水文测船是配备水文测验设备用来进行水文测验作业的专用船。水文测船根据是否使用动力又分为机动测船和无动力测船。

(3)测桥测验。是利用水文桥梁开展的水文测验,简称桥测。水文测桥是进行水文测验作业的工作桥,可利用已建立的交通桥梁,或为水文测验专门建立的测桥。桥测可使用桥测车或专用的桥测设备。

(4)吊船测验。是由吊船过河索和测船组成的综合测验设施。这种吊船过河索较缆道测验悬索简单,是架设在测验断面上能牵引测船做横向运动,并使测船固定在沿测验断面上的跨河钢索。

(5)涉水测验。是测验人员在防水衣的保护下直接涉水开展测验。

11.3.3.3 流量测验次数确定

流量测验次数的多少,与测站水位流量关系的稳定性、流量的变幅、测站特性、用户对实测流量的要求等因素有密切的关系。

根据《河流流量测验规范》(GB 50179—1993)的规定,流量测验次数的布置,应符合以下要求。

(1)水文站一年中的测流次数,必须根据高、中、低各级水位的水流特性、测站控制情况和测验精度要求,掌握各个时期的水情变化,合理地分布于各级水位和水情变化过程的转折点处。水位流量关系稳定的测站测次,每年不应少于15次。水位流量关系不稳定的测站,其测次应满足推算逐日流量和各项特征值的要求。当发生洪水、枯水超出历年实测流量的水位时,应对超出部分增加测次。

(2)潮流量测验应根据试验资料确定的各代表潮期布置测次。每个潮流期内潮流量的测速次数,应根据各测站流速变化的大小、缓急适当分布,以能准确掌握全潮过程中流速变化的转折点为原则。

(3)结冰河流测流次数的分布,应以控制流量变化过程或冰期改正系数变化过程为原则。流冰期小于5 d者,应1 ~2 d施测一次;超过5 d者,应2 ~3 d施测一次。稳定封冻期测次可较流冰期适当减少。封冻前和解冻后可酌情加测。对流量日变化较大的测站,应通过加密测次的试验分析确定一日内的代表性测次时间。

(4)对新设测站初期的测流次数,应适当增加。

11.3.4 观测设施设备

常用流量观测设备包括水文缆道、测船、巡测车以及浮标投放设备等,测验一起分为转子式流速仪和飞转子式流速仪。转子式流速仪主要有旋浆式流速仪和旋杯式流速仪;非转子式流速仪包括超声波流速仪、电波流速仪、声学多普勒剖面仪等。

11.3.4.1 水文缆道

水文缆道是我国水文站流量测验的重要设施，包括悬索缆道、悬干缆道和吊箱缆道，其大致结构如图 11-10 所示。水文缆道主要有承载索（主索）、牵引索（循环索、起重索）、支架（柱）拉线、地锚、转向滑轮、运载行车（三角行车）、悬吊铅鱼、驱动绞车、控制测量仪器仪表装置、防雷设施、操作室（机房）等组合而成。各种水文缆道因为地形条件、水位变幅、流量大小和动力来源的不同，其组成有一定的差异。

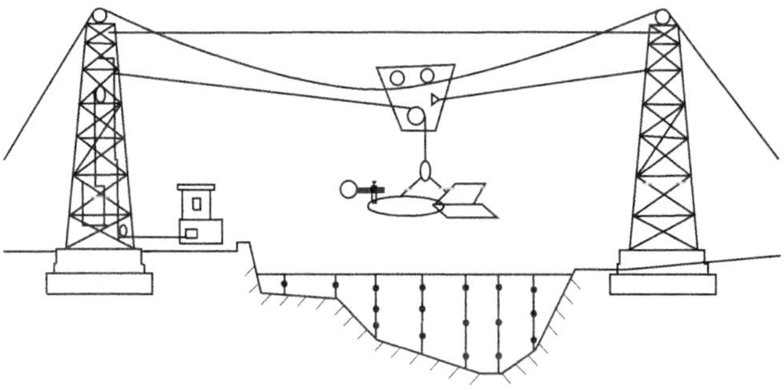

图 11-10　水文缆道结构

悬索缆道的形式也有多种，如果按照操纵方式划分，可以区分为手动、电动、自动三种；如果按照驱动方式进行划分，可以分为人力和机电两种；如果按照横过河槽的跨度区分，又可以分为单跨和多跨两大类。目前我国大多数水文站的水文缆道均安装了自动测验控制系统（见图 11-11）实现了自动或半自动流量测验。测量时自动控制缆道上、下、左、右、停五个动作以及行近速度的快慢；信号自动计数、计时，流速、流量自动计算能够正确区分水面、河底、流速信号，水深自动测量；屏幕上直观显示各种数据和图形方便观测。特别是夜间观测，可以随时实地监视到仪器的位置。同时，具有测深、测速，流量计算功能，按照规范要求生成并打印各种成果表格。

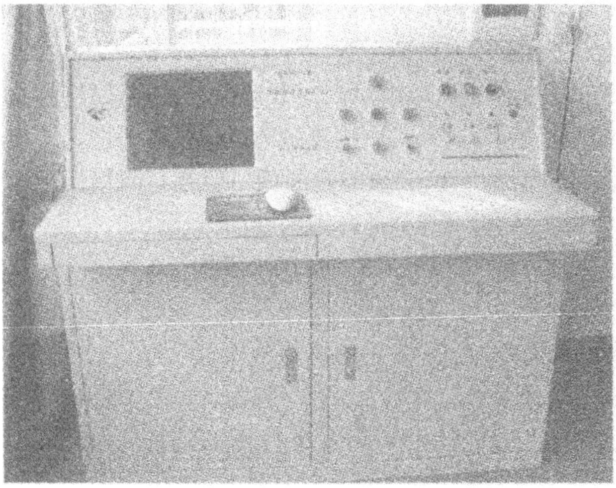

图 11-11　水文缆道测验自动控制系统

11.3.4.2　**浮标**

1)浮标的分类

(1)根据浮标的来源分类。根据浮标的来源分为天然漂浮物浮标和人工漂浮物浮标。天然漂浮物浮标法是利用水流中的天然漂浮物作为浮标进行测流;人工漂浮物是利用专门制作和投放的浮标进行测流。

(2)根据浮标在垂线水深中的位置分类。根据浮标在垂线水深中的位置,目前主要采用的人工制作的浮标又分为水面浮标、深水浮标、浮杆(也称流速杆)等3种,见图11-12。采用这些浮标测流又分别称为水面浮标法、深水浮标法、浮杆法(也称流速杆)。其中,水面浮标又有普通水面浮标(一般简称水面浮标)和小浮标两种。

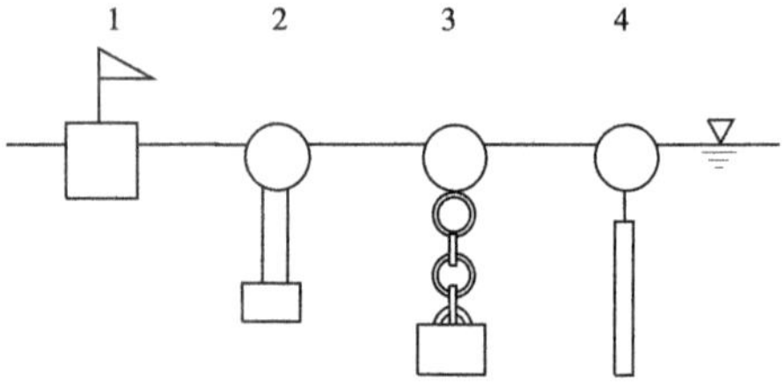

1—水面浮标;2、3—深水浮标;4—浮杆

图11-12　浮标的分类

2)浮标测流

浮标法测流是指通过测定水中的天然或人工漂浮物随水流运动的速度,结合断面资料及浮标系数来推求流量的方法。用水面流速或其他简测方法测得的流速与断面面积乘积求得的流量称为虚流量。虚流量乘以浮标系数可得到需要的实测流量。因此,在浮标测流中要经常使用浮标系数,断面流量与虚流量的比值,或断面平均流速与用浮标法测得的水面(或中泓)平均流速的比值称浮标系数。其中,用流速仪法测得的断面流量与用水面浮标法测得的虚流量的比值称水面浮标系数;用流速仪法测得的断面流量与用中泓浮标法测得的虚流量的比值称中泓浮标系数。

浮标测流需要布设上、中、下3个断面,一般情况下,中断面与基本断面重合。用浮标法测流时,水道断面面积正确与否,是影响流量精度的关键因素。尤其是河床冲淤变化显著的测站,浮标测量的同时应尽可能地实测断面。但在特殊情况下,如果实测断面有困难,只能借用断面计算流量,但应注意此时借用断面可能会带来较大误差,故必须注意加强分析。河床稳定的测站,可借用最近的实测断面资料。

11.3.4.3　**转子式流速仪**

转子式流速仪是水文测验中最常用的流速测验仪器,早在1790年,德国研制了世界上用于河渠测速的首架旋桨式流速仪。1863年设计了旋杯式流速仪。1882年,普莱斯(Price)加以改进,成为美国常规水文测验中使用的流速仪。之后,又不断改进,沿用至今。

为适应我国河流流速高、含沙量大,水草飘浮物多的水情,1956年仿制苏联旋桨式流速仪,研制出LS25－1型旋桨式流速仪;后又研制了适应高流速、高含沙量的水流的LS25－

3 型、LS20B 型旋桨式流速仪;为满足水利调查、农田灌溉、小型泵站、大型水电站的装机效率试验,以及环保污水监测的需要,研制出了 LSlO 型、LS1206 型旋桨式流速仪。旋桨式流速仪外形和结构见图 11-13 所示。

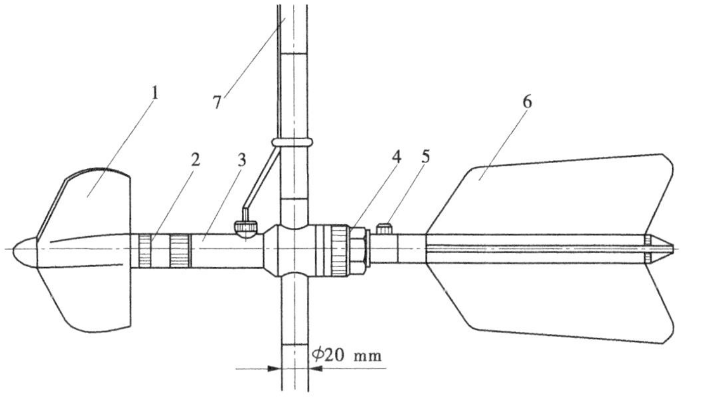

1—旋转部件;2—发讯部件;3—身架部件;4—固紧螺帽
5—固尾螺钉;6—尾翼部件;7—测杆

图 11-13　旋桨式流速仪外形结构

转子式流速仪是根据水流对流速仪转子的动量传递而进行工作的。当水流流过流速仪转子时,水流直线运动能量产生转子转矩。此转矩克服转子的惯量、轴承等内摩阻力,以及水流与转子之间相对运动引起的流体阻力等,使转子转动。从流体力学理论分析,上述各力作用下的运动机理十分复杂,而其综合作用结果使复杂程度深化,难以具体分析,但其作用结果却比较简单:即在一定的速度范围内,流速仪转子的转速与水流速度呈简单的近似线性关系。因此,国内外都应用传统的水槽试验方法,建立转子转速与水流速度之间的经验公式。

11.3.4.4　时差法超声波流速仪

这类仪器利用声波在水中的传播来测量水中各点或某一剖面的水流速度。开始时使用较多的是超声波,所以也被称为超声波流速仪。现在使用的频率范围较广,多称为声学流速仪。

时差法超声波测流的一种方式是在河道两岸安装一对超声换能器,两岸间要有电缆相联,如图 11-14所示。只需测得顺水发收时间和逆水发收时间,就可以求得流速平均值。虽然这种方法只用一对换能器,但要在两岸间架设电缆。由于架设电缆很困难,很多地方难以做到,因此又研制了采用双机超声波时差法测速,如图 11-15 所示。双机法需要在河的两岸各装两个换能器,主岸这边装有主测量台,对岸装副测量台,各用自己的电源,两岸间不必用电缆连接。工作时,声信号从 A 换能器发射,由 B 换能器接收,再转 C 换能器发

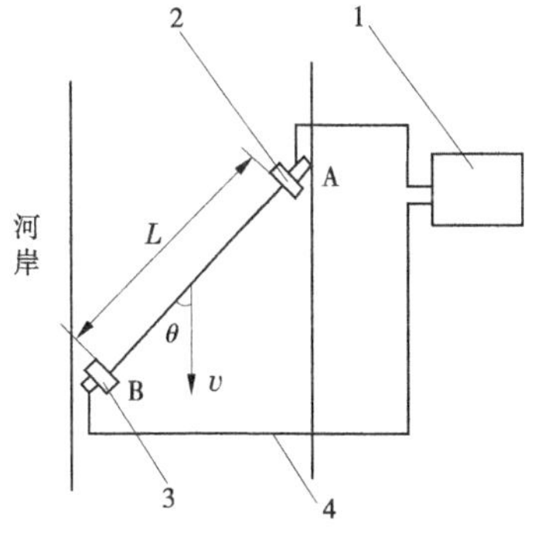

1—测量装置;2—换能器 A;
3—换能器 B;4—过河电缆

图 11-14　单机时差法超声波测速原理图

射,D 换能器接收,测得逆水发收时间,声信号再从 D 换能器发射,C 换能器接收,再转 B 换能器发射,A 换能器接收,测得顺水发收时间。根据逆水发收时间和顺水发收时间,即可计算得到平均流速。

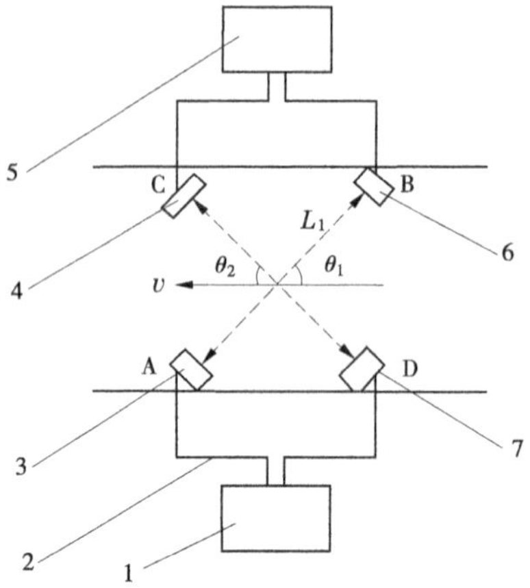

1—主测量台;2—电缆;3—换能器 A;4—换能器 C;
5—副测量台;6—换能器 B;7—换能器 D

图 11-15 双机时差法超声波测速原理图

时差法超声波流速仪两岸安装的换能器是等深的,超声波的传播速度受到整个断面上一层水流的影响。因此,它测到的不是点流速,而是一个水层的平均流速。这对于计算流量很有利。在水较深的断面,一个水层的平均流速不能准确地反映出断面流量,需要同时测量几个水层的平均流速。因此,要在不同深度安装多对换能器,用一台控制器控制、测量和记录。一般要测 3 ~4 层水层流速,或更多层。

这类仪器的自动化程度很高,并具有自动测量的功能。仪器安装完毕后,并不需人员管理。仪器测量速度极快,可以进行连续多次重复测量,然后进行平均,以消除偶然因素的影响。这种测量方法可以很方便地判别出正逆流,也能测出很低的流速,很适用于受潮水影响的河流;但它的测量精度并不很高,用于流量测量时,需要用更准确的流量测验数据进行校核。超声波在高含沙量和较高流速水流中的传播性能不好,故该方法仅适用于中速和低含沙量的水中。由于换能器和电路的反应速度影响,换能器都有一盲区存在,换能器入水深度和距河底高度要在 0.2 ~0.5 m 以上。也就是说,因为不同的仪器使用的频率不同,存在一定范围的盲区,在该范围内无法测量数据。该仪器对河道断面要求较高,要求河岸比较陡直稳定,不易淤积;流速也不能过于紊乱,以免影响超声波的传输和发射、接收;河段应该比较顺直,流向稳定。

国外水文站一般无人驻守,流量也必须自动测量,除用水位流量关系推算外,自动测量流量基本上都使用这种方法,所以使用得较多。这种方法目前仅适用于中小河流,而且河道断面要符合仪器的使用要求。近年来,国内开始进口少量时差法超声波流量计,用于需要计量水量的过水断面和少量水文测量断面。

11.3.4.5 电波流速仪

电波流速仪也是一种利用多普勒原理的测速仪器,由于这种仪器多采用微波波段的电波，所以也称为微波多普勒测速仪。电波流速仪使用电磁波，频率高，达 10 GHz，属微波波段，可以很好地在空气中传播，衰减较小。因此，使用电波流速仪测量流速时，仪器不必接触水体，即可测得水面流速，属非接触式测量。

测速时，仪器架在岸上或桥上。图 11-16 所示的是架设在岸上的测速示意图。

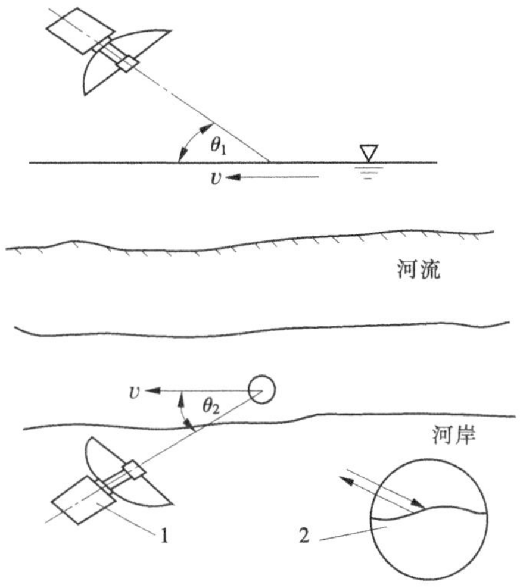

1—电波流速仪；2—水面波浪放大；θ_1—俯角度，θ_2—方位角

图 11-16　电波流速仪测速示意图

工作时电波流速仪发射的微波斜向射到需要测速的水面上。由于有一定斜度，所以部分微波能量被水吸收，一部分折射或散射损失掉；但总有一小部分微波被水面波浪的迎波面反射回来，产生的多普勒频移信息被仪器的抛物天线接收。测出反射信号和发射信号的频率差，就可以计算出水面流速。实际测到的是波浪的流速，可以认为，水的表面是波浪的载体，它们的流速相同。流速仪最重要的特点是可以不接触水体，测量一定距离外的水面流速，测量速度很快。电波流速仪是国内正式使用的唯一非接触式远距离测量流体。主要用途是在桥上或岸上测速时不受水面、水内漂浮物影响，也不受水质、流态等影响，而且流速越快，漂浮物越多，波浪越大，反射信号就越强，更有利于电波流速仪工作。所以，电波流速仪很适合于洪水时的测量，适用于巡测、桥测，是高洪测流的一种方式。在高洪情况下，一般的测船、缆道可能已不再适用，或者没有这些测流设施，而电波流速仪只要有一桥梁就能工作，架设方便，也很安全。仪器也能在很稳定的吊箱上工作。它能长期自动工作，测得流速数据可以自动输出，可用于需要自动测量水面上的点流速的场合。

目前国内有成熟产品，其主要技术指标如下：

测量范围：0.5 ~ 15 m/s。

测量角度：俯角 20° ~ 60°、方位角 0° ~ 30°。

测量时段：10 ~ 999 s 任选，仪器自动测量出该时段内的平均流速。

测量精度：均方差 ±3%。

测量距离：流速大于 3 m/s 时，测量距离不少于 20 m。

输出：四位 LCD 流速显示，单位 m/s。

电源:DC 12 V ±10%,或 AC 220 V。

功耗:≤20 W。

工作环境温度:0 ~ +45 ℃。

仪器工作频率:10 GHz。

11.3.4.6 声学多普勒流速剖面仪

由于振源和观察者之间的相对运动而产生的接收信号相对于振源频率的频移现象被称为多普勒效应。测出此频移就能测出物体的运动速度。在测量时,由测量仪器发出辐射波,再接收被测物体的反射波,测出频移,算出速度 $v = Kf_D$。流速 v 与 f_D 呈线性关系。在实际使用时,往往将水中的悬浮物或小气泡作为反射体,测得其运动速度,也就认为测得了流速。

1)测量点流速的声学多普勒流速仪

测量点流速的声学多普勒流速仪(见图 11-17)只用于测量一个测点的水流速度。它由 1 ~4 个声波发收换能器、控制及数据处理部分组成。它的传感探头很小,便于放入浅水中,体积小对水体干扰也很小。

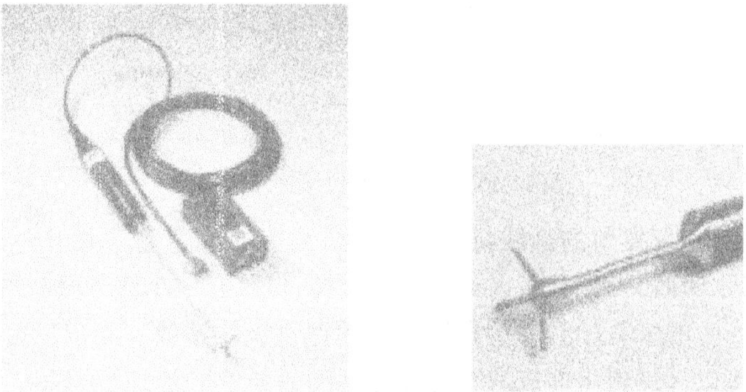

图 11-17 声学多普勒点流速仪

声波脉冲发射出去以后,在传播的途中会不断遇到水流中的泥沙、气泡等漂浮物,反射回来传播的途中各点已产生多普勒频移的反射波。要测量某一测点的流速,必须检测出这一点处的反射波。从发射声波脉冲开始,经不同时间检测接收到的反射波就是相应不同距离处测点的反射。它们的多普勒频移代表声束上各测点的流速。

点流速仪体积很小,适用于浅水低流速测量,也适于在水力模型试验中应用。点流速仪仍需放到流速测点,取代转子式流速仪的优越性不大。

测量点流速的声学多普勒流速仪国内尚没有较定型的产品。国外同类产品较多,有 2 个换能器或 4 个换能器。4 个换能器仪器的技术性能如下:

测速范围:±0.3 m/s、±1 m/s、±3 m/s、±7 m/s。

测速准确度:±0.05% ±0.1 cm/s。

测量点与发射换能器距离:5 cm、10 cm、15 cm。

使用最小水深:2 cm(用于只测单向流速)、6 cm 和 12 cm(用于测量距发射换能器 5 cm、10 cm 水深处的流速流向)。

声波频率：>5 MHz。

工作环境：-5 ~ +45 ℃，水下为 0 ~ +40 ℃。

数据储存：固态存储 6 个月以上（10 min 一次）。

数据通信：RS232、RS422。

电源：8 ~ 18 VDC，220 VAC。

2）测量剖面流速分布的声学多普勒剖面流速仪

测量剖面流速分布的声学剖面流速仪常被称为 ADCP，也有称为 ADP 的。使用时，仪器可以安装在船上，横跨河流测得整个断面的流速分布，称为走航式；也可固定安装在一岸，称为水平式（H-ADCP）或侧视式（Side-Looking）；在条件合适的地点可以安装在河底，称为座底式。也可能安装在基本固定的水面浮体上，向下测量某一垂线的流速分布。ADCP 应用示意图见图 11-18。

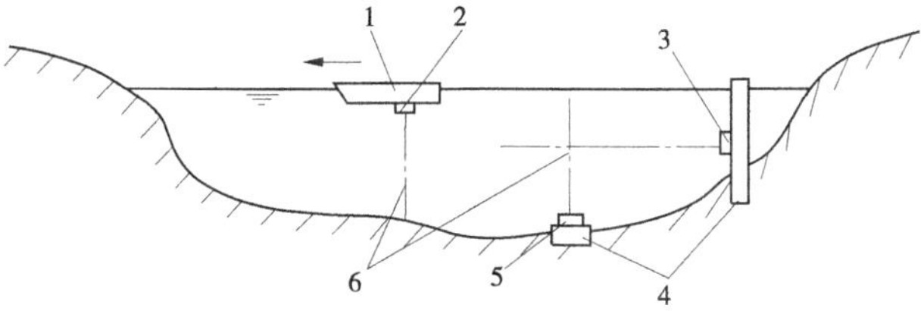

1—测船；2—走航式 ADCP；3—水平 ADCP；4—安装支座（架）；
5—座底式 ADCP；6—测得的流速剖面中心线

图 11-18　ADCP 应用示意图

这类产品都是整体结构，在仪器上有 3 ~ 4 个声学换能器，用于固定安装使用时常常装有一水位测量装置，利用超声水位计原理，也可能是应用压阻式压力水位计原理测量水位。测速的同时，也测得水位，可以达到流量自动测量的目的。

（1）走航式 ADCP。

走航式 ADCP 用于流量测量，是一种正在推广的新型先进仪器。使用时要有人操作测船，或用缆道牵引，或人在桥上牵引，或人工遥控一载有仪器的小舟（浮体）跨渡河流，才能测得流速流量。走航式 ADCP 的流速剖面测量方法见图 11-19。

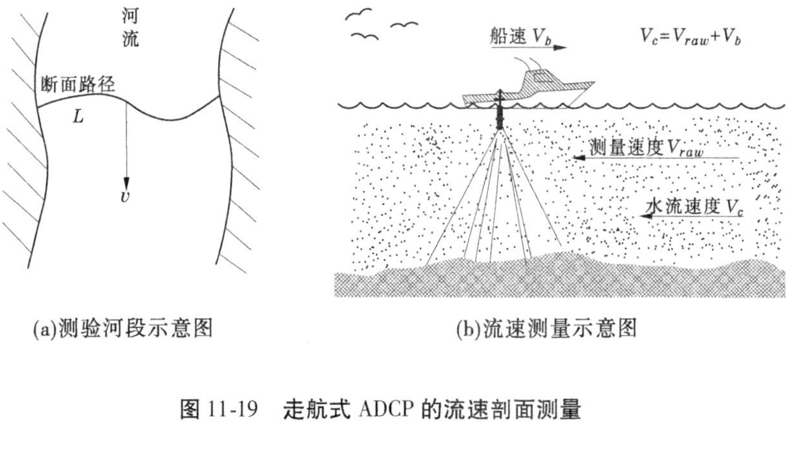

(a)测验河段示意图　　(b)流速测量示意图

图 11-19　走航式 ADCP 的流速剖面测量

(c)观测断面示例

(d)ADCP 仪器

续图 11-19

ADCP 配备有四个换能器,每个换能器轴线即为一个声束坐标。每个换能器测量的流速是水流沿其声束坐标方向的速度。发射出去的固定频率的声波遇到运动水体中的泥沙后,被泥沙反射回来的声波将发生多普勒频移。根据多普勒频移原理可以得到水流速度,其计算公式为

$$v = 1\ 000 \times f_D \frac{C}{2f_0\cos(A)} \tag{11-1}$$

式中:v 为水流速度,mm/s;C 为 ADCP 换能器表面处的声速,m/s;f_0 为 ADCP 发射的声波频率,对应于 300 kHz、600 kHz、1 200 kHz 的 ADCP,其值分别为 307.2 kHz、614.4 kHz 和 1 228.8 kHz;A 为波束方向与流速方向的夹角;f_D 为多普勒频移。

为了计算流量,ADCP 在走航中测量相对流速、船速、水深、测船航行轨迹等数据。

从理论上讲,测量剖面流速分布的 ADCP 测量原理与传统的人工船测、桥测、缆道测量和涉水测量的原理相同。ADCP 方法和传统方法都将测流断面分成若干子断面,在每个子断面内测量垂线上一点或多点流速并测量水深,从而得到子断面内的平均流速和流量。再将各个子断面的流量叠加得到整个断面的流量。然而,与传统方法相比,ADCP 方法有如下不同:

①ADCP 测流时有两个基本假设:反射声波信号的浮游物体是随着水流运动的;所有四个 ADCP 波束都在测量同一个流速矢量。即流速在一个小范围的同一水平面上是不变的。

②传统方法是静态方法。即无论是人工船测、桥测、缆道测量,还是涉水测量,仪器总是固定于所测垂线处进行测量。ADCP 方法是动态方法,在随测船运动过程中进行测量。

③由于采样费时,应用传统方法时通常不会将子断面划分得很细,垂线流速测量点也不可能很多。而应用 ADCP 时,由于 ADCP 采样速率很高,可以将子断面划分得很细,垂线流速测量点也可以很多。

④传统方法通常要求测流断面垂直于河岸。ADCP 方法不要求测流断面垂直于河岸。ADCP 方法流量测验结果与航迹无关,轨迹可以是斜线或曲线。

走航式 ADCP 均为国外产品,其主要技术指标如表 11-2。

应用走航式 ADCP 进行流量测验,可根据各水文站的具体情况(测船为铁船或木船、测流断面的底沙运动情况),配置走航式 ADCP 及辅助设备(如 GPS、外接罗经等),通过配套的软件完成监测断面流量等数据的实时采集、存储和分析处理,有条件的水文站配备数据传输设备可通过转发软件实时传输到数据接收中心站。

表 11-2　走航式 ADCP 主要技术指标

项目名称	技术指标	
频率	1 200 kHz	600 kHz
盲区(m)	0	0.25
最小单元长度(m)	0.05	0.10
最小剖面深度(m)	0.3	0.75
最大剖面深度(m)	20	75
最大流速量程(m/s)	±20.0	±20.0

(2)水平式 ADCP。

水平式 ADCP 通常安装在河流或渠道的岸边,水平发射波束涵盖部分或整个宽度的水体,实时测量一个水层的流速分布。通过指标流速法进行参数率定后,建立所选指标流速与断面平均流速、断面水位间的相关关系,通过连续监测指标流速,实现断面流量的在线监测。水平式 ADCP 的流速剖面测量见图 11-20。

图 11-20　水平式 ADCP 的流速剖面图

水平式 ADCP 能够测量仪器所在水层一定距离内各个不同点(单元)处的流速分布,最多可以有 128 个单元的流速。

水平式 ADCP,国内没有定型产品,使用的都是进口产品,综合其技术性能如下:

测速范围: ±5 m/s。

测速准确度: ±0.5%。

测速分辨率:1 mm/s。

最大剖面范围(距离):200 m(300 kHz)、90 m(600 kHz)、20 m(1 200 kHz)。

系统频率:300 kHz,600 kHz、1 200 kHz。

测速剖面单元数:1 ~ 128 个。

水位量程:0.1 ~ 1 m。

水位准确度: ±0.2 ~ 0.5 cm。

通信接口:RS232、RS422、RS485、SDI - 12。

电源:9 ~ 18 VDC。

工作温度: -5 ~ +45 ℃。

运用 H－ADCP 方式可实现在线监测流量,将水平式 ADCP 安装在测验断面的一侧河岸边,连续监测指标流速,根据指标流速与断面平均流速的相关关系得出流量。结合现代通信、传输技术,自动监测流量成果可定时自动传输,实现了流量测报自动化。

11.3.5　流量信息的编报

11.3.5.1　流量信息编码格式

河道流量信息可编报的信息类基本格式见图 11-21。

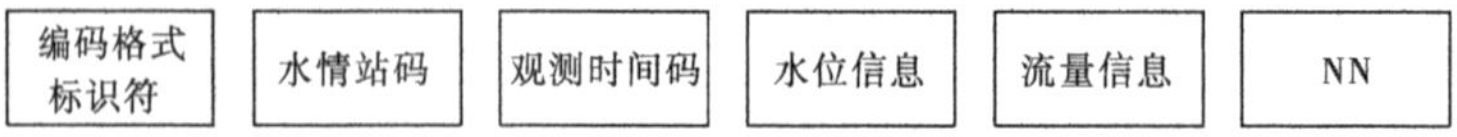

图 11-21　河道水情可编报的信息类基本格式

11.3.5.2　流量信息编码示例

1)编报 8 时河道水情的示例

某河道站 40803100,6 月 17 日 8 时水位 134.72 m,水势涨,查线流量为 1 350 m^3/s,则可用 A 格式编码:

H⊔40803100⊔06170800⊔Z⊔134.72⊔ZS⊔5⊔Q⊔1350⊔QS⊔1⊔NN

2)编报洪峰水位流量的示例

某河道站 40803100,8 月 28 日 16 时 24 分水位为 366.91 m,水势平,初步判断为洪峰水位,查线流量为 3 760 m^3/s,应立即编报,A 格式编码为:

H⊔40803100⊔08281624⊔Z⊔366.91⊔ZS⊔6⊔Q⊔3760⊔QS⊔1⊔HS⊔6⊔NN

该站于 19 时 18 分水位又涨至 367.95 m,水势持平,应再编报一次洪峰,A 格式编码为:

H⊔40803100⊔08281918⊔Z⊔367.95⊔ZS⊔6⊔HS⊔6⊔NN

3)按规定标准编报水位流量的示例

某河道站 40803100,主管机关规定,当水位在 23.00 m 以下时,按一级拍报水位和相应流量,附报实测流量;水位在 23.00 m 以上时,实测流量随测算、随编报。7 月 1 日 8 时水位为 22.30 m,水势涨,在关系曲线上查得相应流量为 3.34 m^3/s,可用 A 格式编码:

H⊔40803100⊔07010800⊔Z⊔22.30⊔ZS⊔5⊔Q⊔3.34⊔QS⊔1⊔NN

该站于 14 日 19 时 48 分用流速仪实测流量为 6.69 m^3/s,相应水位 22.70 m,水势落。按规定该次实测流量可附在下一次编码中列报,15 日 8 时水位为 22.64 m,相应流量 6.26 m^3/s,水势落,则编码为:

H⊔40803100⊔07140748⊔Z⊔22.70⊔ZS⊔4⊔Q⊔6.69⊔QS⊔3⊔
TT⊔07150800⊔Z⊔22.64⊔ZS⊔4⊔Q⊔6.26⊔QS⊔1⊔NN

该站于 7 月 16 日 22 时 15 分用流速仪实测流量为 60.8 m^3/s,相应水位 25.03 m,水势涨,水位已在规定标准 23.00 m 以上,按规定该次实测流量应随测算、随编报,则编码为:

H ⊔ 40803100 ⊔ 07162215 ⊔ Z ⊔ 25.03 ⊔ ZS ⊔ 5 ⊔ Q ⊔ 60.8 ⊔ QS ⊔ 3 ⊔ NN

4)编报河水干涸的示例

某河道站 40803100,10 月 28 日 6 时河水干涸,按主管机关规定应立即编报(以后在河水干涸期间,不再逐日编报),则编码为:

H ⊔ 40803100 ⊔ 10280600 ⊔ HS ⊔ 0 ⊔ NN

5)编报逆流的示例

某河道站 40803100,6 月 4 日 8 时水位为 33.62 m,水势涨,但流向逆流,估计流量为 16.0 m^3/s,则编码为:

H ⊔ 40803100 ⊔ 06040800 ⊔ Z ⊔ 33.62 ⊔ ZS ⊔ 5 ⊔ Q ⊔ 16 ⊔ QS ⊔ 4 ⊔ HS ⊔ 4 ⊔ NN

6)编报水位出现负值的示例

某河道站 40803100,10 月 28 日 8 时水位在基面下 0.12 m,水势平,则编码为:

H ⊔ 40803100 ⊔ 10280800 ⊔ Z ⊔ -0.12 ⊔ ZS ⊔ 6 ⊔ NN

7)修正河道站水情错报的示例

某河道站 40800000,发出的编码为:

H ⊔ 40800000 ⊔ 07210800 ⊔ Z ⊔ 28.42 ⊔ ZS ⊔ 4 ⊔ Q ⊔ 370 ⊔ QS ⊔ 1 ⊔ TT ⊔ 07201336 ⊔ Z ⊔ 28.52 ⊔ ZS ⊔ 5 ⊔ Q ⊔ 598 ⊔ QS ⊔ 2 ⊔ NN

经检查发现实测流量有误,实为 398 m^3/s,应立即发送更正编码,这时编码为:

RH ⊔ 40800000 ⊔ 07201336 ⊔ Z ⊔ 28.52 ⊔ ZS ⊔ 5 ⊔ Q ⊔ 398 ⊔ QS ⊔ 2 ⊔ NN

8)编报删除编码的示例

某水位站 40803999 在编报时,误编了一组流量信息:

H ⊔ 40803999 ⊔ 11110800 ⊔ Z ⊔ 4.35 ⊔ ZS ⊔ 4 ⊔ Q ⊔ 123 ⊔ NN

应立即编报删除编码,同时编报正确的编码:

DH ⊔ 40803999 ⊔ 11110800 ⊔ Z ⊔ 4.35 ⊔ ZS ⊔ 4 ⊔ Q ⊔ 123 ⊔ NN

H ⊔ 40803999 ⊔ 11110800 ⊔ Z ⊔ 4.35 ⊔ ZS ⊔ 4 ⊔ NN

9)修正观测时间码错误的示例

某河道站 40809999 误将观测时间 17 日 8 时编为 18 日 8 时:

H ⊔ 40803999 ⊔ 06180800 ⊔ Z ⊔ 4.35 ⊔ ZS ⊔ 4 ⊔ Q ⊔ 123 ⊔ NN

应立即编报删除编码,同时编报正确的编码:

DH ⊔ 40803999 ⊔ 06180800 ⊔ Z ⊔ 4.35 ⊔ ZS ⊔ 4 ⊔ Q ⊔ 123 ⊔ NN

H ⊔ 40803999 ⊔ 06170800 ⊔ Z ⊔ 4.35 ⊔ ZS ⊔ 4 ⊔ Q ⊔ 123 ⊔ NN

11.4 泥沙观测及其信息采集

11.4.1 泥沙运动分类

天然河流中的泥沙,按其是否运动可分为静止和运动两大类,根据其运动状态可进一步分为床沙、悬移质和推移质。

11.4.1.1　**床沙**

组成河床的泥沙称为床沙，床沙在河床表面处于相对静止的状态。

11.4.1.2　**悬移质**

悬移质也称悬沙，是指被水流挟带，而远离床面悬浮于水中，随水流向前浮游运动的泥沙。悬移质受水流的紊动作用，悬浮于水中，并几乎以相同的速度随水流一起运动。这种泥沙在整个水体空间里自由运动，时而上升，时而下降，其运动状态具有随机性。为方便起见，一般把自河底泥沙粒径的两倍以上至水面之间运动的泥沙视为悬移质。由于水流的紊动保持悬浮，在相当长的时间内这部分泥沙不和河床接触。

11.4.1.3　**推移质**

推移质是指在河床表面，受水流拖曳力作用，沿河床以滚动、滑动、跳跃或层移形式运动的泥沙。推移质泥沙的运动特征是走走停停，时快时慢，运动速度远慢于水流；颗粒愈大，停的时间愈长，走的时间愈短，运动的速度愈慢。推移质的运动状态完全取决于当地的水流条件。推移质泥沙不断地与河床接触，尤其是跳跃的泥沙，其跳跃高度可能远远大于泥沙粒径。推移质又可划分为沙质推移质和卵石推移质两类。

天然河流中，特别是黄河中游黄土高原的高含沙河流中，从数量、质量及体积上来说，推移质相对较少，悬移质相对较多。一般而言，冲积平原河流挟带的悬移质数量，往往为推移质的数十倍、数百倍甚至数千倍。推移质泥沙尽管其相对数量不多，但因其颗粒较粗，对水利工程的危害极大。如在解决水库淤积问题中，处理推移质泥沙的难度往往要比处理悬移质大得多。因此，对于推移质运动的观测与研究，同样非常重要。在靠近河床附近，各种泥沙在不断地交换，悬移质和推移质之间，推移质与床沙之间，悬移质和床沙之间都在交换，悬移质和推移质很难截然分开。同时一条河流的不同河段有不同的水流条件，同一种粒径的泥沙在某一河段可能是停止不动的床沙，在另一河段可能做推移或悬移运动。在同一断面上亦因水位不同，会出现不同的运动状态，因此决定泥沙运动状态除泥沙本身的粒径外，还有水流条件。

11.4.2　河流泥沙的脉动与挟沙能力

与流速脉动一样，水流中的泥沙也存在着脉动现象，而且脉动的强度更大。在水流稳定的情况下，断面内某一点的含沙量是随时在变化的，它不仅受流速脉动的影响，而且与泥沙特性等因素有关。图11-22为黄河某水文站两种悬移质泥沙采样器比较试验时的实测资料，由图中折曲线可见用横式（属于瞬时式）采样器测得的含沙量有明显的脉动现象，变化过程呈锯齿形；而真空抽气式（属积时式）采样器，变动较小，长时间的平均值稳定在某一数值上，即时均值是一个定值。

据研究，河流泥沙脉动强度与流速脉动强度及泥沙特性等因素有关，且大于流速脉动强度。泥沙脉动是影响泥沙测验资料精度的一个重要因素，在进行泥沙测验及其仪器的设计和制造时，必须充分考虑。

挟带泥沙的水流称为挟沙水流。水流挟沙能力是研究泥沙运动的一个十分重要的物理量。水流挟沙能力是指河床处于不冲不淤相对平衡时，具有一定水力因素的单位水体所能挟带悬移质的数量。由于水流所挟带冲泻质的多少与该河段的关系不大，因此有时

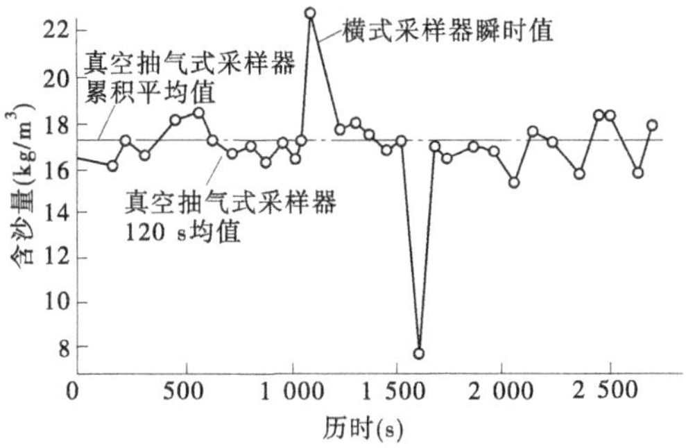

图 11-22　黄河某水文站泥沙脉动分析

也将在一定水流条件下河床处于冲淤平衡状态水流所能挟带的悬移质中床沙质的数量，称为水流的挟沙能力。因为水流挟沙力反映的是河床不冲不淤时的含沙量，所以也称为饱和含沙量。

11.4.3　特殊泥沙现象

11.4.3.1　泥石流

在一定的自然地理条件下，由于重力和强大水流的综合作用，在沟谷中发生含有大量土、砂、石块和水的固、液两相流体，叫作泥石流。按照流体物理力学特性，泥石流浆体已不属牛顿体，一般可以看成宾汉体。

泥石流可分为紊流型（稀性泥石流）及层流型（黏性泥石流）两类。前者以悬移质为主，密度一般为 1 200 ~ 1 600 kg/m^3。后者以推移质为主，密度为 1 600 ~ 2 200 kg/m^3。

11.4.3.2　高含沙水流

所谓高含沙水流，是指含沙量达到每立方米数百公斤乃至 1 000 kg 以上的水流。这种水流，含有大量泥沙，其水力特性、维持泥沙运动的机理不同于一般的挟沙水流，主要表现为以下几点：

（1）高含沙水流的流变特性属于非牛顿体。

（2）高含沙水流具有两种流态：一种流态是高强度的紊流，比降大，流速高，雷诺数和弗劳德数都比较大，水流汹涌，大小尺度的紊动均得到充分发展，含沙量高与这种紊动结构充分发展相适应；另一种流态是层流，高含沙水流易形成层流流动，比降小，流速低，水流十分平稳，水面平亮如镜。

（3）高含沙水流的含沙量在垂线上分布比较均匀，随着含沙量的增大，其均匀程度更为突出。

（4）高含沙水流的流速分布比较均匀，这与高含沙水流的含沙量增大、流速梯度减小、紊流强度均匀有关。

（5）高含沙水流的挟沙能力特别大。对紊流来说，其挟沙力大增，由于此时浑水重率很大，故泥沙颗粒沉速很小；对层流来说，此时，水沙一体参加运动，挟沙亦多。

11.4.3.3　异重流

异重流是指两种或两种以上重率差异较小的流体，互相接触，密度大的流体潜入密度小的流体下面，并发生相对运动，在交界面上不会出现深入的掺混现象的液体流。

异重流的产生必须具备两个条件:一是两种流体异重;二是这异重差异不大。河流中的含沙量的差异就是形成浑水异重流的根本原因。清水与浑水之间,重率存在着微小的重力差,将导致形成流体间的压力差,从而形成异重流。异重流的一般特性表现如下:

(1)重力作用大大减弱。由于异重流的重率比清水重率稍大,又受清水浮力作用,浑水的重力作用大大减弱,浑水有效重力仅仅是清水重率的1/1 000 ~ 1/100。

(2)由于重力作用减低的结果,惯性力作用显得十分突出。通过用弗劳德数对比同流速、同水深的清水和浑水的关系,可知浑水弗劳德数远远大于清水弗劳德数,完全可以说明浑水惯性力与重力的相对关系比一般水流大。因此,异重流在流动过程中能够比较容易地超越障碍物和爬高。

(3)阻力作用相对突出。异重流与水力半径、底坡、阻力系数相同的一般水流相比,其流速比一般水流的流速要小得多,反映了阻力作用的相对突出。

11.4.3.4 揭底冲刷现象

这种现象多发生在高含沙紊流阶段,是河床冲刷的一种突变过程。其特点是,大片沉积物从河床掀起,有的甚至露出水面,然后坍落破碎,被水流冲散带走。这样强烈的冲刷,在短时间内可使河床刷深数米。

11.4.3.5 浆河现象

高含沙水流在运动中,当水流条件减弱到一定程度后,会出现整个河段的浑水停滞不动的现象。这种水流突变现象,多发生在高含沙量洪水的落水过程。

11.4.3.6 间歇流现象

高含沙水流具有不稳定的特点。在水流强度不大的层流阶段,容易发生浑水水力因素呈周期性变化的阵流现象和浑水流动呈现流流停停、停停流流的间歇流现象。

11.4.4 悬移质泥沙测验

11.4.4.1 测验的目的

目前的泥沙测验技术水平,还无法实时直接测得通过河流某一断面的输沙率或断面平均含沙量过程。悬移质输沙率测验的目的在于测得通过测验断面悬移质输沙率,推求出断面含沙量(简称断沙),同时测得单样含沙量,以便建立(或检验已建立的)单样含沙量和断面含沙量关系(简称单断沙关系),在单沙过程控制下,用于推求通过该断面各种时段的悬移质输沙量。

11.4.4.2 测验的主要工作内容

(1)布置测速和测沙垂线,在各垂线上施测起点距和水深,在测速垂线上测流速,在测沙垂线上测量含沙量,测沙垂线应尽可能与测速垂线重合。

(2)观测水位、水面比降,如需作颗粒分析,应加测水温,并按要求取留水样。

(3)需要建立单断沙关系时,应采取相应的单样含沙量水样(简称单样)或直接测得含沙量。

(4)采用浮标法测流或采用全断面混合法测输沙率时,只在测沙垂线上采取水样或测含沙量。

11.4.4.3 悬移质输沙率过程的推求

进行流量测验时，在某些测点或垂线上同时实测含沙量，通过计算可获得输沙率。由于流量和含沙量测验需要一定的时间，这样获得输沙率则是一段时间内的平均值。因为输沙率随时间变化，要直接测获连续变化过程无疑是困难的。通常是利用输沙率（或断面平均含沙量）和其他水文要素建立相关关系，由其他水文要素变化过程的资料通过相关关系求得输沙率变化过程。我国绝大部分测站的实测资料分析表明，一般断面平均含沙量与断面上有代表性的垂线或测点含沙量（即单样含沙量，简称单沙）存在着较好的相关关系。施测断面输沙率的工作量大，而施测单沙简单，因此常用施测单沙以控制河流的含沙量随时间的变化过程。其方法是首先以较精确的方法，在全年施测一定数量的断面输沙率，建立相应的单沙断沙关系，可以由实测单沙过程资料，通过相关关系推求断沙过程，进而计算出全断面的悬移质输沙率过程和各种统计特征值。因此，悬移质测验的主要内容除测定流量外，还必须测定水流含沙量，开展悬移质泥输沙率测验和单沙测验。

11.4.5 测验仪器设备

悬移质泥沙采样器分瞬时式与积时式两类。瞬时式一般为横式；积时式采样器按工作原理分为瓶式、调压式、皮囊式；也可以用抽气式采样器。现场测沙仪主要有同位素测沙仪、振动测沙仪、LISST－100 等。

各种测验仪器的适用条件如下：

（1）调压积时式采样器适用于含沙量小于 30 kg/m^3 时的选点法和混合法取样。

（2）皮囊积时式采样器适用于不同水深和含沙量条件下的积深法、选点法和混合法取样。

（3）普通瓶式采样器适用于水深在 1.0～5.0 m 的双程积深法和手工操作取样。

（4）横式采样器能在不同水深和含沙量条件下取样，但不宜用于缆道测沙，精度要求较高时不宜使用。

（5）同位素测沙仪适用于含沙量大于 20 kg/m^3 时的选点法测沙。

（6）LISST－100 激光测沙仪适用于粒径范围在 2.5～500 μm 以内、含沙量小于 7.5 kg/m^3 的在线测沙。

11.4.5.1 横式采样器

横式采样器分拉式和锤击式两种。拉式采样器只适用于浅水和含沙量较大的河流，其容积只有 1 L。锤击式采样器容积较大，为 2 L，适用于水深较大或含沙量较小的江河。

横式采样器的性能如下：

（1）横式采样器的容积一般为 0.5～5.0 dm^3。从现有的比测资料来看，0.5 dm^3 的采样器，稳定性比 1 m^3 和 2 dm^3 的横式采样器差，且有系统偏差。因此，相邻测站或同一测站不同时期使用不同容积的横式采样器时，最好经过比测，以便资料的衔接和使用。

（2）横式采样器适用于水深大于 0.3 m 的各种流速情况下的积点法或混合法取样。

（3）横式采样器所取水样是瞬时的，受泥沙脉动影响很大。在输沙率测验时，因取样测点较多，脉动影响可以部分抵消；在取单位水样时，则须用重复取样的办法，以减少脉动影响。

(4)用横式采样器取样前,应对仪器进行检查,要求两个筒盖能同时关闭,仪器从水中提出后应不漏水。

(5)横式采样器取得的水样容积,与采样器本身容积一般相差不得超过 ±10%。

(6)采样器放到每一个测点后,应稍停片刻,待采样器与水流方向一致时再关闭采样器。

11.4.5.2 瓶式采样器

瓶式采样器是积时式采样器最简单的形式,有较长的使用历史。在使用过程中,逐渐发现这种仪器不能用于积点法采集水样,即使采用积深法取样,也有不少问题。正是通过对瓶式采样器的改进,才确立了现在定型的积时式采样器的设计原理和结构框架。

早期的瓶式采样器用一个玻璃瓶固定在测杆上,迎流向设置进水管,背流向设置排气管。用双程积深法取样,适用水深在 2 m 左右。深水取样时,将取样瓶固定在铅鱼上方或安置在铅鱼腹腔内。显然,用这种方法取样,无法采集靠近河底的水样。我国至今仍有很多水文站使用双程积深瓶式采样器。这种仪器虽属于积时式取样,但仪器从水面到河底,再从河底返回水面,由于在河底附近停留时间较长,使接近河底含沙量较大的水样采集偏多,导致实测含沙量可能偏大。因此,新的悬移质泥沙测验规范中推广单程积深采样器。

瓶式采样器的性能如下:

(1)普通瓶式采样器,一般容积为 0.5 ~2.0 m^3。

(2)瓶式采样器应有进水管与排气管,两管出口的高差为静水头。用不同管径的管嘴与静水头值,可适当调节采样器采样时的进口流速。

(3)采样器最好有开关装置。最简单的开关是在管口加塞子,开启时将塞子拔掉。使用较方便的是电磁开关,特别在水较深或在缆道上更为适用。

(4)水深较大时,为防止采样器内气压与器外水压相差悬殊,发生突然进注现象,破坏天然水流状态,要加调压装置。

(5)瓶式采样器适用于积点法、积深法或混合法取样。以积点法、混合法取样时,没有调压装置的采样器,一般只能在水深小于 5 m 时使用;没有开关的,只能在水深小于 1 m 时使用。以积深法取样时,水深一般要大于 1 m;没有调压装置的采样器,用双程积深时,宜用于水深 5 m 范围内,用单程积深时,宜用于水深 10 m 范围内。单程积深应从水面测向河底,到河底时关闭采样器,上提时不再进水。

(6)使用瓶式采样器均不能使仪器灌满。应根据流速掌握仪器进水时间,或加设水样灌入仪器将满时的指示信号装置。

(7)采样器的进口流速应尽可能调整到接近天然水流流速。积点法、混合法是指测点流速,积深法是指垂线平均流速。

11.4.5.3 调压式采样器

调压式采样器是在瓶式采样器的基础上,增加自动调压设备和阀门控制的一种积时式采样器。调压式采样器按结构分为单舱型和多舱型两个系列。单舱型只有一个取样舱,适用于单一垂线用单程积深法或多线多点全断面混合法取样;多舱型仪器由几个取样舱组成,适用于多线单程积深法取样。

单通调压式采样器是调压式采样器早期产品,因调压舱的进水孔兼作水样舱的排气孔,所以不能实现瞬时调压。水深越大,则调压历时越长。另外,由于顶塞式电磁阀只能做直线运动,不能同时控制排气孔与调压孔,因此很难实现取样舱在现场更换,操作不够方便。

三通(四通)调压式采样器是现在国内外常用的一种采样器,这种仪器必须保证阀座与器身间的对接调压通孔啮合准确,不允许漏气,否则将影响调压效果。

目前国内研制并经过技术鉴定的二通采样器有 JL-1、LSS 型;三通采样器有 JL-2 型、AYX 多舱型、FS 型、美国 USP61 型、USP63 型;四通采样器有 JL-3 型、JX 型(二通指开关阀有两种转换功能,三通、四通以此类推)。二通采样器存在调压历时过长和管嘴积沙问题,三通采样器解决了调压历时过长的问题,只有四通采样器才解决了调压历时和管嘴积沙问题。长江水利委员会水文部门研制的 JL-3 型、JX 型调压积时式悬沙采样器,开关阀采用不锈钢材料加工的圆柱滑阀,可实现调压、采样开关的转换功能;长江 AYX2-1 型采样器采用三相四通平板开关阀,解决了控制开关的粘黏、卡沙和动力驱动可靠性问题,采用音频调制实现缆道数字信号控制,解决了电气控制的可靠性问题,水样直读减少了沙样损失,提高了成果质量。

11.4.5.4 皮囊式采样器

LS 系列皮囊式采样器,适用于江河、湖泊、水库、渠道在水文缆道、测船或桥梁上用单程积深法采集含有悬移质泥沙的水样,特别适用于水文缆道用全断面混合法测断面输沙率。LS 系列皮囊式采样器,是一种具有测深、测速、测沙功能的综合性输沙率测验仪器,用全断面混合法测断面输沙率具有快速、准确、可靠的特点。

主要技术指标如下:

适用水深:$H \leqslant 20$ m。

适用流速:$v \leqslant 5$ m/s。

适用含沙量:CS≤100 m^3。

适用河床质:砂质、小砾石及浅层淤泥。

进水管直径:$\phi5$、$\phi7$ mm 两种。

水样容积:$W = 2\ 500$ mL,

仪器质量:产品有以下品种:LS-50 型、75 型、100 型、150 型、250 型,仪器型号后的数字为质量(如 LS-100 即为 LS-100 kg)。

11.4.5.5 同位素测沙仪

同位素测沙仪是利用 γ 射线通过物质时的能量衰减原理测量被测物质的密度,从而测得含沙量。仪器包括放射源、γ 射线接收测定器、数据处理器、电缆等部分。水文测验中应用的仪器往往将所有部分装在一专用的铅鱼上,放射源和 γ 射线接收测定器之间是被测的流动水体。

放射源由专门部门供应和处理,因此都是单独的,使用时装入仪器和测量处的专门装置内,使用后要卸下并作特殊保管。γ 射线接收测定器大都应用放射性测定专用设备。数据接收处理器根据接收到的 γ 射线测量强度、质量衰减系数、水体距离、反射 γ 射线强度,计算得出水体密度,再计算得到含沙量,并显示、记录。数据处理器可以将测得的含沙量输出,实现含沙量自动遥测。

同位素测沙仪能适应 0.5 ~ 1 000 kg/m^3 的含沙量范围，也能适应较大的流速，受泥沙颗粒大小、容重、黏性的影响较小，也不受 γ 射线的传播速度影响。工作性能较稳定、测量准确度也较好，仪器自动化程度高，测沙速度快，是一种较好的自动测沙仪器。

20 世纪 60 年代国内进口了同位素测沙仪，使用结果比较满意，但没有推广。20 世纪 70 年代黄河水利委员会、长江流域规划办公室（现长江水利委员会）等单位研制并试用过同位素测沙仪。同位素测沙仪必须使用放射源，放射源对人体、环境的影响不可忽视。由于人体保护、环境影响方面和放射源的保管、应用、处理方面存在的问题，使得该类仪器难以推广应用。目前国内在水文测验上没有应用该类仪器测沙。

11.4.5.6 振动测沙仪

振动测沙仪没有可动部件，也没有与水体接触的发送接收传感器，与水体接触的振动管只是一个水流通道，所以它能长期自动工作。测量速度也很快，几秒钟内可以完成一次测量。测量输出的电信号比较容易处理和传输，使得这种测沙仪可以作为一种自动监测仪器应用。影响仪器测沙性能和稳定性的因素较多，使用前要确定并置入泥沙密度值；长期应用时要注意定期调整，以保证测沙准确性。振动管内腔是一细长形管道，含沙水流流经时很可能产生泥沙残留淤积。一旦发生泥沙淤积，将严重影响测沙准确性。泥沙淤积是影响振动测沙仪能否长期自动工作的主要因素。该类仪器可以用于中高含沙量的直接测量。

测沙仪的传感器是一单独产品，一般安装在测流铅鱼、悬索和测杆上。水上部分应安装在室内，并配以必要的电源。传感器和水上部分要用电缆相联。为了保证其稳定性和提高测沙准确度，需要定时进行检定。一般方法就是将清水的密度，调整到含沙量为零值，再将仪器投入工作。

振动测沙仪的准确性受泥沙颗粒直径的影响，也受仪器制作材料工艺的影响，尤其受机械制造、结构设计的影响，在生产和应用中应周密地考虑和尽可能地消除各方面因素的影响。

11.4.5.7 激光悬沙测试仪

激光悬沙测试仪是利用激光散射的原理工作的。Mie 氏理论指出：照射在颗粒上的校直的激光束将其大部分能量散射到特定的角度上，颗粒越小散射角越大，反之则越小，其工作原理如图 11-23 所示。在不同的角度上将散射的结果记录下来，通过特殊方法进行加权计算，可以从散射记录得出总面积浓度和总体积浓度，其两者的比值就是平均粒径。

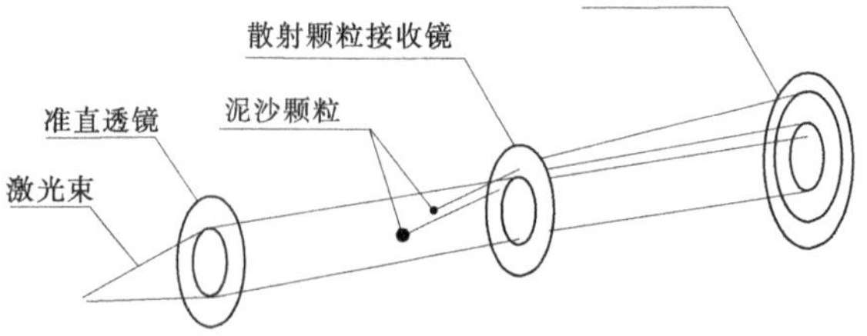

图 11-23 激光测沙基本原理示意图

激光测沙仪适合野外现场自动测量，可在线监测悬沙含沙量、颗粒级配、水压和水温，但是值得注意的是，如果浓度过大造成透光率低于 30% 时，就有可能发生多重散射而影响精度。

为了提高测量精度，仪器设置了校正常数，因此各站需要通过现场比测试验确定各站的校正常数，输入仪器自动改正；另外每次测量应该进行多次采样，进行数字滤波以消除脉动影响；仪器安放应尽量避开有泡旋地方，采取这些措施后仪器的测量误差将可降低到 20% 以下。

为了保证测量精度，仪器必须水平安装，并且需要在每次洪峰前后清洗探头。

LISST－100 激光悬沙测试仪，如图 11-24 所示。其主要技术指标如下：

图 11-24　LISST－100 外形

测量参数：悬沙含沙量、颗粒级配、水压和水温。

测量方式：水下，实验室，野外，拖曳，锚系，平台，剖面。

含沙量测量：范围 0.01～7.5 kg/m^3。误差 <20%。

颗粒级配：32 个粒径级，用对数表示。

粒径范围：2.5～500 μm。

采样间隔：可编程，达 4 Hz（每秒测量 4 次）。

数据编程采集器：内部记忆或外部数据输出，RS－232C。

数据容量：16 MB。

数据存储：可存储三个参数的 9 500 个测量数据。

分辨率：浓度为 0.5 μL/L。大小粒子分布：32 个大小级别，间隔采集。

测量速率：可编程，达 4 Hz（每秒测量 4 次）。

输出接口：RS－232C 或 RS－422。

压力范围：水深可达 100 m。

11.4.6　实测悬移质输沙率和断面平均含沙量计算

用全断面混合法采集的水样，其实测含沙量为断面平均含沙量，断面平均含沙量与对应流量之积即为实测悬移质输沙率。当采用积深法或垂线混合法取样时，经处理求得的含沙量，即为垂线平均含沙量；当采用选点法采集水样时，计算结果为测点含沙量，计算断面输沙率时，需要根据测点含沙量，用流速加权法先计算垂线平均含沙量，然后求两测沙垂线间部分平均含沙量，再与部分流量相乘，得部分输沙率，累加后得到通过断面的输沙率，通过断面的输沙率除以流量得到断面平均含沙量。

断面平均含沙量在计算方法上，又分为分析法和图解法两种，因图解法已很少使用，下面只对分析法进行介绍。

11.4.6.1 测选点法垂线平均含沙量的计算

1）畅流期

畅流期垂线平均含沙量采用测点流速为权重进行计算，根据取样时测点情况，可分别采用以下不同公式计算。

（1）五点法：

$$C_{sm} = \frac{1}{10V_m}(C_{s0.0}V_{0.0} + 3C_{s0.2}V_{0.2} + 3C_{s0.6}V_{0.6} + 2C_{s0.8}V_{0.8} + C_{s1.0}V_{1.0}) \quad (11\text{-}2)$$

（2）三点法：

$$C_{sm} = \frac{C_{s0.2}V_{0.2} + C_{s0.6}V_{0.6} + C_{s0.8}V_{0.8}}{V_{0.2} + V_{0.6} + V_{0.8}} \quad (11\text{-}3)$$

（3）二点法：

$$C_{sm} = \frac{C_{s0.2}V_{0.2} + C_{s0.8}V_{0.8}}{V_{0.2} + V_{0.8}} \quad (11\text{-}4)$$

（4）一点法：

$$C_{sm} = \eta_1 C_{s0.6} \quad (11\text{-}5)$$

2）封冻期

（1）六点法。同畅流期一样，用面积包围法计算，只是多加了 0.4 相对水深点。

$$C_{sm} = \frac{1}{10V_m}(C_{s0.0}V_{0.0} + 2C_{s0.2}V_{0.2} + 2C_{s0.4}V_{0.4} + C_{s0.6}V_{0.6} + 2C_{s0.8}V_{0.8} + C_{s1.0}V_{1.0}) \quad (11\text{-}6)$$

（2）二点法：

$$C_{sm} = \frac{C_{s0.15}V_{0.15} + C_{s0.85}V_{0.85}}{V_{0.15} + V_{0.85}} \quad (11\text{-}7)$$

（3）一点法：

$$C_{sm} = \eta_2 C_{s0.5} \quad (11\text{-}8)$$

式中 C_{sm}——垂直平均含沙量，kg/m^3 或 g/m^3；

$C_{s0.0}$、$C_{s0.2}$、…、$C_{s1.0}$——垂直中各取样点的含沙量，kg/m^3 或 g/m^3；

$V_{0.0}$、$V_{0.2}$、…、$V_{1.0}$——垂线中各取样点的流速，m/s；

V_m——垂线平均流速，m/s；

η_1、η_2——一点法系数，应根据多点法实测资料分析确定，无试验资料时可采用 1.0。

一次输沙率测验过程，采集多个相应单样，可将各次单样含沙量的算术平均值作为相应单样含沙量。

11.4.6.2 断面输沙率的计算

1）流速面积法测流时断面输沙率计算

采用选点法、垂线混合法与积深法测定垂线平均含沙量，用流速面积法测流时，断面输沙率为各部分输沙率之和，可按以下步骤计算

$$Q_s = C_{sm1}q_0 + \frac{C_{sm1} + C_{sm2}}{2}q_1 + \frac{C_{sm2} + C_{sm3}}{2}q_2 + \cdots + \frac{C_{smn-1} + C_{smn}}{2}q_{n-1} + C_{smn}q_n \tag{11-9}$$

式中　Q_s——断面输沙率,t/s 或 kg/s;

C_{sm1}、C_{sm2}、…、C_{smn}——各取样垂线的垂线平均含沙量,kg/m³ 或 g/m³;

q_0、q_1、…、q_n——以取样垂线为分界的部分流量,m³/s。

计算时应注意,当取样垂线间有多条测速垂线时,此时采用的"部分流量"应为两取样垂线间的各部分流量之和。

2)浮标法测流时断面输沙率计算

采用选点法、垂线混合法与积深法测定垂线平均含沙量,使用浮标法测流时,断面输沙率和断面平均含沙量计算可按以下步骤进行:

(1)绘制虚流速横向分布曲线图。

(2)将取样垂线的起点距、水深及垂线平均含沙量,填入流量、输沙率记载计算表。

(3)在虚流速横向分布曲线上,查出各取样垂线处的虚流速并填入流量、输沙率记载计算表。

(4)按式(11-9)计算部分平均含沙量和部分虚输沙率。

(5)计算断面虚输沙率(部分虚输沙率之和),算得的断面虚输沙率,乘以断面浮标系数,得断面输沙率。

3)全断面混合法测沙时实测输沙率计算

采用全断面混合法测沙时,水样处理后得到的含沙量即为断面平均含沙量,其实测输沙率应按式(11-10)计算

$$Q_s = Q\overline{C}_s \tag{11-10}$$

式中　$\overline{C}_s$——断面平均含沙量,kg/m³ 或 g/m³。

Q——流量,m³/s。当取样与测流同时进行时,为实测流量,不同时进行时,则为推算的流量。

11.4.6.3　断面平均含沙量和相应单样含沙量的计算

1)断面平均含沙量计算

流量输沙率计算后,根据断面平均含沙量的定义,断面平均含沙量可按式(11-11)计算:

$$\overline{C}_s = \frac{Q_s}{Q} \tag{11-11}$$

式中　$\overline{C}_s$——断面平均含沙量,kg/m³ 或 g/m³;

Q_s——断面输沙量,t/s 或 kg/s;

Q——断面流量,m³/s。

具体计算采用列表法计算。

当有分流漫滩将断面分成几部分施测时,应分别计算每一部分的输沙率,求其总和,再计算断面平均含沙量。

2)相应单样含沙量计算

为了提高相应单样含沙量的精度,除在测验时掌握含沙量变化过程,采用合理的方法取样外,还要根据具体情况采用合理的计算方法来计算相应单样含沙量。目前,生产上常用的方法有算术平均法和输沙率加权法两种。

(1)算术平均法。在输沙率测验期间,含沙量变化不大时,开始和终了时刻各测1次单沙,或含沙量均匀变化实测几次单沙时,求其算术平均值作为相应单样含沙量。

(2)输沙率加权法。在输沙率测验期间,含沙量变化大,且测了多次单沙,相应单样含沙量可按式(11-12)计算

$$\overline{C}_{sm} = \frac{\overline{C_s}}{K} \tag{11-12}$$

$$K = \frac{1}{Q}\left[\frac{q_0 C_{sm1}}{C_{su1}} + \frac{q_1 C_{sm1} + C_{sm2}}{C_{su1} + C_{su2}} + \cdots + \frac{q_{n-1} C_{smn-1} + C_{smn}}{C_{sun} + C_{sun}} + \frac{q_n C_{smn}}{C_{sun}}\right] \tag{11-13}$$

式中 $\overline{C}_{sm}$——相应单样含沙量,kg/m^3 或 g/m^3;

$\overline{C_s}$——输沙率测验测得的断面平均含沙量,kg/m^3 或 g/m^3;

K——系数;

q_0、q_1、…、q_n——各部分流量,m^3/s;

C_{sm1}、C_{sm2}、…、C_{smn}——测输沙率时各测沙垂线的垂线平均含沙量,kg/m^3 或 g/m^3;

C_{su1}、C_{su2}、…、C_{sun}——各垂线测沙时实测或相应的瞬时单样含沙量,kg/m^3 或 g/m^3;

Q——断面流量,m^3/s。

式(11-13)中,括号内每一项的分子是部分输沙率,分母则是部分平均单样含沙量。计算时,可按以下步骤进行:

(1)根据实测单沙资料,点绘单样含沙量过程线。

(2)按每条测沙垂线的实测时间,在上述过程线上查得同时的单样含沙量。

(3)计算每两条测沙垂线间的平均单样含沙量。

(4)求每一部分的部分输沙率与实测该部分时段平均单样含沙量之比,并求其总和,再除以总流量,即得 K 值。

(5)断面平均含沙量除以 K,即得相应单样含沙量。

11.4.6.4 悬移质日平均含沙量和输沙量计算

由以上分析可知,输沙率与时间的乘积,即为该时段通过断面的输沙量,输沙率除以流量得断面平均含沙量。由于输沙率测验历史长,测验工作量大,因此测站实测输沙率次数有限,难以控制输沙率的变化过程。一般情况下,不能直接采用实测输沙率进行输沙量计算,也不能根据实测输沙率计算断面平均含沙量计算出日平均含沙量。由于单沙测量工作小,测量速度快,可以通过实测单沙,通过单断关系推求断沙,推求的断沙再乘以相应的流量,可得到输沙率,用以计算输沙量。

1)单断沙关系的建立

根据实测资料计算的断面平均含沙量和相应单样含沙量,绘制单样含沙量与断面平均含沙量关系(简称单断沙关系)曲线(或两者的比例系数过程线)。分析单断沙关系点

的分布类型、点带密集程度以及影响因素，对于突出偏离的测次应分析其偏离的原因，并按规定进行关系曲线检验。

2）断面含沙量推求

对于单断沙关系良好或比较稳定的测站，可采用单断沙关系曲线法，推求断面平均含沙量。

单断沙关系为单一曲线，可拟合出公式，采用计算公式由单沙计算断沙；单断沙关系为多条曲线时，分别按单一线法计算断沙。

对于单断沙关系点散乱，不能达到定线要求时，但输沙率测次较多，且分布比较均匀，能控制单断沙关系变化转折点的测站，可采用比例系数（实测断沙与相应实测单沙之比）过程线法推求断沙。即参照水位流量过程，点绘比例系数过程线，以实测单沙的相应时间从比例系数过程线上求得比例系数，乘以单沙即得断沙。

3）输沙量计算

根据单沙推求的断沙乘以相应时间的瞬时流量，得出瞬时输沙率，再乘以代表时间段，可得到相应时段的输沙率。

4）日平均含沙量计算

一般情况下，日平均值的计算方法采用流量加权法，即以瞬时流量乘以相应时间的断沙，得出瞬时输沙率，再用时间加权求出日平均输沙率，而后除以日平均流量即得日平均含沙量。

11.4.7 沙量信息的编报

11.4.7.1 沙量信息编码格式

河道沙情信息可编报的信息类基本格式见图 11-25。

编码格式标识符	水情站码	观测时间码	流量信息	含沙量信息	NN

图 11-25　河道沙情可编报的信息类基本格式

11.4.7.2 河道沙情信息编码示例

1）同时列报推求与实测的断面平均含沙量的示例

某河道站 40803100，7 月 15 日 13 时，由单位水样推求的断面平均含沙量为 98.4 kg/m³，同日 18 时实测的断面平均含沙量为 253 kg/m³。A 格式编码为：

H ⊔ 40803100 ⊔ 07151300 ⊔ SQ ⊔ 98.4 ⊔ SQS ⊔ 3 ⊔ TT ⊔ 07151800 ⊔ SQ ⊔ 253 ⊔ SQS ⊔ 4 ⊔ NN

2）加报沙峰并报日平均含沙量的示例

某河道站 40803100，8 月 18 日 15 时实测沙峰断面平均含沙量为 1 240 kg/m³。A 格式编码为：

H ⊔ 40803100 ⊔ 08181500 ⊔ SM ⊔ 1240 ⊔ SMS ⊔ 4 ⊔ SQS ⊔ 4 ⊔ NN

3）编报一站多日、多时段含沙量的示例

某河道站 40803100，8 月 5 日编报本站本月 2 日 8 时至 4 日 20 时含沙量。含沙量情况分别为:2 日 8 时 3.07 kg/m^3、2 日 20 时 2.73 kg/m^3、3 日 8 时 2.31 kg/m^3、3 日 20 时 2.29 kg/m^3、4 日 8 时 1.73 kg/m^3、4 日 20 时 2.05 kg/m^3,均为单位水样推估含沙量,采用 A 格式编码为:

H ⊔ 40803100 ⊔ 08020800 ⊔ SQ ⊔ 3.07 ⊔ SQS ⊔ 1 ⊔

TT ⊔ 08022000 ⊔ SQ ⊔ 2.73 ⊔ SQS ⊔ 1 ⊔

TT ⊔ 08030800 ⊔ SQ ⊔ 2.31 ⊔ SQS ⊔ 1 ⊔

TT ⊔ 08040800 ⊔ SQ ⊔ 1.73 ⊔ SQS ⊔ 1 ⊔

TT ⊔ 08042000 ⊔ SQ ⊔ 2.05 ⊔ SQS ⊔ 1 ⊔ NN

4)单站同时报送降雨、河道水情和沙情的示例

某河道站 40803100,采用三级报汛,时段雨量 5 mm 起报。该站 7 月 3 日 8 ~ 14 时无降雨,14 ~ 20 时降雨量为 3 mm,20 时天气阴,20 时至 4 日 2 时无降雨,2 ~ 8 时降雨量 15 mm,日降雨量 18 mm,8 时仍在下雨;该站 4 日 8 时水位 77.43 m,水势涨,查线相应流量为 537 m^3/s;3 日 8 时该站测得单位水样含沙量为 13.5 kg/m^3,4 日 8 时单位水样含沙量为 123 kg/m^3。

3 日 20 时、4 日 2 时,因降雨量未达到起报标准,不编报。4 日 8 时的编码为:

H ⊔ 40803100 ⊔ 07030800 ⊔ SQ ⊔ 13.5 ⊔ SQS ⊔ 1 ⊔

TT ⊔ 07032000 ⊔ P6 ⊔ 3 ⊔ WS ⊔ 8 ⊔

TT ⊔ 07040800 ⊔ P6 ⊔ 15 ⊔ PD ⊔ 18 ⊔ WS ⊔ 7

Z ⊔ 77.43 ⊔ ZS ⊔ 5 ⊔ Q ⊔ 537 ⊔ QS ⊔ 1 ⊔ SQ ⊔ 123 ⊔ SQS ⊔ 1 ⊔ NN

5)编报旬及月径流总量和输沙总量的示例

某河道站 40803100,9 月下旬径流总量 6.286 亿 m^3,输沙总量 0.305 8 亿 t,9 月月径流总量 24.78 亿 m^3,输沙总量 1.482 亿 t,10 月 1 日 8 时编报的 A 格式编码为:

H ⊔ 40803100 ⊔ 10010800 ⊔ RWX ⊔ 628.6 ⊔ SWX ⊔ 3058 ⊔ RWM ⊔ 2478 ⊔
SWM ⊔ 14820 ⊔ NN

11.5 实时水情信息采集与预报应用

11.5.1 岔巴沟流域产洪产沙预报检验

2008 年 8 月,根据项目的整体要求,黄委河南水文水资源局向黄河中游水文水资源勘测局委托了“岔巴沟流域有关测站产洪产沙分析试验”任务。委托任务要求统计分析降雨资料,进行雨量站代表性分析,找出 2 个以上的代表性雨量站,并布置具有代表性的雨量站及曹坪水文站 2009 年汛期向黄委河南水文水资源局进行试报汛。据此,黄河中游水文水资源勘测局通过现场查勘及资料分析,比选出 3 个雨量站和曹坪水文站共 4 站,于 2009 年 6 ~ 9 月进行雨量及水位、流量、含沙量的实时水情报汛。

11.5.1.1 报汛雨量站的比选

统计 1960 ~ 2006 年产洪降雨,共计 13 站 60 场,用次面平均降水与单站降水点绘相关线,计算相关系数,根据相关系数选出代表站。

结果表明,13 个雨量站与面平均雨量相关系数在 0.833 ~ 0.948 范围内,小姬和姬家佥与面平均雨量的相关性较好,相关系数分别为 0.947 3、0.922 2。但是,经实地查勘,此两站交通不便,同时观测员已是 70 多岁的老人,不具备汛期报汛条件。为了满足生产要求,另建立有报汛条件的刘家坬、桃园山两站与面平均雨量的相关线,相关系数为 0.947 3,作为此次试验的代表站。

2008 年岔巴沟流域在流域分析、查勘的基础上,2009 年 5 月 25 ~ 28 日,由黄委河南水文水资源局水情中心一行 3 人,在中游水文水资源勘测局的协助下,对岔巴沟流域水系、植被、曹坪水文站测验设施设备情况及需增加汛期报汛试验任务的雨量站再次进行了实地考察、认定,进一步分析了雨量站的流域代表性和报汛的可能性,安装、调试和比测了各雨量站的测雨仪器(见图 11-26 ~ 图 11-28)。

图 11-26　项目组成员正在实地考察

图 11-27　项目组成员在刘家坬安装、调试、比测雨量计

图 11-28　项目组成员正在调试、比测雨量计

按照资料分析情况，对和民墕、王家墕、刘家坬、桃园山、小姬和姬家佥等雨量站进行实地查勘。到站后，相关人员对每站的固态雨量计进行了室内室外的检查、调试和比测。经检查，各站的仪器设备良好，能满足试验报汛要求。

随着社会经济的发展，20 世纪 60 年代设立的雨量站，均面临着人员老化、知识机构无法满足现代水文报汛等情况，如和民墕雨量站的观测员，现年已 70 多岁，已难以完成手机报汛等任务。通过资料分析和对区间暴雨的综合认识，认为岔巴沟流域属于小流域，受面积、梯度等影响的降水分配不平衡和因地形、局部强对流等影响不是很明显，每场暴雨没有比较明显的暴雨中心，产生洪水的暴雨一般笼罩面积大、降水量均匀。因此，经过比较、讨论，最后选取刘家坬（40825900）、王家墕（40826300）、桃园山（40826550）三站 2009 年 6～9 月进行雨量实时报汛。

岔巴沟流域水系及报汛站网见图 11-29。

11.5.1.2　报汛任务及时段

1）曹坪水文站（40800000）

（1）报汛时间。

报汛时间为 2009 年 6 月 1 日～10 月 1 日。

（2）报汛内容。

降水量：无雨日，每日 8:00 报一次；有雨日，按 24 段制，于次日 8:00 一并报出。

水位、流量、含沙量：平水期，每日 8:00 报水位、流量、含沙量；洪水期，按洪水过程报汛，并加报实测点及相应含沙量。洪水加报标准为：水位变化 0.10 m 为小峰，中峰以上标准执行测站任务书。

2）雨量站

雨量站包括刘家坬（40825900）、王家墕（40826300）和桃园山（40826550）。

（1）报汛时间。

报汛时间为 2009 年 6 月 1 日至 10 月 1 日。

（2）报汛内容。

降水量：无雨日，每日 8:00 报一次；有雨日，按 24 段制报讯，并于次日 8:00 加报一次

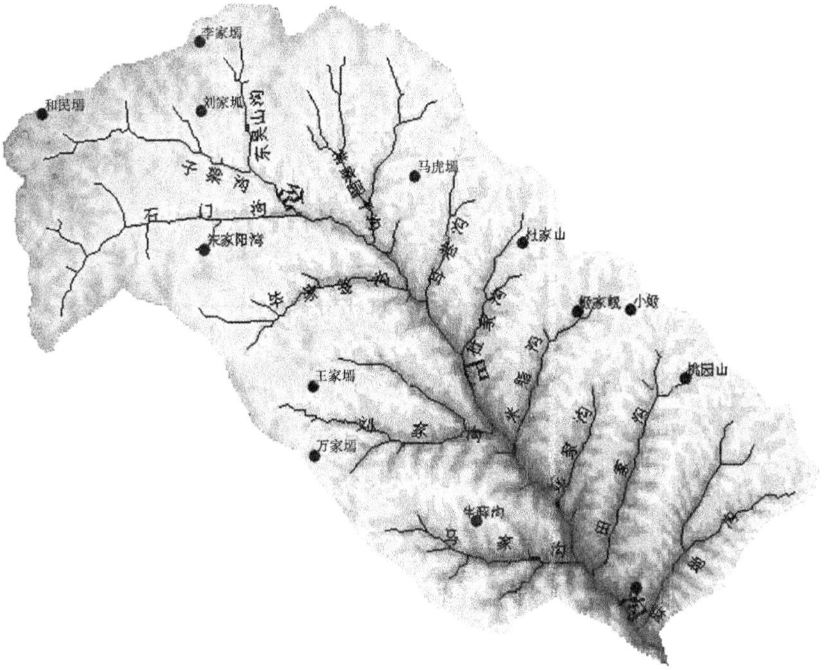

图 11-29　岔巴沟流域水系及报汛站网

日降水总量。

11.5.2　实时预报情况

6 月 1 日起刘家坬、王家塬、桃园山 3 个雨量站，以及曹坪水文站按照下达的报汛任务要求开始报汛。各站的雨水情报基本能在雨水情发生后的半小时内报出。3 个雨量站采用固定电话或手机电话报送至曹坪水文站，曹坪水文站整理后连同本站水、雨情信息一起，报送中游水文水资源勘测局，再由中游水文水资源勘测局校核后报黄委河南水文水资源局信息中心的试验系统。6～9 月刘家坬、王家塬、桃园山 3 个雨量站以及曹坪水文站共发送报文 189 份。

6～9 月，曹坪水文站正好在 7 月 19 日 17:18 出现了最大流量 621 m^3/s 的洪水；在 7 月 19 日 17:18 出现了最大含沙量 549 kg/m^3。2009 年刘家坬、王家塬、桃园山 3 个雨量站以及曹坪水文站极值、发生时间等共统计见表 11-3。

6 月 1 日起刘家坬、王家塬、桃园山 3 个雨量站及曹坪水文站开始报汛。在试验的几个月中，实时雨水情信息能准确及时地接收并正确处理入库，给后续的次洪水、泥沙预报系统提供可靠和完整的信息。经过水情报汛系统在岔巴沟流域实时雨水情信息采集实时运行可知，该系统在 4 个月的连续运行过程中，各部分工作正常，数据接收、发送及处理正确。由于报汛测站较少，今年汛期出现的洪水过程也不多，加上参加试验的全体人员细致、认真，整个试验期间的错码、误码率为 0，已经达到了实际应用的要求，试验成功地达到了设计的效果。

表 11-3 刘家坬、王家墕、桃园山、曹坪站报汛情况统计

站名	最大 1 h 降水量		最大日降水量		拍报份数
	时间(月-日 T时:分)	降水量(mm)	日期(月-日)	降水量(mm)	
刘家坬	08-01T15:00	19.2	08-22	77.2	26
王家墕	07-17T0:00	20.0	08-21	95.8	24
桃园山	07-19T18:00	35.0	07-08	72.0	27
曹坪	07-19T18:00	30.4	08-21	75.8	112

注:曹坪水文站最大流量 621 m^3/s,发生在 7 月 19 日 17:18;最大含沙量 549 kg/m^3,发生在 7 月 19 日 17:18。

本次在黄土高原的多沙粗沙区的典型小流域,进行了次暴雨过程的产洪、产沙模拟计算,开发了相应的作业预报模型和系统,并且在岔巴沟流域进行了汛期实时的信息采集和预报。研究中,以岔巴沟流域为研究对象,以超渗产流机理和泥沙运动力学原理,结合单位线技术,建立了基于时段降水为输入条件的产洪产沙半机理半经验模型。研究开发了实时水情报讯和预报系统,并进行了一个汛期的实时预报作业。通过作业预报可以看到,采用的霍顿产流模式和单位线法建立的时段产流汇流模型,以及输沙率公式和泥沙单位线,以岔巴沟流域为研究对象,建立的次降水产洪产沙模型是可行的,也是可靠的。研发的实时水情报汛信息采集系统经过 2009 年汛期的运行试验,系统稳定可靠,完全达到了实用的程度。经过一个汛期的应用验证,研发的洪水预报系统实际预报的洪峰流量合格率为 68.8%,达到丙级洪水预报方案的应用要求,但是径流深和峰现时间的合格率仅 43.8% 和 37.5%。次洪含沙量的预报精度低于洪水预报的精度。这些说明采用面平均雨量代表性好的时段雨量资料,并不一定得出产洪产沙的最佳结果,实际应用中,应当根据需要的不同进行优选。目前,所建立的实时预报模型和作业预报系统的预报结果相对较差,次洪结果的确定性系数也不高,只能达到定性参考应用级别,这主要是报汛测站的选取和极汛时段长造成的,因此实际使用中需要根据不同流域的实际情况,结合更多的实际资料进行率定、改进和完善。

参考文献

[1] 白清俊,马树升.细沟侵蚀过程中水流跌坑的发生机理探讨[J].水土保持学报,2001,15(6).

[2] 包为民,陈耀庭.中大流域水沙耦合模拟物理概念模型[J].水科学进展,1994,5.

[3] 包为民.格林－安普特下渗曲线的改进和应用[J].人民黄河,1994,17.

[4] 包为民.小流域水沙耦合模拟概念模型[J].地理研究,1995,14(2).

[5] 卜兆宏,董勤瑞.降雨侵蚀力因子新算法的初步研究[J].土壤学报,1992,29.

[6] 卜兆宏,董勤瑞,周伏建,等.降雨侵蚀力因子新算法的初步研究[J].土壤学报,1992,4.

[7] 卜兆宏,席承藩,李士鸿,等.水土流失量遥感监测的研究设想与初步进展[J].遥感技术动态,1990(4).

[8] 卜兆宏.土壤流失量及其参数观测值的新方法[J].土壤学报,1995,32.

[9] 蔡强国,陈永宗,景可.黄土高原现代侵蚀与治理[M].北京:科学出版社,1988.

[10] 蔡强国,等.黄土坡耕地上坡长对径流侵蚀产沙过程的影响[C]// 蔡强国,赵宏夫.水土流失规律与坡地改良利用.北京:环境科学出版社,1995.

[11] 蔡强国,刘纪根.关于我国土壤侵蚀模型研究进展[J].地理科学进展,2003,22(3).

[12] 蔡强国,陆兆熊,王贵平.黄土丘陵沟壑区典型小流域侵蚀产沙过程模型[J].地理学报,1996,51.

[13] 蔡强国,王贵平,陈永宗.黄土高原小流域侵蚀产沙过程与模拟[M].北京:科学出版社,1998.

[14] 蔡强国.坡长在坡面侵蚀产沙过程中的作用[J].泥沙研究,1989(4).

[15] 曹银真.黄土地区重力侵蚀的类型和成因[J].中国水土保持,1985,6.

[16] 查小春,贺秀斌.土壤物理力学性质与土壤侵蚀关系研究进展[J].水土保持研究,1999,6(1).

[17] 长江水利委员会.水文预报方法[M].北京:中国水利水电出版社,1993.

[18] 长江委水文局二队.NAM 模型及其应用[J].水文,1999(S1).

[19] 车霉,王根绪,畅俊杰,等.基于人工神经网络的黄河源区枯季径流预报[J].人民黄河, 2005,27.

[20] 陈国祥,谢树楠,汤立群.黄土高原水土保持[M].郑州:黄河水利出版社,1996.

[21] 陈海滨,孙长忠,党坤良,等. 黄土高原沟壑区林地土壤水分特征的研究(Ⅱ)[J].西北林学院学报,2004,19.

[22] 陈浩,上坡来水在坡面产沙中的作用[C]//水土保持科学理论与实践:第二次全国水土保持学术讨论会论文集.北京:林业出版社,1992.

[23] 陈浩.降雨特征和上坡来水对产沙的综合影响[J].水土保持学报,1992,6(2).

[24] 陈浩,等.流域坡面与沟道的侵蚀产沙研究[M].北京:气象出版社,1993.

[25] 陈洪松,邵明安.黄土区坡地土壤水分运动与转化机理研究进展[J].水科学进展,2003,14.

[26] 陈力,刘青泉,李家春.坡面降雨产流特征的数值模拟研究[J].泥沙研究,2001,4.

[27] 陈先德.黄河水利科学技术丛书—黄河水文[M].郑州:黄河水利出版社,1996.

[28] 陈永宗.黄土高原沟道流域产沙过程的初步分析[J].地理研究,1983,2(1).

[29] 陈永宗.黄土高原土壤侵蚀规律研究工作回顾[J].地理研究,1987,6(1).

[30] 陈志恺.中国水利百科全书—水文与水资源分册[M].北京:中国水利水电出版社,2004.

[31] 程海云,葛守西,李玉荣. 水动力学模型实时校正方法研究[J].人民长江,2005(2).

[32] 程海云,黄艳.丹麦水力研究所河流数学模拟系统[J].水利水电快报,1996.

[33] 程海云.三峡工程明渠截流龙口水文预报实践[J].人民长江,2003,34.

[34] 程龙渊,刘栓明,肖俊法,等. 三门峡库区水文泥沙实验研究[M].郑州:黄河水利出版社,1999.

[35] 程文辉,王船海,朱琰. 太湖流域模型[M]. 南京:河海大学出版社,2006.
[36] 丛翔宇,等. 基于 SWMM 的北京市典型城区暴雨洪水模拟分析[J]. 水利水电技术,2006,37.
[37] 代全厚,张力,等. 嫩江大堤植物根系固土护堤功能研究[J]. 中国水土保持,1998,18(6).
[38] 邓贤艺,曹如轩,钱善琪. 水流挟沙力双值关系研究[J]. 水利水电技术,2000(9).
[39] 邓英春. 关于水文测验中误差问题的思考[J]. 水利技术监督,2005(1).
[40] 丁文峰,李占斌,崔灵周. 黄土坡面径流冲刷侵蚀试验研究[J]. 水土保持学报,2001,15.
[41] 董欣,陈吉宁,赵冬泉. SWMM 模型在城市排水系统规划中的应用[J]. 给水排水,2006,32.
[42] 董治宝,李振山. 六道沟流域土壤水分抗风蚀性分析[J]. 中国沙漠,1996,16.
[43] 杜殿勋,三门峡水库龙门至潼关段河道冲淤演变规律及滞洪滞沙分析[C]//三门峡水库运用经验总结项目组. 黄河三门峡水利枢纽运用研究文集. 郑州:河南人民出版社,1994.
[44] 段建南,李保国,石元春. 应用于土壤变化的坡面侵蚀过程模拟[J]. 土壤侵蚀与水土保持学报,1998,4(1).
[45] 段建南,李旭霖,王改兰,等. 黄土高原土壤变化及其过程模拟[M]. 中国农业出版社. 2001.
[46] 樊尔兰. 悬移质瞬时输沙单位线的探讨[J]. 泥沙研究,1988,2.
[47] 范兴科,蒋定生,赵合理. 黄土高原浅层原状土挠剪切强度浅析[J]. 土壤侵蚀与水土保持学报,1997, 3(4).
[48] 方海燕,蔡强国,陈浩,等. 黄土丘陵沟壑区岔巴沟下游泥沙传输时间尺度动态研究[J]. 地理科学进展,2007,26.
[49] 方海燕,蔡强国,李秋艳. 产沙模数与流域面积关系研究进展[J]. 地理科学进展,2008,27.
[50] 方乾,于波,等. 新一代天气预报业务流程[M]. 北京:气象出版社,2006.
[51] 方子云,等. 水资源保护手册[M]. 南京:河海大学出版社,1988.
[52] 费详俊,舒安平. 多沙河流水流输沙能力的研究[J]. 水利学报,1998,11.
[53] 费详俊. 黄河下游河道高含沙水流的输沙能力分析[J]. 人民黄河,1996,2.
[54] 费祥俊. 黄河中下游含沙水流粘度的计算模型[J]. 泥沙研究,1991(3).
[55] 费祥俊. 水石流的输沙浓度与流动速度[J]. 泥沙研究,2002,4.
[56] 费翔俊. 悬移质水流挟沙能力与输沙特性[J]. 泥沙研究,2003,6.
[57] 付炜. 黄土丘陵沟整区土壤侵蚀预测模型建立方法的研究[J]. 水土保持学报,1992,3.
[58] 傅国伟. 河流水质数学模型及其模拟计算[M]. 北京:中国环境科学出版社,1987.
[59] 甘枝茂. 黄土高原地貌与土壤侵蚀研究[M]. 西安:陕西人民出版社,1989.
[60] 高鸿. 分析化学前沿[M]. 北京:科学出版社,1991.
[61] 葛守西,程海云,李玉荣. 水动力学模型卡尔曼滤波实时校正技术[J]. 水利学报,2005,36.
[62] 葛守西. 使用产汇流两阶段校正及参数动态预测算法的实时洪水预报模型(Ⅱ)—(A)理论实验基础,(B)算法和实例[J]. 成都科技大学学报,1993(4).
[63] 葛守西. 使用产汇流两阶段校正及参数动态预测算法的实时洪水预报模型[J]. 水文科技情报,1987.
[64] 葛守西. 现代洪水预报技术[M]. 北京: 中国水利水电出版社,2002.
[65] 葛守西. 蓄满产流模型的卡尔曼滤波算法[J]. 成都科技大学学报,1984(4).
[66] 龚时炀,熊贵枢. 黄河泥沙的来源和输移[C]//第一次河流泥沙国际学术讨论会论文集. 北京:光华出版社,1998.
[67] 管新建,李占斌,王民,等. 坡面径流水蚀动力参数室内试验及模糊贴近度分析[J]. 农业工程学报,2007,6.
[68] 桂思强. 数据库基础与实践[M]. 北京:清华大学出版社,2007.

[69] 郭建青,李彦,马健,等.非保守示踪条件下河流水质参数的确定[J].水科学进展,2003(6).
[70] 郭同章,张建勋,傅金锚.黄河上游水土流失预测模型[M].北京:科学出版社,1996.
[71] 韩凤朋,郑纪勇,张兴昌.黄土退耕坡地植物根系分布特征及其对土壤养分的影响[J].农业工程学报,2009,25.
[72] 韩友平,叶秋萍,陈卫.海事卫星C用于水文自动测报信息传输的探讨[J].水文,2003(4).
[73] 韩友平,叶秋萍,高有竹.多路径水情数据传输系统研究[J].人民长江,1996(8).
[74] 韩友平,叶秋萍,廖志红,等.YAC2000自动监控及数据采集终端研究[J].水利水电快报,2003(S).
[75] 洪惜英.水力学[M].北京:中国林业出版社,1990.
[76] 侯喜禄,曹清玉.陕北黄土丘陵沟壑区植被减沙效益研究[J].水土保持通报,1990,10.
[77] 胡刚,伍勇秋,等.GPS和GIS进行短期沟蚀研究初探——以东北漫岗黑土为例[J].水土保持学报,2004,4.
[78] 胡刚,伍永秋.发生沟蚀(切沟)的地貌临界研究综述[J].山地学报,2005,23.
[79] 胡广韬.滑坡动力学[M].北京:地质出版社,1995.
[80] 胡江凯,王雨,等.国家气象中心T213L31数值预报运行监控方案及预报效果评估[J].应用气象学报,2005,16.
[81] 胡一三.中国江河防洪丛书—黄河卷[M].北京:中国水利水电出版社,1996.
[82] 黄海洪,孙崇智,金龙.基于主分量的神经网络水位预报模型应用研究[J].南京气象学院学报,2005,28.
[83] 黄河上中游管理局.淤地坝设计[M].北京:中国计划出版社,2004.
[84] 黄河水利委员会黄河中游治理局.黄河水土保持志[M].郑州:河南人民出版社,1993.
[85] 黄河水利委员会水文局.黄河水文志[M].郑州:河南人民出版社,1996.
[86] 黄委中游水文水资源局.黄河中游水文(河口镇至龙门区间)[M].郑州:黄河水利出版社,2005.
[87] 黄忠恕,金兴平.水文气候预测基础理论与应用技术[M].北京:中国水利水电出版社,2005.
[88] 惠遇甲.挟沙水流的运动机理和输沙能力[J].水动力学研究与进展,1996,11.
[89] 贾清亮.测量学[M].郑州:黄河水利出版社,2001.
[90] 贾志军,蔡强国,李俊义,等.不同地类土壤含水量变化规律[C]//晋西黄土高原土壤侵蚀管理与地理信息系统应用研究.北京:科学出版社,1992.
[91] 江忠善,宋文经,李秀英,等.黄土地区天然降雨雨滴特性研究[J].中国水土保持,1983(3).
[92] 江忠善,宋文经.黄河中游黄土丘陵沟室主区小流域产沙量计算[C]//第一届河流泥沙国际学术讨论会论文集.北京:光华出版社,1980.
[93] 江忠善,王志强,刘志.黄土丘陵区小流域土壤侵蚀空间变化定量研究[J].土壤侵蚀与水土保持学报,1996,2.
[94] 江忠善,郑粉莉,武敏.坡面水蚀预报模型研究[J].水土保持学报,2004,18.
[95] 江忠善,郑粉莉,武敏.中国坡面水蚀预报模型研究[J].泥沙研究,2005,4.
[96] 蒋定生.黄土高原水土流失与治理模式[M].北京:水利水电出版社.1997.
[97] 蒋定生,范兴科,刘国斌.黄土高原主要产沙河流输沙动态模拟[J].水土保持研究,1995,20(4).
[98] 南京水科院,水利部水文局,水利部南京水利水文自动化研究所.SL 21—2006降水量观测规范[S].北京:中国水利水电出版社,2006.
[99] 焦恩泽,张翠萍.黄河北干流河道泥沙的输移与沉积[J].人民黄河,1995,7(11).
[100] 金明.一维稳态河流水水质随机微分方程模型[J].水利学报,1997(2).
[101] 金争平,赵焕勋,和泰,等.皇甫川区小流域土壤侵蚀量预报方程研究[J].水土保持学报,1991,5.

[102] 康玲玲,鲍宏苗,刘立斌,等.黄土高原不同类型区梯田蓄水拦沙指标的分析与确定[J].中国水土保持科学,2005,3(2).
[103] 孔祥谦.热应力有限单元法分析[M].上海:上海交通大学出版社,1999.
[104] 孔亚平,张科利.黄土坡面侵蚀产沙沿程变化的模拟试验研究[J].泥沙研究,2003(1).
[105] 雷阿林,唐克丽.细沟侵蚀发生的临界动力条件[J].土壤侵蚀与水土保持学报,1998,4(3).
[106] 雷何林,唐尧丽.土壤侵蚀模型试验中的降雨相似及其实现[J].科学通报,1995,40(21).
[107] 雷俊山,杨勤科,郑粉莉.黄土坡面细沟侵蚀试验研究及土壤抗冲性评价[J].水土保持通报,2004,24(2).
[108] 雷廷武,Nearing. M A.水流作用下疏松土壤材料中细沟的再生及其临界剪切力的实验研究[J].农业工程学报,2000b,16(1).
[109] 雷廷武,Nearing. M A.确定侵蚀细沟水力学特征、侵蚀与形态的水槽试验研究[J].水力学报,2000a, 11.
[110] 雷廷武,姚春梅,张晴雯,等.细沟侵蚀动态过程模拟数学模型和有限元计算方法[J].农业工程学报,2004,4.
[111] 雷廷武,张晴雯,赵军,等.陡坡细沟含沙水流剥蚀率的试验研究及其计算方法[J].农业工程学报,2001.17(3).
[112] 雷廷武,张晴雯,赵军,等.确定侵蚀细沟集中水流剥离速率的解析方法[J].土壤学报,2002a(6).
[113] 雷延武,邵明安,李占斌.土壤侵蚀预报模型和在中国发展的战略考虑[J].水土保持研究,1999(2).
[114] 雷延武,张晴雯,赵军,等.细沟侵蚀动力过程输沙能力试验研究[J].土壤学报,2002b,39(4).
[115] 李斌兵,郑粉莉,张鹏.黄土高原丘陵沟整区小流域浅沟和切沟侵蚀区的界定[J].水土保持通报,2008,28.
[116] 李长兴,沈晋,范荣生.黄土地区小流域降雨空间变化特征分析[J].水科学进展,1995,6.
[117] 李春荣.黄河小北干流泥沙运动若干特殊现象[J].泥沙研究,1994(3).
[118] 李德仁,袁修孝.误差处理与可靠性理论[M].武汉:武汉大学出版社,2002.
[119] 李鄂荣,我国古代黄河水利工程活动对环境的影响[J].地质力学学报,1999,5(3).
[120] 李光炽,王船海.大型河网水流模拟的矩阵标识法[J].河海大学学报(自然科学版),1995.
[121] 李鸿雁,刘晓伟,李世明.小浪底至花园口区间含沙量人工神经网络预报方法研究[J].泥沙研究,2004(4).
[122] 李家星,赵振兴.水力学[M].南京:河海大学出版社,2001.
[123] 李铝章,景可,等.黄土高原多沙粗沙区侵蚀模型探讨[J].地理科学进展,1999,18.
[124] 李勉,李占斌,刘普灵,等.黄土高原水蚀风蚀交错带土壤侵蚀坡向分异特征[J].水土保持学报,2004,18.
[125] 李勉,姚文艺,陈江南,等.草被覆盖下坡沟系统坡面流能量变化特征试验研究[J].水土保持学报,2005,19.
[126] 李勉,姚文艺,杨剑锋.草被覆盖对坡面流流态影响的人工模拟试验研究[J].应用基础与工程科学学报,2009,17.
[127] 李勉,姚文艺,杨剑锋,等.草被覆盖阻延坡面流作用试验研究[J].水土保持学报,2007,21.
[128] 李清河,李昌哲,齐实,等.黄土区小流域土壤侵蚀模型系统解析[J].水土保持通报,2000,20(1).
[129] 李少华,秦胜英,贾峡,等.可视化程序设计在塔里木河流域水盐平衡研究中的应用[J].陕西水力发电,2000,16(1).
[130] 李炜.环境水力学进展[M].武汉:水利电力大学出版社,1999.

[131] 李炜. 水力计算手册[M]. 2 版. 北京:中国水利水电出版社,2007.
[132] 李雅琦,田均良,刘普灵,等. 利用稀土元素示踪法研究黄土高原土壤侵蚀空间分布规律[J]. 核农学报,1997,11(3).
[133] 李毅,邵明安. 草地覆盖坡面流水动力参数的室内降雨试验[J]. 农业工程学报,2008,24.
[134] 李有林. 水箱模型的基本原理及其应用[J]. 甘肃水利水电技术,2000,12.
[135] 李占斌,鲁克新,丁文峰. 黄土坡面土壤侵蚀动力过程试验研究[J]. 水土保持学报,2002,16.
[136] 李兆南. 流量测验中的系统误差[J]. 人民黄河,1985(5).
[137] 李致家,姚成. 基于网格的新安江模型[J]. 河海大学学报:自然科学版,2007,35.
[138] 李致家. 具有行蓄洪区的河道洪水演算方法探讨[J]. 水科学进展,1997,8.
[139] 李致家. 水文模型的应用与研究[M]. 南京:河海大学出版社,2008.
[140] 李致家. 通用一维河网不恒定流软件的研究[J]. 水利学报,1998,29.
[141] 廖洞贤,王两铭. 数值天气预报原理及其应用[M]. 北京:气象出版社,1986.
[142] 林三益. 水文预报[M]. 北京:中国水利水电出版社,2001.
[143] 林祥顶,姚永熙. 水文现代化与水文新技术[M]. 北京:中国水利水电出版社,2008.
[144] 林振山,袁林旺,吴得安. 地学建模[M]. 北京:气象出版社,2003.
[145] 凌贤长. 岩体力学[M]. 哈尔滨:哈尔滨工业大学出版社,2002.
[146] 刘宝元,史培军. WEPP 水蚀预报流域模型[J]. 水土保持通报,1998,18(5).
[147] 刘宝元,谢云,张科利. 土壤侵蚀预报模型[M]. 北京:中国科学技术出版社,2001.
[148] 刘宝元,张科利,焦菊英. 土壤可蚀性及其在侵蚀预报中的应用[J]. 自然资源学报,1999,14(4).
[149] 刘秉正,吴发启. 黄土塬区沟谷侵蚀与发展[J]. 西北林学院学报,1993,8.
[150] 刘秉正,吴发启. 土壤侵蚀[M]. 西安:陕西人民出版社,1996.
[151] 刘尔烈,崔恩第,徐振铎. 有限单元法及程序设计[M]. 天津:天津大学出版社,2004.
[152] 刘光文. 泛论水文计算误差[J]. 水文,1992(1).
[153] 刘汉喜,史景汉,杨秀英. 黄丘一区小流域洪水输沙规律研究[C]//中国水利学会泥沙专业委员会. 全国泥沙基本理论研究学术讨论会论文集(第一卷). 北京:中国建材工业出版社,1992.
[154] 刘纪根,蔡强国,张平仓. 岔巴沟流域泥沙输移比时空分异特征及影响因素[J]. 水土保持通报,2007.27.
[155] 刘金平,潘永新. 交互式洪水预报系统及其在淮河流域中的应用[J]. 水文,1998(2).
[156] 刘金平,肖立贤. 交互式河流预报系统数据管理模式分析[J]. 水文,2002,22.
[157] 刘金平,张建云. 交互式洪水预报系统及关键技术研究[J]. 水文,2004,24.
[158] 刘普灵,田均良,周佩华,等. 土壤侵蚀稀土元素示踪法试验研究[J]. 稀土,2001,22(2).
[159] 刘青泉,李家春,陈力,等. 坡面流及土壤侵蚀动力学(1)[J]. 坡面流力学进展,2004,34(3).
[160] 刘贤赵,康绍忠. 陕西王东沟小流域野外土壤入渗实验研究[J]. 人民黄河,1998,20.
[161] 刘新仁,赵人俊. 山坡水文学[M]. 王炳程,译. 哈尔滨:哈尔滨工业大学出版社,1989.
[162] 刘新仁. 多重尺度系列化水文模型研究[J]. 河海大学学报:自然科学版,1997,25.
[163] 刘尧成,华小军,叶秋萍. 金沙江下游梯级水电站水情自动测报系统技术[J]. 人民长江,2007,11.
[164] 刘元保,朱显谟. 黄土高原土壤侵蚀垂直分带性研究[J]. 中国科学院西北水保所集刊,1988,7.
[165] 刘元保,朱显谟,周佩华,等. 黄土高原坡面沟蚀的类型及其发生规律[J]. 中国科学院西北水土保持研究所集刊,1998,6.
[166] 刘志雨,张瑞芳. SCSL 模型在长江寸滩—螺山段的应用[J]. 人民长江,1996,27.
[167] 刘志雨,章四龙,程益联. 综合约束线性系统(SCLS)模型[J]. 水文(增刊),1999.
[168] 刘志雨. 我国洪水预报技术研究进展与展望[J]. 防汛与抗旱,2009(5).

[169] 柳丽英,范荣生.侵蚀产沙系统模型概述[J].水土保持通报,1997,17(2).
[170] 龙江,吴亚帝,李适宇,等.水动力与水质数值模拟中的有限元法[J].人民珠江,2002(6).
[171] 陆兆熊,蔡强国.黄土的结皮强度和溅蚀试验研究[C]//晋西黄土高原土壤侵蚀规律试验研究论文集.北京:水利电力出版社,1990.
[172] 吕悦来,李广毅.地表粗糙度与土壤风蚀[J].土壤学进展,1983(2).
[173] 马秀峰.黄土产流与入渗参数的初步分析[C]//干旱地区水文站网规划论文选集.郑州:河南科学技术出版社,1988.
[174] 马秀峰,等.布设流量站网的直线原则与区域原则的研究[J].水文,1985,4.
[175] 马秀峰,等.雨量场的统计特性和雨量站网密度估算[J].水文,1992,4.
[176] 麦乔威.多沙河流拦洪水库下游河床演变计算方法[C]//麦乔威论文集.郑州:黄河水利出版社,1995.
[177] 牟金泽,孟庆枚.论流域产沙量计算中的泥沙输移比[J].泥沙研究,1982,1.
[178] 倪晋仁,马蔼乃.河流动力地貌学[M].北京:北京大学出版社,1998(6).
[179] 宁津生,陈俊勇,等.测绘学概论[M].武汉:武汉大学出版社,2005.
[180] 牛德启,郑静.龙口流速预报方法的探讨[J].人民长江,2003(34).
[181] 牛占.河流流量与悬沙测验误差评估体系[J].水利学报,1999(9).
[182] 潘成忠,上官周平.降雨和坡度对坡面流水动力学参数的影响[J].应用基础与工程科学学报,2009,17.
[183] 潘利君.Bergsma IE 利用土壤入海速率和土壤抗剪力确定土壤侵蚀等级[J].水土保持学报,1995,9(2).
[184] 潘正风,杨正尧,等.数字测图原理与方法[M].武汉:武汉大学出版社,2005.
[185] 彭坷珊.黄土高原水土流失退耕还林草的基本思路[J].水土保持研究,2000(2).
[186] 彭琳,王继增,余存祖.侵蚀旱作土壤氮素吸收利用与淋溶流失[J].土壤侵蚀与水土保持学报,1996,2(2).
[187] 戚隆溪,黄兴法.坡面降雨径流和土壤侵蚀的数值模拟[J].力学学报,1997,29(3).
[188] 戚隆溪,王柏璐.土壤侵蚀的流体力学机制(I)[J].水动力学进展,1995,25(4).
[189] 齐珺,杨志峰,熊明,等.长江水系武汉段水动力过程三维数值模拟[J].水动力学研究与进展,2008,3.
[190] 齐瑛,茹玉英,张厚军,等.黄河艾山以下河道输沙能力问题[J].人民黄河,1995,5.
[191] 钱宁,万兆惠.泥沙运动力学[M].北京:科学出版社,1993.
[192] 钱宁.高含沙水流运动[M].北京:清华大学出版社,1989.
[193] 钱学伟.利用实验资料计算Ⅱ型误差的研究[J].水文,2004(1).
[194] 钱学伟.水文测验误差分析与评估[M].北京:中国水利水电出版社,2010.
[195] 秦毅,曹如轩,樊尔兰.用线性系统模型预报小流域悬沙输沙率过程初探[J].人民黄河,1990(5).
[196] 秦毅,曹如轩,樊尔兰.用线性系统预报小流域输沙过程的初探[J].人民黄河,1990,12.
[197] 冉大川,柳林旺,赵力仪,等.河龙区间水土保持措施减水减沙作用分析[C]//汪岗,范昭.黄河水沙变化研究.郑州:黄河水利出版社,2002.
[198] 荣先成,王洪军,宋强,等.有限元法[M].成都:西南交通大学出版社,2007.
[199] 芮孝芳,陈界仁.河流水文学[M].南京:河海大学出版社,2003.
[200] 芮孝芳.水文学研究进展[M].南京:河海大学出版社,2007.
[201] 芮孝芳.水文学原理[M].北京:中国水利水电出版社,2004.
[202] 邵学军.坡面细沟流速与坡度关系的数值模拟[J].水土保持学报,2001,15(5).

[203] 邵学军. 一维坡面流动的基本理论及数值模拟研究[J]. 泥沙研究,1998,3.
[204] 邵学军. 坡面薄层流的数值模拟及在坡面流侵蚀研究中的应用[J]. 水利学报,2002,5.
[205] 申震洲,姚文艺,李勉,等. 不同立地条件下坡面入渗与侵蚀关系试验讲究[J]. 水土保持学报,2008,5.
[206] 沈冰. 地表水文有限元模拟[M]. 西安:西北工业大学出版社,1996.
[207] 沈冰,沈晋. 运动波模型及其在水文中的应用[J]. 陕西水力发电,1988,4.
[208] 沈玉昌. 龚国元河流地貌学概论[M]. 北京:科学出版社,1986.
[209] 水利部长江水利委员会水文局. SL 337—2006 声学多普勒流量测验规范[S]. 北京:中国水利水电出版社,2006.
[210] 石辉,田均良,刘普灵. 利用 REE 示踪法研究小流域泥沙来源[J]. 中国科学 E 辑,1996,26(5).
[211] 石辉,田均良,刘普灵,等. 小流域侵蚀产沙空间分布的模拟试验研究[J]. 水土保持研究,1997,4(2).
[212] 史景汉,郝建忠. 黄丘一副区小流域暴雨洪水输沙过程预报模型[J]. 中国水土保持,1989,1.
[213] 史景汉. 黄丘一区坡面水土流失规律研究[J]. 中国水土保持,1991,7.
[214] 史培军,刘宝元,张科利,等. 土壤侵蚀过程与模型研究[J]. 资源科学,1999,21(5).
[215] 史学正,邓西海. 土壤可蚀性研究现状及展望[J]. 中国水土保持,1993,5.
[216] 史学正,于东升,邢廷炎. 用田间实测法研究我国亚热带土壤的可蚀性 k 值[J]. 土壤学报,1997,34(4).
[217] 舒安平,费翔俊. 高含沙水流挟沙能力[J]. 中国科学,2008,38.
[218] 舒安平. 水流挟沙能力公式的转化与统一[J]. 水利学报,2009,40.
[219] 水利部水文局,淮河水利委员会. 2003 年淮河暴雨洪水[M]. 北京:中国水利水电出版社, 2006.
[220] 水利部水文局. 江河泥沙测量文集[G]. 郑州:黄河水利出版社,2000.
[221] 水利部水文司. 中国水文志[M]. 北京:中国水利水电出版社,1997.
[222] 水利电力部水文局. 中国水资源评价[M]. 北京:水利电力出版社,1987.
[223] 孙东坡. 河流系统能量分配耗散关系的分析[J]. 水利学报,1999,3.
[224] 孙立达,孙保平,陈禹,等. 西吉县黄土丘陵沟整区小流域土壤流失量预报方程[J]. 自然资源学报,1988,3.
[225] 覃辉,等. 土木工程测量[M]. 上海:同济大学出版社,2004.
[226] 谭炳卿,金光炎. 水文模型与参数识别[M]. 北京:中国科学技术出版社,1998.
[227] 谭炳卿,张国平. 淮河流域水质管理模型[J]. 水资源保护,2001(3).
[228] 汤成友,项祖伟,缪韧,等. 水箱模型在大尺度流域实时洪水预报模型研制中的应用[J]. 水文,2007,10.
[229] 汤国安,杨昕. ARCGIS 空间分析实验教程[M]. 北京:科学出版社,2009.
[230] 汤立群. 流域产沙模型的研究[J]. 水科学进展,1996,7(1).
[231] 汤立群,陈国祥. 坡面土壤侵蚀公式的建立及其在流域产沙计算中的应用[J]. 水科学进展,1994,5(2).
[232] 汤立群,陈国祥. 小流域产流产沙动力学模型[J]. 水动力学研究与进展,1997,12.
[233] 汤立群,陈国祥. 流域产沙动力学模型[C]//全国泥沙基本理论研究学术讨论会编委会,中国水利学会泥沙专业委员会. 全国泥沙基本理论研究学术讨论会论文集(第一卷上),1992.
[234] 唐克丽,席道勤,孙清芳,等. 杏子河流域坡耕地的水土流失及其防治[J]. 水土保持通报,1983,3(5).
[235] 唐克丽,张科利,雷阿林. 黄土丘陵区退耕上限坡度的研究论证[J]. 科学通报,1998,40(2).

[236] 唐克丽,郑粉莉,史德明.土壤侵蚀研究的回顾与展望[J].土壤学报,1989,26(3).
[237] 唐克丽.黄土高原水土流失与土壤退化的研究初报[J].环境科学,1984a,5(6).
[238] 唐克丽.杏子河流域的土壤侵蚀方式及其分布[J].水土保持通报,1984b,5.
[239] 瑭彤军,田均良,刘普灵,等.REE示踪条带施放法研究坡面土壤侵蚀垂直分布规律[J].核农学报,1999,13(6).
[240] 陶永格,金长兴,丁伯良.衢州站洪水预报方案的研制[J].水文,1999.
[241] 田均良,周佩华,刘普灵,等.土壤侵蚀REE示踪法研究初报[J].水土保持学报,1992,6(4).
[242] 田均良.侵蚀泥沙坡面沉积研究初报[J].水土保持研究,1997,4(2).
[243] 汪岗,范昭.黄河水沙变化研究(第二卷)[M].郑州:黄河水利出版社,2002.
[244] 汪岗,范昭.黄河水沙变化研究(第一卷)[M].郑州:黄河水利出版社,2002.
[245] 王船海,李光炽.实用河网水流计算[M].南京:河海大学出版社,1997.
[246] 王船海,肖娟,建文辉,等.平原区产汇流模拟[J].河海大学学报:自然科学版,2007,35.
[247] 王春红,肖娟,王治国,等.秸秆覆盖对坡面径流及土壤流失影响的研究[J].山西农业大学学报,1998,18.
[248] 王光谦,张红武,夏军强.游荡型河流演变及模拟[M].北京:中国水利水电出版社,2004.
[249] 王锦生,等.水文测验手册[M].2版.北京:水利电力出版社,1983.
[250] 王厥谋,张瑞芳,徐贯午.综合约束线性系统模型[J].水利学报,1987,7.
[251] 王军,杨小毛,倪晋仁.基于GIS的黄河中游河龙区间流域—重力侵蚀相对强度空间分布[J].应用基础与工程科学学报,2001,9.
[252] 王勘成.有限单元法[M].北京:清华大学出版社,2003.
[253] 王礼先,吴长文.陡坡林地坡面保土机理研究[J].北京林业大学学报,1994,16(4).
[254] 王丽,金琪,等.三种数值预报产品短期强降水预报定量误差评估[J].暴雨灾害,2007,26.
[255] 王玲玲,姚文艺,申震洲,等.草被覆盖度对坡面流水力学参数的影响及其减沙效应[J].中国水土保持科学,2009,7.
[256] 王士强,陈骥,惠遇甲.明槽水流的非均匀沙挟沙力研究[J].水利学报,1998(1).
[257] 王士强.沙波运动与床沙交换调整[J].泥沙研究,1992(4).
[258] 王铁生,等.测绘学基础[M].郑州:黄河水利出版社,2008.
[259] 王万中,李靖,焦菊英.黄土丘陵区不同降雨条件下水平梯田的减水减沙效益分析[J].土壤侵蚀与水土保持学报,1999,15.
[260] 王万忠,焦菊黄.黄土高原降雨侵蚀产沙与黄河输沙[M].北京:科学出版社,1996.
[261] 王晓玲,李明超,周潮洪,等.复杂河网中洪水演进二维数值仿真及其应用[J].天津大学学报,2005(5).
[262] 王协康,敖汝庄,喻国良,等.坡面雨滴溅蚀及其输沙能力的探讨[J].四川联合大学学报,1999,3(2).
[263] 王协康,方铎.土壤侵蚀产沙量的人工神经网络模拟[J].成都理工学院学报,2000,27.
[264] 王兴奎,邵学军,王光谦,等.河流动力学[M].北京:科学出版社,2004.
[265] 王印杰,王玉珉.无结构土壤非饱和水给函数解析[J].水文地质工程地质,1994(1).
[266] 王玉珉,王印杰.非饱和土壤Richards方程入渗求解探讨[J].水文地质工程地质,2004(1).
[267] 王兆印.泥沙研究的发展趋势和新课题[J].地理学报,1998,53(3).
[268] 韦直林.河道水流泥沙问题的一种有限元解法[J].武汉水利电力学院学报,1990,23(6).
[269] 文康,金管生,等.流域产流计算的数学模型[J].水利学报,1982.
[270] 文康等.地表径流过程的数学模拟[M].北京:水利电力出版社,1991.

[271] 吴长文,陈法扬. 坡面土壤侵蚀及其模型研究综述[J]. 南昌水专学报,1994,13(2).
[272] 吴成基. 陕南河流泥沙输移比问题[J]. 地理科学,1998,1.
[273] 吴持恭. 水力学(下)[M]. 北京:高等教育出版社,1998.
[274] 吴发启,赵晓光,刘秉正. 黄土高原南部坡耕地土壤侵蚀预报[J]. 土壤侵蚀与水土保持学报,1998,4(2).
[275] 吴礼福. 黄土高原土壤侵蚀模型及其应用[J]. 水土保持通报,1996,5.
[276] 吴普特,周佩华. 雨滴击溅对薄层水流水力摩阻系数的影响[J]. 水土保持学报,1994,8(2).
[277] 吴普特,周佩华. 黄土坡面薄层水流侵蚀试验研究[J]. 土壤侵蚀与水土保持学报,1996,2.
[278] 吴普特. 动力水蚀实验研究[M]. 西安:陕西科学技术出版社,1991.
[279] 吴普特. 黄土坡地放水刷试验产流过程研究—Ⅱ. 产流过程分析[J]. 水土保持研究,1997,4.
[280] 吴晓玲,王船海,向小华. 卡尔曼滤波技术的水动力学实时校正方法对比[J]. 水电能源科学:工学版, 2008,26.
[281] 吴晓玲,王船海. 基于卡尔曼滤波的水动力模型实时校正方法[J]. 武汉大学学报:工学版,2008,3.
[282] 伍永秋,刘宝元. 切沟侵蚀与预报[J]. 应用基础与工程科学学报,2000,8.
[283] 武汉大学测绘学院测量平差学科组. 误差理论与测量平差基础[M]. 武汉:武汉大学出版社,2003.
[284] 武汉水利电力学院河流泥沙工程学教研室. 河流泥沙工程学(上册)[M]. 北京:水利电力出版社,1980.
[285] 夏军,乔云峰,宋献方,等. 岔巴沟流域不同下垫面对降水径流关系影响规律分析[J]. 资源科学,2007,29.
[286] 肖明耀. 误差理论与应用[M]. 北京:计量出版社,1985.
[287] 肖培青,姚文艺,申震洲,等. 草被覆盖下坡面径流入渗过程及水力学参数特征试验研究[J]. 水土保持学报,2009,23.
[288] 肖永全,王恒善. 黄土高原沟整区的水土流失及经验计算模式[J]. 水土保持通报,1990,10.
[289] 谢帆,李致家,姚成. TOP MODEL 和新安江模型的应用比较[J]. 水力发电,2007,33.
[290] 谢红霞. 延河流域土壤侵蚀时空变化及水土保持环境效应评价研究[J]. 陕西师范大学,2008.
[291] 谢永明. 环境水质模型概论[M]. 北京:中国科学技术出版社,1996.
[292] 谢悦波. 水信息技术[M]. 北京:中国水利水电出版社,2009.
[293] 熊贵枢,等. 黄河下游输沙及冲淤量测验资料误差分析[C]//第七届国际河流泥沙会议论文集. 北京:水利出版社,1983.
[294] 熊立华,郭生练. 分布式流域水文模型[M]. 北京:中国水利水电出版社,2004.
[295] 熊运阜,王宏兴,自志刚,等. 梯田、林地、草地减水减沙效益指标初探[J]. 中国水土保持科学,1996,8.
[296] 徐崇刚,胡远满,常禹,等. 生态模型的灵敏度分析[J]. 应用生态学报,2004,15.
[297] 徐国宾. 最小能耗率原理及其在河流动力学中的应用[J]. 西北水资源与水工程,1994(4).
[298] 薛选世,杨忠理,武芸芸. 黄河小北干流"揭河底"冲刷对策探讨[J]. 人民黄河,2003(2).
[299] 颜云辉,谢里阳,韩清凯. 结构分析中的有限单元法及其应用[M]. 沈阳:东北大学出版社,2000.
[300] 杨春霞,王丹,王玲玲,等. 草被覆盖度对坡面流水动力学参数的影响分析[J]. 中国水土保持,2008,9.
[301] 杨勤科,李锐, 李森. 一个基于 GIS 的流域土壤流失预报模型[J]. 水土保持通报,1998,18.
[302] 杨庆安,龙毓赛,缪风举. 黄河三门峡水利枢纽运用与研究[M]. 郑州:河南人民出版社,1995.
[303] 杨文治,余存祖. 黄土高原区域治理与评价[M]. 北京:科学出版社,1992.

[304] 杨武德,王兆骞,睦国平.红壤坡度不同利用方式下土壤侵蚀模型研究[J].土壤侵蚀与水土保持学报,1999,5(1).
[305] 杨意诚.高洪测验精度研究[G]//水文测验误差研究文集.北京:学术期刊出版社,1987.
[306] 杨子生.滇东北山区坡耕地土壤流失方程研究[J].水土保持通报,1999,9(1).
[307] 姚文艺.坡面流阻力规律试验研究[J].泥沙研究,1996,3.
[308] 姚文艺,汤立群.水力侵蚀产沙过程及模拟[M].郑州:黄河水利出版社,2001.
[309] 姚文艺,徐建华,冉大川,等.黄河流域水沙变化情势分析与评价[M].郑州:黄河水利出版社,2011.
[310] 姚永熙.水文仪器与水利水文自动化[M].南京:河海大学出版社,2001.
[311] 叶秉如.水利计算[M].北京:水利电力出版社,1991.
[312] 叶青超.黄河流域环境演变与水沙运行规律研究[M].济南:山东科学技术出版社,1994.
[313] 叶秋萍,韩友平,陈卫.长江三峡水利枢纽水情自动测报系统研究[C]//长江水利委员会长江勘测规划设计研究院.三峡工程设计论文集.北京:中国水利水电出版社,2003.
[314] 伊武军.资源、环境与可持续发展[M].北京:海洋出版社,2001.
[315] 尹国康.流域地貌系统[M].南京:南京大学出版社,1991.
[316] 于东升,史学正.低丘陵红壤区旱地土壤渗透性与可蚀性定量关系的研究[J].土壤学报,2000,37(3).
[317] 于静洁,等.入渗曲线的拟合与单元产流[G]//水量转化试验与技术分析.北京:科学出版社,1988.
[318] 宇传华,颜杰.Excel 与数据分析[M].北京:电子工业出版,2002.
[319] 袁再健,禧英敏.四川省紫色土地区小流域次降雨泥沙输移比探讨[J].水土保持通报,2008,28.
[320] 翟家瑞.常用水文预报算法和计算程序[M].郑州:黄河水利出版社,1995.
[321] 詹道江,叶守泽.工程水文学[M].北京:中国水利水电出版社,2007.
[322] 张光辉.国外坡面径流分离土壤过程水动力学研究进展[J].水土保持学报,2000,14(3).
[323] 张光业.地貌学教程[M].郑州:河南大学出版社,1986.
[324] 张国学.长江水情报汛自动化风险分析与应对措施[J].人民长江,2006(12).
[325] 张国益,等.对误差理论中真值的理解和认识[J].计量技术,2000(1).
[326] 张海仑.中国水旱灾害[M].北京:中国水利水电出版,1997.
[327] 张汉雄.黄土高原的暴雨特性及其分布规律[J].地理学报,1983,38.
[328] 张红武,张清,张俊华.高含沙洪水"揭河底"的判别指标及其条件[J].人民黄河,1996.
[329] 张厚粲,徐建平.现代心理与教育统计学[M].北京:北京师范大学出版社,2003.
[330] 张建云,唐镇松,姚永熙.水文自动化测报系统应用技术[M].北京:中国水利水电出版社,2005.
[331] 张静怡,陆桂华,徐小明.自组织特征映射神经网络方法在水文分区中的应用[J].水利学报,2005, 36.
[332] 张科利.黄土坡面侵蚀产沙分配及其降雨特征关系的研究[J].泥沙研究,1991(4).
[333] 张科利.黄土坡面发育的细沟水动力学特征的研究[J].泥沙研究,1999(1).
[334] 张科利,蔡永明,刘宝元,等.土壤可蚀性动态变化规律研究[J].地理学报,2001,56(6).
[335] 张科利,刘宝元,蔡永明.黄土高原地区土壤可蚀性及其应用研究[J].生态学报,2001,21(9).
[336] 张科利,刘宝元,蔡永明.土壤侵蚀预报研究中的标准小区问题论证[J].地理研究,2000,19(3).
[337] 张科利,彭文英,杨红丽.中国土壤可蚀性值及其估算[J].土壤学报,2007,44.
[338] 张科利,秋吉康宏.坡面细沟侵蚀发生的临界水力条件研究[J].土壤侵蚀与水土保持学报,1998,4(1).

[339] 张科利,唐克丽.土高原细沟侵蚀能力的水动力学试验研究[J].土壤学报,2000,37(7).
[340] 张丽琼,崔广柏,肖俊英.长江江苏段水质模拟[J].水文,2002(3).
[341] 张留柱,等.输沙量差法计算河道冲淤量的误差问题分析[J].人民黄河,2005(3).
[342] 张留柱,等.水文测验学[M].郑州:黄河水利出版社,2003.
[343] 张留柱,等.应用最小二成法原理对径流资料处理的初探[J].水文,2001(5).
[344] 张慕良,等.水利工程测量[M].3版.北京:中国水利水电出版社,2000.
[345] 张晴雯,雷廷武,潘英华,等.细沟侵蚀可蚀性参数及土壤临界抗剪应力的有理(实验)求解方法[J].中国科学院研究生院学报,2004(4).
[346] 张晴雯,雷廷武,赵军,等.细沟股流剥蚀率与载沙量以及沟长的耦合关系[J].水土保持学报,2001, 15(2).
[347] 张仁,程秀文,熊贵枢,等.拦阻粗泥沙对黄河河道冲淤变化的影响[M].郑州:黄河水利出版社,1998.
[348] 张少文,张学成,王玲,等.黄河上游年降雨径流预测研究[J].中国农村水利水电,2005,1.
[349] 张世法,等.中国历史干旱[M].南京:河海大学出版社,2008.
[350] 张书农.环境水力学[M].南京:河海大学出版社,1988.
[351] 张小峰,许金喜,裴莹.流域产流产沙BP网络预报模型的初步研究[J].水科学进展,2001,12.
[352] 张信宝,文安邦.黄土峁破农地侵蚀与坡长的关系[J].中国水土保持,1998,1.
[353] 张兴昌,刘国彬,刘文兆.不同土壤颗粒组成在水蚀过程中的流失规律[J].西北农业学报,2000,9(3).
[354] 张学成,等.黄土丘陵沟整区产流特性变化研究[M].北京:中国水利水电出版社,2007.
[355] 张岩,刘宝元,史培军,等.黄土高原土壤侵蚀作物覆盖因子计算[J].生态学报,2001,7.
[356] 张真奇,夏自强.洪水预报水文水力学模型研究[J].河海大学学报:自然科学版,2002,5.
[357] 章文波,谢云,刘宝元.利用日雨量计算降雨侵蚀力的方法研究[J].地理科学,2002,22.
[358] 赵瑾,程绪干.淮河流域水文预报技术简述[C]//中国水利学会,水利部淮河水利委员会.青年治淮论坛论文集.北京:中国水利水电出版社,2006.
[359] 赵力仪,王宏,刘斌,等.黄河中游地区梯田减洪减沙作用分析[J].人民黄河,2005,1.
[360] 赵人俊.流域水文模拟—新安江模型与陕北模型[M].北京:水利水电出版社,1984.
[361] 赵人俊,水文预报文集[G].北京:水利电力出版社,1994.
[362] 赵人俊,王佩兰.马斯京根法的非线性应用[J].水文,1980,4.
[363] 赵人俊,王佩兰.子洲径流试验站产流产沙分析[J].人民黄河,1980,2.
[364] 赵文林.黄河泥沙[M].郑州:黄河水利出版社,1996.
[365] 郑粉莉,高学田.黄土坡面土壤侵蚀过程与模拟[M].西安:陕西人民出版社,2000.
[366] 郑粉莉,康绍忠.黄土坡面不同侵蚀带侵蚀产沙关系及其机理[J].地理学报,1998a,53(5).
[367] 郑粉莉,康绍忠.黄土区坡耕地细沟间和侵蚀细沟侵蚀影响因素研究[J].土壤学报,1998b(1).
[368] 郑粉莉,唐克丽,周佩华.坡耕地细沟侵蚀的发生、发展和防治途径的探讨[J].水土保持学报,1987,1(1).
[369] 郑粉莉.发生地细沟侵蚀的临界坡长与坡度[J].中国水土保持,1989(8).
[370] 郑粉莉.黄土高原坡耕地的细沟侵蚀及其防治途径[G]//中国科学院西北水土保持研究所集刊编辑委员会.中国科学院西北水土保持研究所集刊.陕西:陕西科学技术出版社,1988,6.
[371] 郑明国,蔡强国,程琴娟.一种新的流域水沙关系模型及其在年际时间尺度的应用[J].地理研究,2007,26.
[372] 中国气象局.QX/T 52—2007 地面气象观测规范 地面观测规范第8部分:降水观测[S].北京:气

象出版社,2003.
[373] 中国水利学会泥沙专业委员会.泥沙手册[M].北京:中国环境科学出版社,1992.
[374] 水利部水文局,水利部长江水利委员会水文局,水利部黄河水利委员会水文局,等.GB/T 22482—2008 水文情报预报规范[S].北京:中国标准出版社,2008.
[375] 水利部水信息中心. SL 250—2000 水文情报预报规范[S].北京:中国水利水电出版社,2000.
[376] 周翠宁,任树梅,闫美俊.曲线数值法(SCS 模型)在北京温榆河流域降雨－径流关系中的应用研究[J].农业工程学报,2008,24.
[377] 周江文.系统误差的数学处理[J].测绘工程,1999(2).
[378] 周佩华,豆葆璋,孙清芳,等.降雨能量的试验研究初报[J].水土保持通报,1981,1.
[379] 周佩华,王占礼.黄土高原土壤侵蚀暴雨的研究[J].水土保持学报,1992,6.
[380] 周志逵.数据库原理与技术[M].北京:科学出版社,1994.
[381] 朱伯芳.有限单元法原理与应用[M].北京:中国水利电力出版社,1998.
[382] 朱华.马斯京根法的矩阵方程求解法[J].水文,1987(4).
[383] 朱华.水文自动测报系统[M].北京:水利电力出版社,1993.
[384] 朱同新,蔡强国,张勋昌.王家沟重力侵蚀的时空分布规律[C]//王福堂.晋西黄土高原土壤侵蚀规律实验研究文集.北京:水利电力出版社,1990.
[385] 朱同新.黄土地区重力侵蚀发生的内部条件及地貌临界分析[C]//陈永宗.黄河粗泥沙来源及侵蚀产沙机理研究文集.北京:气象出版社,1989.
[386] 朱显谟.黄土高原流水侵蚀的主要类型及有关因素[J].水土保持通报,1981,3.
[387] 朱显谟.黄土高原土壤与农业[M].北京:农业出版社,1989.
[388] 朱显谟.试论中国水土保持工作中的实践与理论问题,对当前水土保持工作中的一些重大问题的见解[J].水土保持通报,1993,1.
[389] 朱元甡,金光炎.城市水文学[M].合肥:中国科学技术出版社,1991.
[390] 庄楚强,吴亚森.应用数理统计基础[M].广州:华南理工大学出版社,2000.
[391] 自清俊.黄土坡面细沟侵蚀带产流产沙模型研究[J].水土保持学报.2000,14(1).
[392] 邹冰玉,陈桂亚.堰流公式在龙口落差预报中应用的探讨[J].人民长江,2003,34.
[393] 中国有色金属工业协会.GB 50026—2007 工程测量规范[S].北京:中国计划出版社,2008.
[394] 中华人民共和国水利部.GB 50159—92 河流悬移质泥沙测验规范[S].北京:水利电力出版社,1992.
[395] 中华人民共和国水利部.GB 50179—93 河流流量测验规范[S].北京:水利电力出版社,1993.
[396] 河南省气象局,河南省气象台.GB/T 20486—2006 江河流域面雨量等级[S].北京:中国标准出版社,2006.
[397] 中华人民共和国水利部.GB/T 50095—98 水文基本术语和符号标准[S].北京:中国计划出版社,1999.
[398] 水利部长江水利委员会水文局,国家海洋局标准计量中心,四川交通设计研究院.GB/T 50138—2010 水位观测标准[S].北京:中国计划出版社,2010.
[399] 中华人民共和国水利部.GBJ 138—90 水位观测标准[S].北京:中国计划出版社,1991.
[400] 水利部水文司.ISO 标准手册明渠水流测量[S].北京:中国标准出版社,1985.
[401] 中华人民共和国水利部.SD 174—85 比降－面积法测流规范[S].北京:水利电力出版社,1986.
[402] 水利部长江水利委员会水文局.SL 337—2006 动船法流量测验规范[S].北京:水利电力出版社,2006.
[403] 中华人民共和国水利电力部.SD 265—88 水面蒸发观测规范[S].北京:水利电力出版社,1988.

[404] 长江水利委员会水文局. SL 195—97 水文巡测规范[S]. 北京:中国水利水电出版社,1997.
[405] 南京水文水资源研究所. SL 196—97 水文调查规范[S]. 北京:中国水利水电出版社,1997.
[406] 南京水利科学研究院. SL 21—2006 降水量观测规范[S]. 北京:中国水利水电出版社,2006.
[407] 水利部长江水利委员会水文局. SL 247—1999 水文资料整编规范[S]. 北京:中国水利水电出版社,1999.
[408] 水利部长江水利委员会水文局. SL 257—2000 水道观测规范[S]. 北京:中国水利水电出版社,2000.
[409] 水利部水文局. SL 276—2002 水文基础设施建设及技术装备标准[S]. 北京:中国水利水电出版社, 2011.
[410] 水利部水利信息中心. SL 305—2004 水利系统无线电技术管理规范[S]. 北京:中国水利水电出版社,2005.
[411] 水利部水利信息中心. SL 307—2004 水利信息网命名及 IP 地址分配规定[S]. 北京:中国水利水电出版社,2005.
[412] 水利部水利信息中心. SL 323—2005 实时雨水情数据库表结构与标识符标准[S]. 北京:中国水利水电出版社,2005.
[413] 水利部水利信息中心. SL 330—2005 水情信息编码标准[S]. 北京:中国水利水电出版社,2005.
[414] 水利部长江水利委员会水文局. SL 337—2006 声学多普勒流量测验规范[S]. 北京:中国水利水电出版社,2006.
[415] 水利部长江水利委员会水文局. SL 338—2006 水文测船测验规范[S]. 北京: 中国水利水电出版社,2006.
[416] 水利部长江水利委员会水文局. SL 339—2006 水库水文泥沙观测规范[S]. 北京:中国水利水电出版社,2006.
[417] 中华人民共和国水利部. SL 34—2013 水文站网规划技术导则[S]. 北京:水利电力出版社,1992.
[418] 南京水利科学研究院. SL 360—2006 地下水监测站建设技术规范[S]. 北京:中国水利水电出版社,2010.
[419] 河海大学. SL 364—2006 土壤墒情监测规范[S]. 北京:中国水利水电出版社,2006.
[420] 水利部长江水利委员会水文局. SL 383—2007 河道演变勘测调查规范[S]. 北京:中国水利水电出版社,2007.
[421] 水利部长江水利委员会水文局. SL 384—2007 水位观测平台技术标准[S]. 北京:中国水利水电出版社,2007.
[422] 水利部水文局. SL 415—2007 水文基础设施及技术装备管理规定[S]. 北京:中国水利水电出版社,2010.
[423] 水利部黄河水利委员会水文局. SL 42—2010 河流泥沙颗粒分析规程[S]. 北京:中国水利水电出版社,2010.
[424] 长江水利委员会水文局. SL 43—92 河流推移质泥沙及床沙测验规程[S]. 北京:中国水利电力出版社,1992.
[425] 水利部长江水利委员会水文局. SL 443—2009 水文缆道测验规范[S]. 北京:中国水利水电出版社,2009.
[426] 水利部水文局. SL 460—2009 水文年鉴汇编刊印规范[S]. 北京:中国水利水电出版社,2010
[427] 水利部水文局. SL 537—2011 水工建筑物与堰槽测流规范[S]. 北京:中国水利水电出版社,2011.
[428] 水利部水文司. SL 58—93 水文普通测量规范[S]. 北京:中国水利水电出版社,1994.
[429] 黑龙江省水文总站. SL 59—93 河流冰情观测规范[S]. 北京:水利电力出版社,1992.

[430] 水利部水利信息中心. SL 61—2003 水文自动测报系统技术规范[S]. 北京:中国水利水电出版社, 2003.
[431] 河海大学. SL/Z 376—2007 水利信息化常用术语[S]. 北京:中国水利水电出版社,2007.
[432] 水利部水利信息中心. SL/Z 388—2007 实时水情交换协议[S]. 北京:中国水利水电出版社,2008.
[433] A modeling system for rivers and channels reference manual [M]. Copenhagen, Demark: DHI Software, 2004.
[434] Abbott J C, Bathurst J A, Connell P E, et al. An introduction to the European hydrological system"SHE" 2, structure of a physicallly based, distributed modelling system[J]. J Hydrol, 1986, 87.
[435] Abbott M Band J C Refsgaard (eds). Distributed Hydrological Modeling[M]. The Netherlands: Kluwer Academic Press, 1996.
[436] Abrahams AD, Parsons A J, Hirsh P J, et al. Field and Laboratory Studies of Resistance to Interrill Overland Flow on Semi - arid Hillslopes, Southern Arizona[M]. London: UCL Press, 1992.
[437] Abrahams AD, Parsons A J, Luk S H. Field measurement of the velocity of overland flow using dye tracing[J]. Earth Surface Processes and Landforms, 1986, 11.
[438] Akan A O. Predicting Overland Flow and Infiltraion[M]. New York: ASCE, 1985.
[439] Alberts E E, Nearing M A, et al. Chapter 7. Soil component. In: Technical Documentation, USDA - Water Erosion Prediction Project [M]. West Lafayette: National Soil Erosion Research Laboratory, 1995.
[440] Alonso C V, Neibling W H, Foster GR. Estimating sediment transport capacity in watershed modeling [J]. Trans of the ASAE, 1981, 24(5).
[441] Ascough J, Baffaut C, Nearing M A, et al. The WEPP water - shed model: hydrology and erosion[J]. Transactions of the ASAE, 1997, 40 (4).
[442] Beasely D. B. ANSWERS, A mathematical model for simulating the effects of land use and management on water, quality[D]. Purdue University, 1997.
[443] Beasley D B, Huggins L F, Monktr E J Answers: a model for watershed planning[J]. Trans ASAE, 1980, 23.
[444] Beven K J, Wood E. Catchment geomorphology and the dynamics of runoff contributing areas[J]. Journal of Hydrology, 1983, 65.
[445] Beven K J, Lamb R Quinn P F Freer J, TOMODEL In Computer Models of Watershed hydrology [J]. Singh VP (ed), Water Resources Publications, 1997.
[446] Beven K J. Distributed hydrological modelling: applications of the TOP MODEL concept [M]. John Wiley &. Sons Ltd., 1997.
[447] Beven K J. Runoff production and flood frequency in catchments of order n: an alternative approach, in V K Gupta, I Rodriguez - Iturbe and E F Wood (Eds.), Scale Problems in Hydrology[M]. Dordrecht: Reidel, 1986.
[448] Bobby LA. Overview of the National Weather Service River Forecast System (NWSRFS) [R]. United States/People's Republic of China Flood Forecasting Symposium / Workshop Volume Two, 1989.
[449] Borah D K, Bordoloi PK. Nonuniform sediment transport model[J]. American Society of Agricultural Engineers, 1989, 32(5).
[450] Bradford J M, Foster GR. Interrill soil erosion and slope steepness factors[J]. Soil Sci Soc Am J, 1996, 60.
[451] Bralts V F, Kelly S F, Shayya W H, et al. Finite element analysis of microirrigation hydraulics using a

virtual emitter system[J]. Transaction of ASAE,1993,36 (3).

[452] Bryan R B,Poesenl. Laboratory experiments on the influence of slope length on runoff,percolation and rill development[J]. Earth Surface Proceees and Landforms,1989,14.

[453] Capece J C,KL Campbell,LB Baldwin. Estimating runoff peak rates from flat, high – water – table watersheds [J]. Transactions of the ASAE,1988,31.

[454] Cesar M,Zhou D. A dynamic approach toydsediment – laden turbulent flows[J]. Water Resources Research,1995,31(12).

[455] Chen L,Liu Q Q,Li J C,et al. Runoff generaion characteristics in typical erosion regions on the Loess Plateau[J]. International Journal of Sediment Research,2001,16(4).

[456] Cochrane T A,Flanagan D C. Detachment in a simulated rill[J]. Transactions of the ASAE, 1997,40 (11).

[457] Cundy T W,Tento S W. Solution to the kinematic wave approach to overland flow routing with rainfall excess given by Philips equation[J]. Water Resour,Res,1985,21(8).

[458] David M R,David J T. Quantifying the relative importance of flow regulation and grain size regulation of suspended sediment transportαand tracking changes in grain size of bed sediment[J]. Water Resour, Res,2001,37(1).

[459] David Maidment (Editor in chief). Handbook of Hydrology[M]. McGRAW – HILL,INC. ,1992.

[460] Deletic A. Modelling of water and sediment transport over grassed area [J]. Journal of Hydrology, 2001 (248).

[461] Elliot W J,Liebenow AM,Laflen J M,et al. A compendium of soil erodibility data from WEPP cropland soil field erodibility experiments 1987 and 88. NSERL Rep. No. 3, USDA – ARS, West Lafayette, 1989.

[462] Elliot W. J. A process based rill erosion model[J]. Iow a State Univ. Ames, IA. 1988.

[463] Elliot W. J, Laflen J M. A process – based rill erosion model[J]. Transaction of ASAE, 1993,36(1).

[464] Ewing L K, Mitchell JK. Overland flow and sediment transport simulation on small plots[J]. Trans ASAE,1986,29.

[465] Finkner S, Nearing M, Foster G, et al. A simplified equation for modeling sediment transport capacity [J]. Transactions of the ASAE,1989,32(5).

[466] Flanagan DC, Nearing M A. Sediment particle sorting on hillslope profiles[J]. Transactions of the ASAE,2000,43(3).

[467] Flangan D C and Nearing M A. USDA Water erosion prediction project: hillslope profile and watershed model documentation[D]. USDA – ARS, NSERL,Report no. 10. USDA – ARS,West Lafayette,Indiana,USA,1995.

[468] Foster G R,Flanagan D C,Nearing M A,et al. Hillslope erosion component. In: Flanagan D C,Nearing M A. USAD – Water Erosion Prediction Project Hillslope Profile and Watershed Model Document [R]. Iowa,Soil and Water Conservation Society,1995.

[469] Foster G R,Huggins L F,Meyer L D,et al.. A laLoratory study of rill hydraulics (1) : velocity relationships [J]. Trans of the ASAE,1984a,27.

[470] Foster G R,Huggins L F,Meyer L P A.. Laboratory study of rill hydraulics. II. Shear stress relationship[J]. Trans of ASAE,1984b.

[471] Foster G R,Lane L J,Nearing M A,et al. Erosion component. USDA – Water Erosion Prediction Project: Hillslope Profile Model Documentation. W. Lafayette,In: Soil Erosion Res. Lab. Agric. Res.

Service, U.S. Dept. of Agriculture,1989.

[472] Foster GR. Modeling the soil erosion process. Ch. 5. In: Haan C T et al. Hydrologic Modeling of Small Watersheds[J]. ASAE,St. Joseph, MI,1982.

[473] Franti T G, Laflen J M, Watson D A. Predicting soil detachment from high – discharge concentrated flow[J]. Trans of the ASAE,1999,42(2).

[474] Fu SH, X Wei,and GH Zhang. Estimation of peak flows from small watersheds on the Loess Plateau of Chinα[J]. Hydrological Processes,2008,22.

[475] Ghebreiyessus Y T,Gantzer C J,Alberts E E,et al. Soil erosion by concentrated flow: shear stress and bulk density[J]. Trans of the ASAE,1984,37(6).

[476] Gilley J E,Kottwitz E R,Simanton JR.. Hydraulic characteristics of rills[J]. Trans of the ASAE,1990, 33.

[477] Gilly J E,Ellioti W J,Laflen J M,et al. 1993. Critical shear stress and critical flow rates for initiation of rilling[J]. J of Hydrology,142.

[478] Gimenez R,Govers G. Flow detachment by concentrated flow on smooth and irregular beds[J]. Soil Science Society of America Journal,2002,66(5).

[479] Govers G, Rauwas, G. Transporting capacity of overland flow in plane and irregular beds [J]. Earth Surface Process and landform,1986,11.

[480] Govers G, Rauws G. Transporting capacity of overland flow on plane and on irregular beds[J]. Earth Surf Processe Landform ,1986,45.

[481] Govers G. Relationship between discharge,velocity,and flow area for rills eroding loose,non – layered materials[J]. Earth Surface Processes and Landforms,1992,17.

[482] Govers G: Empirical relationships for the transport capacity of overland flow. Erosion,transport,and deposition process. Proc Jerusalem Workshop. Jerusalem,Israel. March – April 1987. IAHS Pub. no. 189,1990.

[483] Govindaraju R S,Kavvas M L,Tayfur G,et al. A simplified model for two – dimensional overland flows [J]. Advances in Water Resources,1992,15.

[484] Govindaraju R S. On the diffusion wave model for overland flow[J]. Water Resour Res,1988,24(5).

[485] Guide to Hydrological Practices. Data Acquisition and Processing[M]陈道弘,译.北京:水利电力出版社,1987.

[486] Guy B T,Dickinson W T,Rudra R P,et al. Evaluation of fluvial sediment transport equations for overland flow[J]. Transactions of the ASAE,1992,35.

[487] Guy B T,Dickinson W T,Rudra R P. The roles of rainfall and runoff in the sediment transport capacity of interrill flow[J]. Transactions of the ASAE,1987,30(5).

[488] Hairsine P B,Rose C W. 1992a. Modeling water erosion due to overland flow using physical principles. 1. Sheet flow [J]. Water Resour Res,28.

[489] Hairsine P B,Rose C W. 1992b. Modeling water erosion due to overland flow using physical principles. 2. Rill flow[J]. Water Resour Res,28.

[490] Haug G H,Gunther D,Peterson L C,et al. Climate and the collapse of Maya civilization[J]. science, 299(5613).

[491] Helen S. 1992. Modelling Overland – flow Hydrology for Dynamic Hydraulics [M]. London: UCL Press,2003.

[492] Hirschi M C, Barfield B1. KYERMO: a physically based research erosion model. 2. Model

devel opment [J]. Trans ASAE, 1988,31.

[493] Horton R E,The Role of Infiltration in the Hydrologic Cycle[J]. Trans. AGU,1931.

[494] Hydrometry—Measurement of liquid flow in open channels—Part 2: Determination of the stage - discharge relationship (ISO 11002,Third edition 2010), Published in Switzerland.

[495] Hydrometry—Velocity - area methods using current - meters—Collection and processing of data for determination of uncertainties in flow measurement (ISO 1088,Third edition 2007),Published in Switzerland.

[496] Iida,T. A probability model of slop failure and hillslope development[J]. Japanese Geomorph, 1993, 14.

[497] Iida,T. A probability model of slope failure based on soil depth distribution[J]. Japanese Geomorph, 1996,17.

[498] Intermational vocabulary of basic and general terms in metrology,second edition,1993,International Organization for Standardization (Geneva Switzerland). The abbreviation of the title of this vocabulary is VIM.

[499] J BIPM - IEC - IFCC - ISO - IUPAC - IUPAP - OIML. Guide to the Expression of Uncertainty in Measurement. International Organization for Standardization,Corrected and Reprinted, 1995.

[500] J Kitanidis R K and Bras RL. Real - time Forecasting with a conceptual Hydrologic Model [J]. Water Resour. Res. , 1980,16.

[501] Jaber F H,Mohtar R H. Stability and accuracy of finite element schemes for the one - dimensional kinematic wave solution[J]. Advances in Water Resources, 2002,25(4).

[502] Jasper A Vrugt,Hoshin V Gupta,StefanC. Dekker,Soroosh Sorooshian,Thorsten Wagener and Willem Bouten, Application of stochastic parameter optimization to the Sacramento Soil Moisture Accounting model[J]. Journal of Hydrology,2006.

[503] Jonathan D. Phillips. Wethering instability and landscape evolution[J]. Geomorphology , 2005, 67.

[504] Julicn P Y,Simone DB. Sediment transport capacity of overland flow[J]. Trans of ASAE, 1985,28(3).

[505] Julien,P. Y. Soil erosion losses from upland areas[J]. Proceedings of the Fourth International Symposium on River Sedimentation,1989.

[506] Keith Beven and Andrew Binley. The future of distributed models: model calibration and uncertainty prediction[J]. Hydrology progresses, 1992.

[507] KennethG. Renard,et al,RUSLE: Revised Uni - cersal eguatiuon[J]. J. Soul & Water Cons. 1991, 46.

[508] Khanbilvardi R M,Rowski A S. Modeling soil erosion[J]. Transport and Ecological Modeling,1986, 33.

[509] King K W,Norton L D. Methods for rill flow velocity dynamics[N]. Paper No. 9222542,Am Soc Agric Engr,St,Joseph,MI. 1992.

[510] Kinnell P I A. The effect of slope length on sediment concentration associated with side - slope erosion [J]. Soil Sci Soc Am J, 2000,64.

[511] Knaus R M. Accretion and canal impacts in a rapidly subsiding wetland. II. A new soil horizon maker method for measuring recent accretion[J]. Estuaries,1989,12(4).

[512] KrzysztofowiczR. Bayesian system for probabilistic river stage forcasting[J]. Journal of Hydrology,2002.

[513] Laflen J M,Elliot W J,Simanton R,et al. WEPP soil erodibility exper iments for rangeland and cropland

soils[J]. J Soil and Water Conservation,1991,46 (1).
[514] Lane L J,Foster G R,Nicks AD,et al. Use of fundamental erosion mechanics in erosion prediction[J]. ASAE,St Joseph,MI. 1987.
[515] Lei T W,Nearing M A,Haghighi K,et al. Rill erosion and morphological evolution: a simulation model [J]. Water Resources Research, 1998,34(11).
[516] Lei T W,Nearing M A. Flume experiments for determining rill hydraulics,erosion and rill patterns. 10th ISCO Int Con, West Lafayette, IN,USA,1999. May 21-28.
[517] Lei T W,Zhang Q W,Yan L J,et al. A rational method for estimating erodibility and critical shear stress of an eroding rill[J]. Geoderma,2008.
[518] Lei T W,Zhang Q W,Zhao J,et al. A laboratory study of sediment transport capacity in the dynamic process of rill erosion[J]. Transactions of the ASAE, 2001,44 (6).
[519] Lei T W,Zhang Q W,Zhao J,Xia W S,et al. Soil detachment rates for sediment loaded flow in rills[J]. Trans. ASAE,2002,45(6).
[520] Lewis S, Barfield B, Storm D, et al. PRORIL – An erosion model using probability diatribution for rill flow and density. II. Model validation[J]. Transactions of the ASAE,1994c,37.
[521] Li J C,Liu Q Q,Zhou J F,et al. Environmental mechanices research in China[J]. Advances in Applied Mechanics, 2003,39.
[522] Li Mian,Yao Wenyi,Ding Wenfeng,ect. Effect of grass coverage on sediment yield in the hillslope – gully side erosion system[J]. Journal of Geographical Sciences,2009,19.
[523] Li Y,Frielinghaus M,Bork H R,et al. Determining the variability of soil erodibility for erosion prediction[J]. Acta agricultural Nucleatae Sinica, 1999,13(3).
[524] Li Zhijia,Bao Hongjun,Xue Cangsheng,Hu Yuzhong,Fang Hong. Real – time flood forecasting of Huai River with flood diversion and retarding areas [J]. Water Science and Engineering, 2008,1.
[525] Lindley M R,Baifield B J, Ascough II JC,let al. The surface impoundment element for WEPP[J]. Transactions of the ASAE, 1998,41(3).
[526] Liu Q Q,Chen L,Li J C,et al. Two – dimensional kinematic wave modeling of overland – flow[J]. Journal of Hydrology,2004.
[527] Liu Q Q,Xiang H,Singh V P, et al. A simulation model for unified interrill eroison and rill erosion on hillslopes[J]. Hydrological Proiesses, 2006,20(3).
[528] Liu,B. Y. ,Near. M. A. ,Risse,L. M,Slope gradient effects on soil loss for steep slopes[J]. Transactions of the ASAE,1994,37.
[529] Liu,B. Y. ,Nearing,M. A. ,Shi,P. J. ,Jia,Z. W,Slope length effects on soil loss for steep slopes[J]. Soil Science Society of America Journal, 2000,64.
[530] Liu,B. Y. ,Zhang,K. L. ,Xie,Y. ,A empirical soil loss equation,in Proc of 12th ISCO[M]. ,Beijing: Tsinghua press,2002.
[531] Lopez M T,Lopes V L,Stone J J,et al. Sensitivity analysis of the WEPP watershed model for rangeland applications. Ⅱ. Channel processes[J]. Transactions of the ASAE,1994,37(1).
[532] Lopez M T,Lopes V L,Stone J J,et al. Sensitivity analysis ofthe WEPP watershed model formngeland applications. I.. Hillslope processes[J]. Transactions of the ASAE,1993,36(6).
[533] Lu J Y,Cassol E A,Moldendhauer W C. Sediment trallsport relationships for sand and silt loam soils [J]. Transactions of the ASAE,1989,32(6).
[534] Mancilla G A,Chen S. A field study on sediment transport capacity in rills [C]//ASAE Annual Inter-

national Meeting Sponsored by ASAE. Tampa, Florida ,2005.

[535] Matsuoka, N. Continuous recording of frost heave and creep on a Japanese alpine slope[J]. Arctic and Alpine Research, 1994, 26.

[536] Mclean D G, Church M, Tassone B. Sediment transport along lower fraser river measurements and hydraulic computations[J]. Water Resources Research. 1999, 35(8).

[537] Merten G H, Nearing M A, Borges A L O, et al. Effect of sediment load on soil detachment and deposition in rills[J]. Soil Sci Soc Am J, 2001, 65.

[538] Misra R K, C W ROSE. Application and sensitivity analysis of process - based erosion model , GUEST [J]. European Journal of Soil Science, 1996, 47.

[539] Morgan R PC, Quinton J N, Rickson R J, et al. EuroSEM Documentation Manual[M]. Bedford, UK: Silsoe College. 1992.

[540] Morgan R PC, Quinton J N, Smith R E, et al. The european soil erosion model (EuroSEM) : a dynamic approach for predicting sediment transport from fields and small catchments[J]. Earth Surface Processes and Landforms, 1998, 23(6).

[541] Morris EM, Woolhiser DA. Unsteady one - dimensional flow over a plane: partial equilibrium and recession hydrographs[J]. Warer Resour Res, 1980, 40.

[542] Morrison J E, Jr Richardson C W, Laflen J M, et al. Rill erosion of a vertical with extended time since tillage[J]. Transaction of the ASAE, 1994, 37(4).

[543] Nearing M A, Bradford J M, Parker S C, et al. Soil detachment by shallow flow at low slopes[J]. Soil Science Society of America Journal, 1991, 55(2).

[544] Nearing M A, Foster G R, Lane L J, Finkner S C. A process - based soil erosion model for USDA - Water Erosion Prediction Project technology[J]. Trans ASAE, 1989, 32.

[545] Nearing M A, Lane L J, Alberts E E, et al. Prediction techno logy for soil erosion by water: status and research needs[J]. Soil Sci Soc Am J, 1990, 54.

[546] Nearing M A, Norton L D, Bulgakov D A. Hydraulics and erosion in eroding rills[J]. Water Resources Research, 1997, 33(4).

[547] Nearing M A, Page D I, Simanton J R, et al. Determining erodibility parameters from rangeland field data for a process - based erosion model[J]. Trans Am Soc Agricultural Eng, a, 1989, 32.

[548] Nearing M A, Parker S C, Bradford J M, et al. Tensile strength of thirty - three saturated repacked soils [J]. Soil Sci Soc Am J, 1991, 55.

[549] Nearing M A, Parker SC. Detachment of soil by flowing water under turbulent and laminar conditions [J]. Soil Sci Soc Am J, 1994, 58.

[550] Nearing M A, Simanton J R, Norton L D, et al. Soil erosion by surface water flow on a stony; semiarld hill slope[J]. Earth Surf Process Landforms, 1999, 24(8).

[551] Nearing M A. A probabilistic model of soil detachment by shallow turbulent flow[J]. Am Soc Agric Eng, 1991, 34(1).

[552] Nicks A D, Lane L J, Gander G A. Chapter 2. Weather generator. In: Flanagan D C, Nearing M A, Laflen J M ed. USDA - Water Erosion Prediction Project: Hillslope Profile and Watershed Model Documentation. NSERL Report No. 10, USDA - ARS National Soil Erosion Research Laboraty, West Lafayette, 1995.

[553] Nusser, S. , and JJ Goebel, The National Resources Inventory: A Long - Term Multi - Resource Monitoring Programme[J]. Environmental and Ecological Statistics, 1997, 4.

[554] Ogunlela A O, Makanjuola M B. Hydraulic roughness of some African grasses[J]. Agric Engng Res, 2000,75.
[555] Pan Chengzhong, Shangguan Zhouping. Runoff hydraulic characteristics and sediment generation in sloped grass - plots simulated rainfall conditions[J]. J Hydro,2006,331.
[556] Parlange J Y,Rose C W,Sander G,et al. Kinematic flonw approimation of runoff on a plane: an exact analytical solut[J]. J Hydrol, 1981,52.
[557] Refsgaard J. C. Validation and Intercomparison of Different Updating Procedures for Real - Time Forecasting[J]. Nordic Hydrology,1997,28.
[558] Renard K G,Foster GR. Revised universal soil loss equation[J]. J Soil Water Conserv,1991, 46.
[559] Renard,K. G. ,Foster,G. R,矶 Teesies,G. A, et al,Predicting rainfall eosion by Water: A Guide to conservation planning with the Revised Universal Soil Loss Equation (RUSLE) [J]. USDA Agric. Handb. No 703,1997.
[560] Renard,K. G. ,Foster,G. R. ,Weesies,G. A. ,et al,Predicting rainfall erosion by Water: A Guide to conservation planning with the Revised Universal Soil Loss Equation (RUSLE) [J]. USDA Agric. Handb. No 703,1997.
[561] Riebe B. 1995. Monitoring the translocation soil particles using a neutron activated tracer. In: Hartge K H,Stewart BA. Soil Structure: Its Development and Function. Boca Raton. FL: CRC Press.
[562] Risse L M,Nearing M A,Nicks A D,et al. 1993. Error assessment in the uhi versal soil loss equation [J]. Soil Sci SOG Am J,57.
[563] Ritchie J C, Mhenry J R, Application of radioactive fallout Cesium - 137 for measuring erosion and sediment accumulation rates and patterns: a review[J]. J Environ Qual,1990,19.
[564] Rode M,and HG Frede. Modification of AGNPS for Agricultural Land and Climate Conditions in Central Germany[J]. Journal of Environment Quality,1997,26.
[565] Rose C W,Williams J R,Sander G C,et al. 1983 b. A mathematical model of soil erosion and deposition processes. II. Application to data from an arid - zone catchment[J]. Soil Sci Soc Am J, 47.
[566] Rose C W,Williams J R,Sander G C,et al. A mathematical model of soil erosion and deposition processes. I. Theory for a plane land element[J]. Soil Sci Soc Am J,1983a,47.
[567] S. E. Rantz. Measurement of Water Discharge[J]. USGS,1982.
[568]Seann Reed,Victor Koren,Michael Smith. Overall distributed model intercomparsion project results[J]. Journal of Hydrology,2004,29.
[569] Shames I H Mechanics of Fluids. 3rd[M]. New York: McGraw - Hill Book Company ,1992.
[570] Sharda V H,Singh SR. A finite element model for simulating runoff and soil erosion from mechanically treated agricultural lands 1. Governing equations and solutions [J]. Water Resources Research,1994, 30(7).
[571] Sharda V N,Nearing M A. Finite element modeling of erosion on agricultural lands. In: Stott D E, Mohtar R H,Steinhardt G C,et al. 10th International Soil Conservation Organization Meeting. Purdue University and the USDA - ARS National Soil Erosion Research Laboratory: Global Farm,1999.
[572] Sharda V N,Singh S R,Sastry G,et al. A finite element model for simulating runoff and soil erosion from mechanically treated agricultural lands. 2. Field validation and applications[J]. Water Resources Research,1994,30(7).
[573] Sheridan JM. Peak flow estimates for coastal plain watersheds[J]. Transactions of the ASAE, 2002, 45.

[574] Shreve RL. Mechanics of Fluids[M]. New York:McGraw – Hill,1960.
[575] Singh S R,Kumar A. Analysis of soil water dynamics. 1. Modelling water uptake by plant roots[J]. J. Agric. Eng,1983,20(3/4).
[576] Smart G M. Sediment transport for mula for steep channels[J]. Journal of Hydraulic Engineering,1984, 110.
[577] The European Soil Erosion Model (EuroSEM): documentation and user guide[J]. Silsoe College,Cranfield University, 1998,33.
[578] Tiwari A K,Risse L M,Nearing M A. Evaluation of WEPP and its comparison with USLE and RUSLE [J]. Transactions of the ASAE, 2000,43(5).
[579] Todini E. The ARNO rainfall – runoff model[J]. J H ydrol. ,1996.
[580] V P Singh. Computer Model of Watershed Hydrology[M]. Water Resources Publications,Littleton Colorado,USA,1996.
[581] VanKlaveren R W,McCool DK. Erodibility and critical shear of a previously frozen soil [J]. Transactions of the ASAE,1998,41(5).
[582] Venkata R,Eldho T,Rao E,et al. A distributed kinematic wave – philip infiltration watershed model using FEM,GIS and remotely sensed data[J]. Water Resources Management,2007
[583] Ven – Te Chow. David R Maidment and Larry W Mays[J]. Applied Hydrology,McGRAW – HILL,INC, 1988.
[584] Ventura E,Nearing M A,Amore E,et al. The study of detachment and deposition on a hillslope using a magnetic tracer[J]. Catema,2002,48(3).
[585] Wallbrink P J,Murray AS,Olley J M. Relating suspended sediment to its original soil depth using fallout radionuclides[J]. Soil Sci Soc Am J,1993, 63.
[586] Walling DE. Improved models for estimating soil erosion rates from cesium – 137 measurements[J]. J Environ Qual,1999, 28.
[587] Wang G T,Chen S,Boll J,et al. Modelling overland flow based on Saint – Venant equations for a discretized hillslope system[J]. Hydrological Processes,2002,16.
[588] Wendt R C,Alberts E E,Hjemfelt A T. Variability of runoff and soil loss from fallow experimental plots [J]. Soil Sci Soc Am J, 1986,50.
[589] WERNER M, REGGIANI P, ROO A D,et al. Flood forecasting and warning at the river basin and at the European scale[J]. Natural Hazards, 2005,36.
[590] Wiliams JR. EPIC,The Erosion – Productivity Impact Calculator, Volume 1: model documentation[R]. Agricultural Research Service, USDA: Washington,D C,1983.
[591] Wischmeier W H,Smith D D. Predicting Rainfall Erosion Losses. US Department of Agriculture,drainage basins,1. Theory, input and output [J]. Hydrological Processes,1996,10.
[592] X Ma and Y Fukushima. Numerical Model of River Flow Formation from small to Large Scale River Basin. In: Mathematic Models of Large Watershed Hydrology (ed. by V. P. Singh) [J]. Water Resources Publications,Littleton,Colorado,USA,2002.
[593] Xu Liang,Zhenghui Xie. A new surface runoff parameterization with subgrid – scale soil heterogeneity for land surface models[J]. Advances in Water Resources, 2001.
[594] Y. Sasaki,A. Fujj,K. Asai. Soil creep process and its role in debris slide generation – field measurements on the north side of Tsukuba Mountain in Japan[J]. Engineering Geology, 2000,56.

[595] Zhang G H, Liu BY, Nearing M A, et al. Soil detachment by shallow flow[J]. Trans ASAE, 2002, 45 (2).
[596] Zhang X C, Friedrich J M, Nearing M A, et al. Potential use of rare earth oxides as tracers for soil erosion and aggregation studies[J]. Soil Sci Soc Am J, 2001, 65.
[597] Zhang X C, Nearing M A, Polyakov V O, et al. Using rare earth oxide tracers for studying soil erosion dynamics[J]. Soil Sci Soc Am J, 2003, 67.
[598] Zhao Renjun & Liu X R. The Xinanjiang model. In: Computer Model of Watershed Hydrology (ed. by V. P. Singh) [M]. Water Resources Publications, Littleton, Colorado USA, 1996, 215-232.
[599] Zheng F L, Huang C, Norton L D. Vertical hydraulic gradient and run on water and sediment effects on erosion processes and sediment regimes[J]. Soil Sci Soc Am J, 2000, 64(1).
[600] Zhu. J C, Gantzr C J, Peyton R L, et al. Simulated small – channel bed scour and head cut erosion rates compared[J]. Soil Sci Soc Am J, 1995, 59.
[601] Ziekiewicz O C, Taylor RL. The Finite Element Method Vol. 2. (4th Edition). Solid and Fluid Mechanics, Dynamics and Non – linearity. Iρndon: McGraw – Hill Book Company, 1991.
[602] Zienkiewicz O C, Taylor RL, Nithiarasu P, et al. The Finite Element Method for fluild dynamics, 6th Edition. Amsterdam: Elsevier/Butterworth – Heinemann 2005.